KB245968

녹색으로 초대

힐링 경제학

녹색으로 초대

힐링 경제학

초판인쇄 2013년 7월 19일
초판발행 2013년 7월 19일

지은이 전성군
펴낸이 채종준
기획 조현수
편집 한지은
디자인 윤지은
마케팅 송대호, 김보미

펴낸곳 한국학술정보(주)
주소 경기도 파주시 문발동 파주출판문화정보산업단지 513-5
전화 031-908-3181(대표)
팩스 031-908-3189
홈페이지 http://ebook.kstudy.com
E-mail 출판사업부 publish@kstudy.com
등록 제일산-115호(2000.6.19)

ISBN 978-89-268-4416-8 13520 (Paper Book)
　　　　978-89-268-4417-5 15520 (e-Book)

이담 Books 한국학술정보(주)의 지식실용서 브랜드입니다.

이 책은 한국학술정보(주)와 저작자의 지적 재산으로서 무단 전재와 복제를 금합니다.
책에 대한 더 나은 생각, 끊임없는 고민, 독자를 생각하는 마음으로 보다 좋은 책을 만들어갑니다.

Invitation to Green

녹색으로 초대
힐링 경제학

전성군 지음

아이들이 햄버거에 깊숙이 빠져 있다. 이런 현상은 어른들 사이에서도 볼 수 있다. 하지만 나는 도시에서 본다. 그것은 아직도 내가 햄버거문화에 적응하지 못하고 있다는 증거다. 이런 나를 어떻게 보고 있을지 걱정이다. 그래서 나는 내가 햄버거문화에 빠지지 않기 위한 몸부림으로 우리 농촌이 힐링촌인 이유를 나름대로 정리해보기로 했다. 그것이 이 책이다. 이 책은 한국농촌이 힐링경제학의 일번지인 이유를 좀 더 논리적으로 체계화시키는 데 목적을 두었다.

지난해 화제의 키워드인 '멘붕'을 딛고 일어서기 위함인가. TV에선 〈힐링 캠프〉가 새로운 예능 트렌드로 자리 잡았다. 가요계에선 〈힐링이 필요해〉 등 따뜻한 음악이 사랑받았다. 베스트셀러 1위도 힐링해주는 책, 혜민 스님의 『멈추면, 비로소 보이는 것들』이었다. 〈풀려라 5천만, 풀려라 피로〉 등 광고카피도 힐링 열풍을 확인시켰다.

자살률 1위, 청소년 행복지수 4년 연속 꼴찌라는 우울한 대한민국에 힐링에너지를 보충할 수 있는 공간이 있다. 바로 농촌이다. 도시민의 피곤한 일상을 치유하는 농촌관광이나 미식 여행, 캠핑 등 농촌과 농업을 대상으로 한 힐링사업이 농업부문의 블루칩이 될 것이란 전망이다.

'피로사회'는 한국의 자본주의 속도가 너무 빨라서 생기는 문제다. 그래서 사람들의 피로감이 크다. 사회를 치료해야 하는데 그것은 시간이 많이 걸려 개인 스스로 나서야 한다. 달콤한 힐링이 아니라 지금까지의 잘못된 시간에 대한 킬링(killing)이 필요한 때이다.

'킬링과 힐링'이 교차되는 순간, 생각이 농촌으로 달려간다. 〈꿈에 본 내 고향〉, 〈고향열차〉, 〈고향이 좋아〉, 〈고향 아줌마〉, 〈타향살이〉, 〈고향무정〉 등 고향을 소재로 한 그리운 대중가요들이 갑자기 주마등처럼 떠오른다.

낯설고 서러운 땅이 되어가는 내 농촌에 주말만이라도 사람들의 시끌벅적한 소리가 들리게 하자. 밤이면 막걸리에 취해 동구 밖에서 고성방가를 해댄들 내 고향 농촌의 적막함보다 낫지 않은가?

그런 의미에서 이 책이 농촌을 잃어버린 채 도시화에 도색되어 포장된 햄버거 세대를 살아가면서 건강을 잃어버리고 있는 모든 사람에게 힐링 지침서로 적극 활용되었으면 한다.

2013년 4월 1일

전성군

알~러뷰 녹색지대

여름 나기의
지혜

삼복 중 초복에 이어 중복·말복이 대기하고 있다. 복날은 장차 일어나고 자 하는 음기가 양기에 눌려 엎드려 있는 날이다. 복(伏) 자는 사람이 개처럼 엎드려 있는 형상으로, 가을철 금(金)의 기운이 대지로 내려오다 여름철 더운 기운에 일어서지 못하고 엎드려 복종한다는 의미다.

더위가 본격적으로 시작되면서 조그마한 일에도 쉽게 피로가 오고, 후덥 지근한 날씨 때문에 불쾌지수도 높아진다. 항상 부족한 듯싶은 잠과 나른해 지는 몸, 또 이에 따라 입맛이 떨어지면서 지칫 건강에 소홀해지고 심신의 균 형이 깨지기 쉽다. 옛 선현들은 삼복더위를 잊기 위해 가족·친지들과 술과 음식을 준비해 한적한 숲속의 냇가나 산을 찾아 머리를 감거나 목욕을 하며 하루를 즐겁게 보냈다.

요즘은 과거처럼 하루 더위를 피하기 위해 계곡에 발을 담그고 시를 읊으며 보낼 수 있는 여유가 사라졌다. 편안함과 효율성 창출을 위해 다양한 '여름 나기' 해법이 동원되기도 한다. 각 기관·단체에서는 사기 앙양 차원에서 보양식 회식, 노타이 근무, 점심시간 연장을 하고 있으며, 고온에서 작업하는 곳에는 얼음 조끼를 제공해 업무성과를 높이고 있다. 가정에서는 선풍기·에어컨을 구입하거나 정비하고 학생들 간식으로 빙과류를 준비하는 등 방법도 다양하다. 더위를 굴복시키기 위해 처절하게 몸부림치고 있는 것이다.

하지만 여름철의 편안함과 효율성을 위해 건강을 담보해서는 안 된다. 건강한 여름 나기를 위해서는 되도록 제철에 나는 식품을 변화 있게 먹는 게 좋다고 한다. 온실재배기술이 발달해 농산물 제철개념이 점차 없어져 가는 것은 어쩔 수 없는 추세라지만, 건강한 여름 나기를 위해 수박·복숭아·토마토만은 꼭 여름에 챙겨 먹는 것이 좋다. 칼륨과 비타민 등이 풍부한 이 과일들은 제철인 여름에 그 진가를 최대한 살릴 수 있기 때문이다. 그런 의미에서 갈증 해소엔 '수박'에 견줄 만한 것이 없다. 땀을 많이 흘리고 햇볕을 많이 쬐어 속이 메스꺼울 때는 냉수보다 낫다. 게다가 수박의 당질은 대부분 과당과 포도당으로 쉽게 체내에 흡수되고 피로 해소에 도움이 된다. 칼륨이 다량 함유되어 있어 식사 후 먹으면 소금기의 체내 배출을 원활하게 한다. 과체중으로 고민하는 사람들이나 비만이 걱정인 학생들이 간식으로 수박화채를 먹으면 배뇨를 촉진해 불필요한 살을 제거하는 데 도움을 준다. 수박씨에는 단백질 함유량이 해바라기씨나 땅콩·잣보다 훨씬 많아 씨를 씹어 먹으라고 권하는 전문가도 있다. 뛰어난 성분으로 가득 찬 '보물창고'인 것이다.

여름철 피부미용을 위해서는 '복숭아'가 있다. 식물성 비타민 A와 비타민 C가 풍부하고 당과 유기산, 무기물, 식이 섬유가 풍부한 것이 특징이다. 간 기능을 활발하게 해주며, 밤에 식은땀을 많이 흘릴 때 효과가 있는 것으로 알려져 있다. 또한 펙틴이 풍부해 변비에 효과가 있고 발암 성분의 억제 작용과 혈중 콜레스테롤 저하 작용이 있다.

마지막으로 토마토를 들 수 있다. 더위에 지친 여름철 건강을 지키기에 토마토만 한 것도 없다. 토마토에는 루틴이란 성분이 들어 있는데, 이 성분은 모세혈관을 튼튼하게 하고, 혈압을 낮추어 고혈압 예방에 좋다고 한다. 토마토와 수박을 일대일로 갈아 마시면 갈증 해소에 그만이다. 또한 튀김을 먹을 때 토마토를 곁들여 먹으면 소화를 촉진시킨다고 한다. 익으면 꼭지에 노란 별 모양이 생기는데 토마토는 이것이 클수록 당도가 높다고 한다.

이처럼 수박·복숭아·토마토는 여름철 건강을 위해 작지만 큰 선물이다. 주위의 모든 사람이 둘러앉아 계절의 신선한 식품으로 입맛을 돋우고 건강을 다져 정력적으로 여름을 이겨내 보자.

일본의 농촌유학을 배우자

　유학하면 외국이나 대도시로 나가 공부하는 것으로 생각할지 모르나, 요즘은 어린아이들이 농촌으로 유학을 간다. 농촌유학은 대도시권에 사는 초·중학생들이 부모 곁을 떠나 농촌에서 생활하면서 그 지역의 학교에 다니는 제도다. 현재 일본에서는 산해(山海)·고향·전원유학 등의 이름으로 각 지자체가 중심이 되어 농촌유학을 운영하고 있다. 문부과학성은 단기체험의 농촌유학에 소요되는 운영비에 대해서는 이를 실시하는 지자체에 우선적으로 보조금을 교부한다. 2003년 농촌유학을 받아들인 지자체는 35개 도·부·현, 116개 시·정·촌으로 840여 명의 대도시 초·중학생이 이 프로그램에 참가한 것으로 조사되었다.

　농촌유학제도는 시마네현 오오타시가 1976년 처음으로 도입, 1985년에는 전국 각지에서 실시하게 되었다. 초기 농촌유학은 도시학생들이 방학을 이용해 농가에 머무르면서 농촌체험을 하는 단기유학학교 형태로 운영되었다. 그 후 도시의 학부모들과 학생들에게 큰 인기를 얻으면서, 1년간의 장기 유학제도가 일부 도입되기 시작했다.

　우리나라도 최근엔 소극적인 '농촌 방문'이 아닌 짧게는 10일, 길게는 1년 동안 농촌 학교로 전학해 생활하는 적극적이고 능동적인 '농촌유학'이 많아졌다. 세상이 좋아지고 지방자치가 만개하면서 최근 도시학생들이 외국유학을 뒤로한 채 농촌에서 1년 이상 체류하는 장기 유학까지 있다니 큰 변화임에는 틀림없다. 경기 양평의 조현초등학교, 전북 완주의 봉동초등학교 양화분교, 경남 함양의 마천초등학교, 아예 전학을 가는 정읍 수곡초등학교 등이 대표적인 사례다.

농촌문화센터에 따르면 2010년의 경우, 농촌유학에 참석한 학생들을 대상으로 사전·사후 검사를 진행한 결과 의미 있는 변화가 나타났다. 우선, 자연 속에서의 활동량이 증가하자 근육량과 기초대사량이 높아졌고 체지방률은 낮아졌다. 정신적인 측면에서도 농업·농촌에 대한 이해도가 높아지고 전반적인 농촌에 대한 인식도 좋아졌다. 특히 우울지수가 감소하고, 자아 존중감은 증가한 것으로 나타났다. 행동적인 측면 역시 스스로 하기와 규칙적인 식습관 등에서 긍정적인 변화를 보였다. 통계적인 수치 이외에도 농촌으로 유학을 보낸 부모들은 하나같이 '아이들이 여유롭고 배려심이 많아졌으며, 마음의 고향을 하나씩 만든 것 같다'는 평가를 내렸다.

이러다 보니 폐교 위기에 몰렸던 일부 농촌 학교는 활기가 넘치고, 모처럼 어린 학생들은 도시의 찌든 때에서 벗어나 자연과 마음껏 부딪쳐보면서 호연지기를 기르고 있다. 그만큼 도시 부모들이 아이들의 전인교육에 관심을 갖는다는 대목이다. 이미 오래전부터 일본에서는 산촌유학을 실시해 어느 정도 그 성과가 나타나고 있다. 현재 일본 산촌유학은 행정이 주체인 곳이 20%, 지역 주민과 학교가 주체인 곳이 60%, 민간단체가 주체인 곳이 20%나 된다고 한다.

군이 교육과학기술부의 지정학교로 지정되지 않더라도 농촌의 초등학교는 물론이고 중학교, 그리고 고등학교까지 농촌유학이 확대됐으면 한다. 앞으로 아이들의 인간교육을 책임질 농촌 학교가 없다면 인간성 회복은 불가능한 만큼 체계적인 농촌유학 프로그램 마련은 필수다. 친환경과 e-러닝 첨단 교육시설 확보로 소수 정예 개별 학습지도가 가능한 창의적인 교육과정 운영, 체험활동을 통한 배려와 나눔의 실천 등을 통해 소규모 학교의 특성에 맞는 눈높이 교육에 심혈을 기울여야 하겠다.

'사람은 서울로, 말은 제주도로 보내라'는 격언은 옛말이 되어가고 있다. 농어촌의 가치를 경험하고 자연과 친구가 되는 일은 '유학' 그 이상의 가치가 있음에 틀림이 없다. 아이들이 행복한 곳, 아름다운 자연이 있는 곳, 인간 교육을 꿈꾸는 곳, 농촌유학이야말로 그동안 농촌 학교와 도시 학교 모두가 지금까지 서로에게 너무 소홀했던 것을 가까이 들여다볼 수 있는 좋은 기회가 될 것이다.

우리 농산물 바로 알기와
학교급식

학생들에게 학교에 가는 이유를 물었더니 "공부하기 위해서"라는 대답보다 "밥 먹으러" 간다는 농담 반 진담 반 얘기가 있다. 대부분 공감할 것이다. 사실 700만 명이 넘는 국가의 미래 주역들이 12년간이나 이용하는 학교급식은 학생 개인의 건강은 물론 국가 경제에도 큰 영향을 미치기에 매우 중요하다. 이 때문에 선진국은 자국 농산물의 수급 조절과 장래의 식량문제를 종합적으로 꼼꼼히 따져 학교급식제도를 운영한다.

미국은 학교급식을 자국산 농산물의 소비 확대와 수급조절 차원에서 운영하도록 세부사항까지 법률로 규정하고 있다. 급식 재료를 미국산으로 제한, 급식 지원 예산의 일정 비율을 현물로 지급해 과잉생산 품목의 정부 수매 및 학교급식 공급 등이 그것이다. 그리하여 미국은 무려 3천만 명에 달하는 학생들에게 철저히 자국 농산물로만 식단을 꾸려서 급식을 한다.

이웃 일본은 각종 법률로 학교급식이 국내 농업자원의 최대 활용과 식량 자급도 제고에 기여하도록 포괄적인 의무를 부과하고, 정부의 행정 지원과 민간 차원의 '지산지소(地産地消)운동' 등을 통해 학교급식에 자국산 농산물이 최대로 사용되도록 운영하고 있다.

특히 1996년 'O-157 사건'으로 불리는 당시 식중독 사태 이후 일본 공립학교의 급식은 수업의 질 못지않게 확 높였다. 한술 더 떠서 학교급식을 지역 경제 활성화와 전통문화 계승의 장으로까지 활용하고 있다.

두 나라 모두 커가는 학생들만큼은 무슨 일이 있어도 자기 나라의 농산물을 먹이겠다고 설치고 있다. 이에 따른 재정 지원 또한 아끼지 않는다. 어린이와 청소년들에게 올바른 식습관을 길러줌과 동시에 자국 농산물의 안정적 판로를 확보해놓겠다는 절묘한 계산이나.

이렇게 미국·일본 등의 학교급식은 '고도의 안전성'을 실현하고 있으며, 학교급식을 교육의 일환으로 중시하는 사회·교육적 분위기가 성숙되어 있다. 반면, 우리나라는 그동안 학교급식의 양적인 성장에도 불구하고 운영과

정의 한계 때문에 질적인 확대가 되지 못하고 있다. 예로부터 우리 쌀밥은 고 깃국과 함께 부의 상징이었다. 그러나 잘 알다시피, 최근 쌀 소비가 가파르게 줄면서 '생산조정제'를 시행해야 할 만큼 애물단지로 변했다.

실제 우리나라 연간 1인당 쌀 소비량은 머잖아 70kg마저 밑돌 전망이다. 그렇게 되면 거의 40만ha 이상의 논을 놀려야 한다는 계산이 나온다. 이 면적은 대략 우리나라 전체 논의 3분의 1에 해당된다. 결국 쌀의 소비 부진이 농업공황 상태로 몰고 가고 있는 셈이다. 되돌릴 수 없는 이 같은 불행을 막으려면 우선적으로 패스트푸드에 길들어 있는 우리 어린이와 청소년들을 시급히 '전통 밥상'으로 불러들여야 한다. 그러기 위해 학교급식제도를 잘 활용할 필요가 있다.

때맞춰 농협안성교육원이 방학기간(2011년 8월)을 이용해 초·중·고등학교 영양교사 및 영양사, 조리사 1천여 명을 대상으로 '우리 농산물 바로 알기' 교육을 실시 중에 있다. 이번 교육은 최근 사회적인 화두가 되고 있는 급식사업과 관련, 학교급식 담당자를 대상으로 우리 농축산물의 우수성을 홍보하기 위해 마련되었다. 또 학교급식 정책방향, 식중독 예방 및 관리대책, 학교급식 담당자의 역할과 자세 등 다채로운 프로그램으로 구성되어 참가자들의 호응을 받고 있다.

특히 일선 학교의 급식 담당자를 대상으로 식중독 예방 등 식품안전교육과 더불어 우리 농산물의 우수성에 대한 실무적인 교육을 추진했다는 점에서 의의가 크다. 학교급식 위생문제에 대해 우려의 목소리가 커지고 있는 이때에 교육 대상자의 눈높이에 맞는 우리 농산물 바로 알기 교육을 확대, 학교

급식의 질을 높이는 데 기폭제가 됐으면 한다. 그래서 하루빨리 '황금벌판'의 옛 영화를 되찾고, 우리 농산물 먹고 튼튼해지는 아이들의 체질만큼이나 우리 농업도 하루빨리 건강을 되찾았으면 한다.

정체성 찾는
추석이어야

한가위는 만월이 뜨는 보름날이다. 만월인 보름달은 곡물로 치면 수확 직전의 알이 꽉 찬 모습이다. 농경사회에서는 이러한 달의 재생과 농사의 재생적인 속성을 같은 것으로 본다. 그래서 달의 형상 가운데서도 풍요를 상징하는 만월은 중요하며 추석 명절은 당연히 중시된다. 이 같은 추석은 그동안 농사를 잘하게 해준 것을 감사하는 뜻깊은 날이며 농사의 결실을 보는 절일이다. 또 이듬해의 풍농을 기리는 시기로서 깊은 의미가 있다. 하지만 계절이 아무리 풍요롭고 넉넉하다 해도 사람들 마음속에 둥근 보름달을 띄우지 않는다면 세상은 여전히 암울할 뿐이다.

올해도 어김없이 추석이 성큼 다가왔다. 여느 때처럼 사람들은 고향을 향해 발걸음을 재촉할 준비를 서두르고 있다. 자신을 바쳐 도시를 키워온 농촌. 그러기에 농촌은 간절한 어머니의 심정으로 도회지로 나간 가족과 친지, 이웃들의 건강과 성공을 기원한다. '더도 말고, 덜도 말고, 늘 가윗날만 같아라'

라는 속담이 있듯이 추석은 연중 으뜸 명절이다. 농촌의 경우, 가장 큰 명절이니 이때는 오곡이 익는 계절인 만큼 모든 것이 풍성하고 즐거운 놀이로 밤낮을 지낸다. 이날처럼 잘 먹고, 잘 입고, 놀고 살았으면 하고 바라는 마음이 새삼 간절해진다.

그런데 해마다 맞이하는 추석이지만 핵가족화가 가속화하고 인터넷 문화가 확산되면서 추석을 맞는 모습도 크게 달라지고 있다. 다문화가정도 많이 생기고, 마을 단위의 전통적 명절 분위기도 사라졌다. 유교문화에 친숙하지 않은 새로운 세대와 핵가족화에 따른 변화된 세태 탓일까. 언제부턴가 명절이 다가오면 즐거움보다는 걱정과 부담이 앞선다. 멀쩡하던 주부들의 기분이 갑자기 시들해지고 덩달아 남편들도 마음이 불편해진다. 달은 만월인데, 마음은 만월의 무게만큼 무거운 것이다.

하지만 무엇보다도 크게 달라진 건 부모가 자식 집을 찾아가는 역귀성 풍습이 크게 증가하고 있다는 걸 꼽을 수 있다. 올 추석에도 직장인 열 명 중 한두 명은 부모가 객지에 있는 자식들을 찾아가는 이른바 역귀성을 할 예정이라고 한다. 그래서일까. 요즘 명절엔 농촌보다 도시로 가는 길이 상대적으로 더 막힌다는 말이 나올 정도다. 먼 길 힘들게 올 자녀 걱정에 기꺼이 역귀성을 택하는 어르신들. 힘들게 먼 걸음을 하겠지만 어르신들의 얼굴에는 자녀와 손주들을 본다는 설렘이 더 클 것이다. '내리 사랑'을 다시금 되새기게 하는 추석 명절의 새로운 풍속도다. 반면, 명절 때 그리운 고향마을 풍경도, 마을 사람들도 점점 아련해진다. 명절엔 기쁨보다는 슬픔, 허망함이 절절하다는 어른들 말씀이 새롭다.

이 같은 변화에 대해 각자 처해진 상황에 따라 사람들의 견해는 엇갈린다. 한쪽에선 도시화의 급진전으로 조상께 감사함을 전하는 전통적인 추석 의미가 반감되었다는 데에 아쉬움을 토로한다. 다른 한쪽에선 시대가 변한 만큼 추석의 의미도 개인의 가치와 행복을 중시하는 방향으로 달라져야 한다는 의견을 내놓는다. 하지만 세태에 의해 아무리 많은 것이 변한다 해도 추석의 진정한 의미를 깨닫고 회복하기 위해서는 '더도 말고 덜도 말고'를 통해 구현할 수 있는 인간적인 자세만은 변하지 않았으면 좋겠다.

가는 길이 좀 피곤해도 고향을 지키는 어르신들이 추석 명절에 가족끼리 만나는 기회마저 박탈당해서야 되겠는가? 그 옛날의 둥근달이 더 정다웠고, 덜덜거리는 완행버스와 완행열차도 애틋하다. 그저 명분으로만 맞는 명절이 아니라, 어르신들이 행복한 곳, 아름다운 자연이 있는 곳, 인간 예절을 배우는 곳, 그리고 우리를, 우리의 정체성을 생각해보는 그런 추석이 됐으면 싶다. 그래서 그동안 농촌부모와 도시자녀 모두가 지금까지 서로에게 너무 소홀했던 것을 가까이 들여다볼 수 있는 좋은 기회가 되었으면 한다.

'역귀농'
대책 세워야

추석이다. 말 그대로 밤송이가 가을빛에 연초록의 광채를 띠고 있는 걸 보면, 어느새 황금빛 들녘에도 가을이 찾아온 모양이다. 이처럼 농업은 근본적으로 계절과 밀접한 관계가 있고, 그 농업을 기본산업으로 하는 농산촌은 도시인에게 매력이 있는 곳이다. 그래서 선진국들은 한참 앞서 농업을 미래산업으로 육성하고 있다. 50년 전 쌀 수출국이었던 필리핀이 2011년 현재 연간 250만 톤을 수입하는 국가로 전락한 것은 자만과 농업기반 붕괴, 연구개발 투자에 소홀했던 결과였다.

농업은 전통적 먹거리 생산에서 고부가 신소재산업과 탄소흡수 극대화, 에너지산업과 녹색경관, 환경산업과 식품산업 등 신기술 신농업으로 무한성장이 가능한 만큼 사양산업이라는 인식을 접고 미래에 대응할 신기술 개발분야에 역점을 두어야 한다.

때마침 농촌마을에 젊은이들이 점차 수혈되고 있다. 힘차게 뛰어노는 어린이들의 건강한 웃음소리가 간간이 들려온다. 정부의 귀농·귀촌 장려정책 덕분이다. 농림수산식품부에 따르면 2001년 880가구였던 귀농 가구는 2010년에 무려 6,067가구나 되었다. 근래 귀농·귀촌 희망자가 크게 늘어남에 따라 정부가 이들을 지원하기 위한 정책을 마련하고, 대학과 농협, 민간단체까지 나서서 이들을 위한 각종 교육프로그램을 속속 내놓고 있다.

귀농·귀촌 과정의 열기는 실로 대단하다. 30대에서부터 60대까지 다양한 연령대 회사원, 오랜 공직생활을 마치고 정년퇴직한 공무원, 교사, 중간퇴 직자 등 다양한 구성 층을 봐도 느낄 수 있다.

귀농·귀촌 과정에 입교한 이들은 우선, 경종·원예·축산·약용 등 유형별로 농장에서 필요한 기초 지식을 습득하게 된다. 게다가 최근 농업·농촌의 변화 트렌드, 정부와 지자체의 귀농·귀촌 지원정책에 관한 사항, 농지법 전반, 농기자재, 농촌주택설비 등에 관한 사항은 물론 선배 귀농인들의 주옥같은 성공사례 등은 살 같은 정보가 된다.

반면, 귀농했던 사람들이 다시 도시로 떠나는 이른바 '역귀농'이 늘고 있어서 안타깝다. 물론 100% 귀농에 성공할 수는 없다. 어려운 결단 끝에 찾은 농촌을 다시 떠나는 이유는 도시에서 살 여건이 호전된 때문일 수도 있지만 그보다는 농촌생활에 적응하지 못했기 때문일 가능성이 크다. 그들이 농촌 생활에 적응하지 못한 데는 농업에 대한 전문성 부족과 교육·의료환경을 비롯한 뒤떨어진 복지여건 등 여러 요인이 있었을 것이다. 그렇다면 지금 농촌에 남은 사람들은 열악한 조건을 견디며 농사를 짓고 있다는 말이 된다.

역귀농을 한 명이라도 줄이려면 정부가 귀농만 장려할 게 아니라 역귀농자에 대한 조사와 종합적인 대책도 내놓아야 한다. 정부는 심층적인 조사와 분석을 통해 역귀농자들의 의견을 모아볼 필요가 있다. 그들이 귀농을 포기한 이유를 분석해보면 우리 농촌이 안고 있는 문제를 파악할 수 있게 되고 귀농자들은 물론 토박이 농민들을 위한 정책 개발에도 도움이 될 것이기 때문이다. 그런데 정작 이들을 관리하는 통계는 부실하다. 귀농 수치만 집계될 뿐 중간에 귀농을 포기한 사례는 통계조차 잡히지 않고 있다.

정부에서는 귀농을 장려하기 위해 농업창업자금, 귀농컨설팅 등 많은 지원을 해온 것으로 안다. 그런데도 귀농을 중도에 포기한 채 도시로 다시 돌아가는 가구가 늘고 있다면 그 원인을 파악하고 적재적소에 맞는 대책을 세우는 것이 귀농 장려정책만큼 중요할 것이다. 예컨대 정부는 지방자치단체와 정책 공조를 펼쳐 귀농정책에 대한 사후관리를 강화하는 한편, 특히 귀농가의 농촌정착에 필요한 창업자금 지원액 확대와 귀농가에 대한 각종 교육과 지역주민과의 유대강화를 위한 프로그램을 개발해 농촌정착을 도와야 할 것이다.

지금은 웰빙·환경 결합된
로하스 시대

세계는 지금 로하스(LOHAS) 시대에 접어들고 있다. 로하스 시대의 중심에는 바로 식품이 있고 좋은 식품의 선택은 삶의 질을 획기적으로 높여줄 것이라는 예측이다. 케이스로 나무로 만든 노트북과 데스크톱 PC, 발전기가 달린 라디오, 두께는 얇지만 강도는 더 높은 우유팩과 무게를 30g에서 20g으로 줄인 음료수용 페트병 등, 이 제품들은 모두 친환경을 목표로 만들어진 제품이다. 이러한 아이디어는 인간의 건강만 생각하는 웰빙(Well-being)을 넘어 인간과 지구(환경)의 건강을 같이 생각하는 로하스(LOHAS)개념에서 출발한다.

몇 해 전 TV드라마 〈허준〉이 한창 인기리에 방영될 때 전염병을 치료하기 위해 매실을 쓰던 장면이 나온 적이 있었다. 이후 매실 관련 식품이 동나다 못해 덜 익은 살구를 매실로 착각해 사람들이 가져가기도 했다. 자신의 건강한 몸을 유지하기 위해 독식하는 것이 웰빙이라 한다면, 로하스의 개념은 건강에 취약한 사람을 배려해주고, 사회 전체를 위해 새로운 부가가치를 창출하는 것이라 할 수 있다. 이렇듯 로하스에 대한 인식은 일시적 트렌드가 아닌 건전하고 건강한 사회를 만드는 개념으로 자리 잡은 것이다.

최근(2011년 12월) 미국의 NMI에 따르면 미국 로하스 소비자는 전체의 17%를 차지하고 있으며, 유럽과 일본은 20% 정도로 추정했다. 우리나라의 경우는 한국내추럴비즈니스연구소(KNBI)에서 실시한 조사 결과에 따르면 소비자의 37%가 로하스족으로 나타났다.

이러한 분위기에서 소비자들이 농촌의 향토음식에 관심을 가지는 것은 당연한 일이며, 이는 가치소비 지향의 원인으로 작용하고 있다. 건강 지향적인 분위기는 유기농에 대한 관심을 불러일으킴과 동시에 농촌 토속음식에 대한 소비자들의 인지도를 크게 높이고 있는 가운데 농촌을 찾은 도시민들은 지역 토산품이나 유기농 반찬을 직접 맛보고 싶어 할 것이다.

그런데 내가 체험했던 전통테마마을 식단의 경우 아직까지는 도시민의 니즈를 충족시키기에 불충분함을 느꼈다. 예컨대 주로 민박집 주인이 직접 생산한 농산물을 재료로 쓰고 있었다. 일반 어른들은 지역 특산물을 이용한 향토음식을, 아이들은 전이나 튀김류, 일품요리들을 좋아하는 경향이 많았다.

하지만 농촌지역의 경우는 대부분이 자급자족의 형태에 의존해 식단의 다양성이 결여되어 있고, 지나친 매운맛의 강조와 지역의 특성을 살린 체계적인 식단 작성이 이루어지지 않는다는 점이 도시민의 재방문을 꺼리게 하고 있다. 도시민이 다시 찾을 수 있도록 해야 한다.

그러기 위해서는 먼저, 음식의 매운맛에 대한 등급을 마련해야 한다. 고추의 경우 매운맛을 결정하는 것은 캡사이신 성분의 함량 정도(심미도)이다. 따라서 고추의 경우 '매운맛'과 '보통 매운맛'으로 맛의 등급을 정해야 한다. 특히 매운맛 정도에 따라 품종을 구분, 육종할 수 있어야 보급을 확대할 수 있다. 그래서 식당을 찾은 관광객이 고추장 하나를 주문하더라도 매운 고추장과 덜 매운 고추장을 내놓고 선택할 수 있도록 해야 한다. 그리고 매운맛과 관련된 각종 포장재에도 매운맛의 등급이 표시되어야 한다.

또한 농가마다 차별화된 특별 메뉴와 식사제공 비법을 정착시키는 일이 매우 중요하다. 그러기 위해서는 농가에서 보고 실천할 수 있는 관광식단의 개발과 지침서 제작이 필요하다. 지침서에는 계절별·대상별·연령별로 식단을 작성하는 법이 자세히 기록되어야 한다. 또 지역별 특산물 소개와 농가 주부가 도시민들에게 설명해주는 요리가 담겨야 한다. 아울러 식단(영양 면·경제 면·기호 면·능률 면)의 효능도 첨가되면 더욱 좋을 것이다.

신자유주의와 농업보호

2011년의 아픔과 아쉬움이 철 지난 들판에 허수아비처럼 서 있다. 어느 해나 아픔과 충돌은 있었다. 개인 간의 소소한 감정으로 인한 것이든, 인간들의 탐욕으로 인한 것이든, 국가 간의 이익을 위한 것이든 그것들은 때로는 경제전쟁이라는 극한 상황을 초래하기도 했고 그로 인해 고통받는 다수의 사람이 생겨나곤 했다. 바로 신자유주의 영향 때문이다.

신자유주의란 19세기 아담 스미스와 리카도의 고전적 자유주의가 1930년대 케인즈에 의해 밀려났다가 1980년대에 재등장했다는 의미로 사용되는 경제이론이다. 신자유주의가 세계적으로 관심을 끌게 된 것은 1979년 대처 영국 수상과 레이건 미국 대통령이 경제정책으로 이를 채택하면서부터이다.

신자유주의는 세계화와 구조조정이란 말로 구체화된다. 시장을 중시하는 신자유주의는 시장의 자연 발생적 질서에 의해 생겨난 불평등을 정당한 것으로 간주한다. 그래서 '강자의 논리', '가진 자의 논리'로 치부되기도 한다. 또한 신자유주의는 고전적 자유주의(자본주의)가 안고 있던 부익부(富益富) 빈익빈(貧益貧)이라는 국내적 양극화 문제를 더욱 심화시켜 세계적인 문제로 확산시켰다는 비판을 받고 있다. 몇 년 전 촉발된 미국발 경제위기도 신자유주의가 불러온 것이란 분석도 있다.

신자유주의 신봉자들의 주된 논리의 핵심은 국가는 시장에 개입해서는 안 되고 이를 무릅쓰고 시장에 개입하게 되면 시장이 왜곡되어 여러 가지 부작용이 나타난다고 보는 것이다. 따라서 국가의 역할을 가능한 한 최소화하는 것이 바람직하다고 주장한다. 다시 말해 시장이 모든 것을 결정하도록 해야 하고, 국가는 이를 존중해야 한다는 것이다. 그 결과는 시장에서 경쟁력이 있는 것은 살고, 없는 것은 퇴출되는 것이다.

그렇다면 시장의 적정한 가격에 대한 기준은 무엇인가 하는 의문이 남는다. 신자유주의자들의 입장은 국제가격과 일치하는 것이 가장 이상적이라고 말한다. 이러한 신자유주의적 논리에 따르면 정부의 농업보호를 위한 정책은 근본적으로 부정된다. 동시에 국제가격과 경쟁을 해 경쟁력이 취약한 품목은 퇴출되는 것이 당연하다고 여긴다. 하나의 산업으로 농업이 생존하느냐 마느냐의 여부 역시 시장에 의해 결정되어야지 정부가 개입을 하는 것은 옳지 않다는 것이다.

쌀을 예로 든다면 쌀 생산과 가격에 대해 정부의 간여나 지원을 하지 않는 것은 물론이고 국내 쌀값은 우리보다 훨씬 싼 미국이나 중국산 쌀값과 같아질 때까지 떨어져야 한다. 그 가격에 생산이 불가능하면 국내 쌀은 생산을 하지 않는 것이 마땅하다고 보는 것이다. 반면, 신자유주의를 비판하는 사람들은 농업을 시장에만 맡길 경우 필연적으로 실패할 수밖에 없다고 말한다. 이른바 '시장의 실패'이고 이를 극복하는 유일한 방법은 정부가 개입해 가격과 소득을 지지해야 한다고 한다.

농업안보가 확보되기 위해서는 자국민이 충분히 영양을 섭취할 수 있도록 국내 생산 기반이 유지되어야 하고, 부족한 식량은 언제든지 수입해올 수 있는 국제적 교역 환경과 국가 경제력이 뒷받침되어야 한다. 식량안보의 핵심은 각국이 필요한 식량정책을 다른 나라의 간섭을 받지 않고 자유롭게 결정할 수 있는 권리, 즉 식량주권이 보장되어야 한다. 그런데 우루과이라운드(UR)협상이나 도하개발어젠다(DDA) 농업협상에서는 교역자유화를 명분으로 식량주권을 제한하는 방안이 논의되고 있어 식량수입국의 식량안보를 위협하고 있다.

2012년은 임진년(壬辰年)이다. 임진년은 '깊은 물속에서 수룡(水龍)이 변화를 일으키는 운이다'라고 한다. 신자유주의를 표방하고 있는 미국이 다른 나라의 농업보호 정책을 부정하면서도 유독 자국의 농업보호에 적극적인 것은 깊이 생각해볼 일이다.

식량안보 왜
중요한가?

70년대 초 오일쇼크와 곡물파동을 겪으면서 각국이 증산정책을 강화한 결과 80년대 들어서는 세계 곡물시장이 공급 부족에서 과잉 시기로 전환되었다. 하지만 2000년대는 세계 곡물생산량이 소비량보다 적어지고 이에 따라 곡물재고량이 크게 감소해 최근 5년간 국제 곡물가격이 급등했다. 특히 2010년 6월 이후에는 구소련 지역에 극심한 가뭄이 발생해 밀 생산이 급감하자 러시아와 우크라이나가 수출제한조치를 취하면서 밀을 시작으로 옥수수와 콩 가격이 2008년 애그플레이션 수준까지 급등해 지금까지 이어져 오고 있다. 국제 곡물가격의 급등원인은 한마디로 수요급증과 생산둔화다. 즉, 바이오에너지 소비증가와 신흥국의 육류 소비증가, 기상이변에 따른 곡물생산 둔화 그리고 상품시장에 투기적 자본유입 증대 등을 들 수 있다.

그렇다면 우리나라 식량안보는 왜 중요한가? 우리나라 인구는 1970년 이후 2009년까지 3,200만에서 4,800만 명으로 1.5배 가까이 성장했다. 같은 기간 우리나라 곡물소비도 880만 톤에서 2천만 톤으로 2배 이상 증가해 인구는 곡물소비를 자극하는 가장 중요한 요인임이 증명된다. 그러나 경제성장에 의한 국민소득의 증가는 곡물소비를 증가시키는 요인이기는 하지만 곡물이 필수품인 이상 국민소득의 증가가 무한정으로 곡물소비를 증가시키지는 않는다. 오히려 국민소득의 증가는 곡물 소비패턴을 바꾸게 된다. 구체적으로는 국민소득의 증가가 곡물소비의 성격을 식량용(食糧用) 소비에서 비식량용(非食糧用) 소비로 바꾸게 되는 것이다.

한편 우리나라는 2012년 현재 쌀(자급률 104.6%)은 자급하고 있으나 곡물자급률은 26.7%로 곡물 전체로 볼 때 하루 세끼 중 한 끼도 자급을 못 하는 곡물 순수입국이다. 또 세계 곡물교역량은 생산량의 15% 수준에 불과하고, 최근 기상이변이 속출하면서 곡물수출국의 수출제한조치가 많아지고 있어 국제 곡물가격의 불안을 초래했다. 아울러 카길 등 4대 곡물메이저가 세계 곡물교역을 주도하고 있으며, 우리나라는 이들 기업에 대한 수입의존도가 높아 세계 곡물공급 부족 시 가격 위험에 노출되었다. 우리나라는 곡물자급률이 매우 낮고, 소수의 곡물수출국과 곡물메이저에 대한 수입의존도가 높아 세계 식량위기에 취약하다.

국제기구들은 향후 세계 식량난이 확대될 것으로 전망하고 있어 곡물수입국인 우리나라는 식량안보를 강화하는 것이 그 어느 때보다 중요하다. 우리나라는 쌀의 자급을 유지하면서 비상시에 곡물을 안정적으로 확보할 수 있는 대책마련이 절실하다.

국내에서는 부족한 곡물의 자급률을 제고하는 동시에 국외적으로는 해외곡물의 안정적 조달시스템을 구축하는 등 종합적인 식량안보체계를 확립할 필요가 있다. 정부는 2015년 곡물자급률을 현재 26.7%에서 30%로 끌어올릴 목표를 세워놓고 있으나, 이를 달성하기 위한 재배면적 확보, 농가의 소득안정대책 등 구체적인 시행방안의 강구가 필요하다. 즉, 농지의 난개발을 방지해 우량농지를 최대한 확보하고, 쌀의 자급기반을 확고히 마련하되, 논농업을 다양화해 콩과 사료작물 등의 생산을 확대해야 한다.

또 직접지불제 등 농가소득안정대책을 현재의 논농업에서 밭작물로 확대하는 등 사료 및 곡물재배 농가의 안정적인 생산 활동을 장려해야 한다. 특히 경지면적이 매년 감소하고 있어 곡물자급률을 크게 향상시키는 것은 한계가 있기 때문에 우리나라가 자체 라인을 통해 해외에서 곡물을 안정적으로 도입할 수 있는 시스템을 확고히 구축할 필요가 있다. 이를테면 해외농장을 확보해 곡물을 생산하는 '농장형'과 해외곡물의 매입과 유통, 국내 도입을 담당하는 '유통형' 방식을 통해 해외 곡물을 적극 확보해야 할 것이다.

마음 푸근한 체험이
만사형통

봄의 문이 열렸다.

거리에 '입춘대길 건양다경'이란 현수막이 눈에 띈다. 입춘대길(立春大吉)은 '봄이 시작되니 크게 길하라'는 뜻으로 건양다경(建陽多慶)과 흔히 같이 쓰인다. '입춘대길 건양다경'이라고 하면 '새봄의 만사형통을 기원'하는 뜻이 된다.

하지만 도심은 아직도 춘래불사춘(春來不似春)이다. 봄은 왔건만 사람들의 마음에선 따뜻함을 찾기가 힘들다. 온통 '어렵다'는 말뿐이고 경기불황이 사람들의 마음까지도 차갑게 하고 있기 때문이다.

아이들도 춥긴 마찬가지다. 못 먹어서 추운 게 아니라, 학원에 시달리는 것은 기본이고 식습관 영향 또한 크다. 사실 우리 아이들은 이미 튀김, 피자, 햄버거 위주의 인스턴트 음식에 길들여져 외형적 신체는 과거에 비해 크게 성장했으나 체력이 뒷받침을 못 하고 있다.

이와 같은 서구문화 지향적 세계화 분위기 속에서 자라나는 젊은 세대 역시 사고와 행동에서 서구의 영향을 받지 않을 수가 없다. 그 가운데서도 가장 대표적인 것이 식생활 패턴의 변화이다. 바로 식생활의 서구화이다.

최근에는 우리 아이들이 피자나 햄버거를 즐기면서도 그것이 남의 것인 줄도 모르고 먹는다. 맛있으면 그만이지 굳이 국적을 따질 필요가 있느냐는 것이다. 이와 같이 서구화 물결 속에서 우리 아이들은 우리 것과 남의 것을 분간하지 못하며 살아가고 있다. 그리고 굳이 분간하려고 하지도 않는다. 이 것은 우리 문화에 대한 모독이며 자학(自虐)이다. 아무리 자라나는 아이들이라 하더라도 쌀로 지은 밥은 우리 것이고, 햄버거와 피자는 우리 것이 아니라는 것을 분간할 줄 알아야 한다. 식생활을 통해 우리의 문화와 전통이 이어지기 때문이다.

요즘에 아이들에게 많이 나타나는 비만, 아토피성 피부염, 알레르기성 질환, 소아당뇨, 각종 소아암을 비롯한 치아질환은 요즘 아이들이 섭취하는 인스턴트 음식, 설탕, 탄산음료, 각종 과자류 등 서양화된 식습관 탓이다. 더욱 심각한 것은 먹을거리가 몸에만 영향을 미치는 것이 아니라 마음도 병들게 한다는 사실이다. 즉, 과잉행동장애, 정서불안, 스트레스, 성격장애 등이 바로 그것이다.

다행히 우리나라에는 서구 지향적 문화의 이면에 농업과 농촌으로 대표되는 전통부문이 남아 있다. 구수한 된장 맛과 매콤한 김치찌개를 우려내는 바로 그 맛이다. 그런데 서구주의를 지향하는 일부 지식인들은 전통부문을 거추장스러운 부담으로 생각한다. 첨단과학 중심의 경제성장을 추구하는 일부 학자들이나 고위 관료들이 농업에 대한 비하발언을 하는 경우가 종종 있다. 좀 더 솔직하게 말한다면 그들이 설령 그러한 생각을 적극적으로 발언하고 싶어도 국민의 정서 때문에 드러내놓지 못하는 것이 그들의 솔직한 심정일 것이다.

이런 때 머리를 잠시 비우고 마음을 놓아둘 탈출구를 찾아 농산어촌으로 눈을 돌려보자. 회색도시를 벗어나 한적한 농산어촌에서 새소리 물소리 들으며, 정겨운 체험을 해보자. 아이들뿐만 아니라 어른들도 우리 조상들의 생활모습과 삶의 지혜를 배우는 좋은 기회가 될 것이다. 별이 꽉 찬 밤하늘 아래에 모닥불을 피워놓고 온 가족이 모여 오순도순 이야기꽃을 피워보자. 색다른 추억과 고향의 정취를 흠뻑 느끼게 될 것이다. 사람과 정이 그리울 때는 자연을 찾아 삭막한 도심을 탈출해보자. 분명 진한 감동과 만족이 기다리고 있을 것이다.

농산어촌은 마음의 고향이다(언제나 돌아가 안길 수 있는 어머님의 따스한 가슴). 농산어촌은 연인이다(힘들고 지칠 때 위로해주는 사랑). 농산어촌은 희망이자 등불이다. 이런 희망과 등불을 현실로 만들어가는 중심에 농산어촌 체험이 있다. 주말 농산어촌으로 떠나보자. 마음 푸근한 체험이 만사형통이 될 것이다.

세계에서 통하는
한류 콘텐츠 만들어야

인터넷 서핑을 하다 보면 우리 아이돌 가수의 활약상에 놀라움을 금치 못한다. 특히 유튜브 등을 통해 k-pop을 대변하는 소녀시대, 카라, 원더걸스, 빅뱅 등은 이전 가요에선 볼 수 없었던 리듬과 세련된 프로듀싱으로 세계 각국의 젊은이들의 사랑을 받고 있다. SM타운의 파리공연 때 티켓 매진으로

추가공연을 요청하기 위해 프랑스 팬들이 시위를 펼친 사실을《르몽드》지를 비롯한 유력 언론들이 '유럽을 덮친 한류'라 하며 기사를 다뤘다. 예전에는 상상도 못했던 우리 문화의 힘이다.

그렇다면 그동안 우리는 왜 서구문화에 눌려 살아왔는가. 우리 국민이라면 한번쯤 생각해보아야 할 문제다. 말도 그렇고, 입는 옷도 그렇고, 먹는 것도 그렇다. 엄연히 우리 땅인데도 우리말보다는 영어를 더 잘해야 되고, 티셔츠도 한글보다는 알파벳이 들어간 것이 더 잘 팔린다. 레스토랑에서는 우리의 전통인 쌀밥이나 김치보다는 뷔페나 스테이크를 먹어야 사람대접을 받는다. 그리고 서울의 특급호텔에는 한식당이 사라진 지 이미 오래다. 분명 반한류 현상이다. 왜 그럴까.

그것은 다름 아닌 수입사상 때문이다. 수입사상이 우리 문화를 내몰고 있는 것이다. 다시 말하면 수입사상에 묻혀 들어온 서구문화들이 우리의 전통을 지배하고 있는 것이다. 또 다른 이유가 있다. 수입사상이 들어오는 것은 어쩔 수 없었다고 하더라도 우리 국민이 수입사상과 맞서 싸울 수 있었더라면 하는 아쉬움이다. 그러나 우리는 수입사상에 너무나도 쉽게 무너졌다. 수입사상과 대립해온 전통사상이 맥없이 패한 것이다.

그런 의미에서 최근 한류바람은 불안하다. 작금의 세계로 향한 도약은 한류의 시작에 불과하다. 그동안 한류 확산에 큰 도움이 되었던 한국과 다른 국가들과의 정보 및 인프라 격차는 계속 줄어들고 있고, 한류의 주 무대인 아시아 대중문화 시장의 경쟁은 날로 심화되고 있다. 또한 최근 높아지는 한류에 대한 견제가 수그러들지에 대한 확신이 없는 가운데 특히 아시아권에서 상당한 효과를 본 한국의 대외 위상 제고 역시 계속될 것이란 예측은 위험하다. 반면, 세계인이 공감할 수 있는 재미를 무기로 하는 공연 콘텐츠 난타의 관람이 아시아 관광객에게 관광코스로서 인기가 지속되는 점은 탈(脫)아시아 관점의 콘텐츠로 한류 아시아 지속의 불투명성을 해소할 수 있음을 시사한다.

이 같은 상황에서 아시아를 강타한 한류는 미디어 환경의 급변과 콘텐츠 경쟁이 치열해지면서 새로운 도약의 기회를 맞이하고 있다. 하지만 한류는 대중문화 강대국의 전략을 따라선 경쟁할 수도 없으며 따라 하는 것도 불가능하다. 결국 한류의 더 넓은 세계를 향한 지속 확산을 위해서는 고유의 강점과 약점, 환경 변화를 바탕으로 한 새로운 방향 모색이 필요하다.

문화는 위에서 아래로 흐르는 물과 같아 자연스럽게 동화된다. 이미 온라인 게임을 통해 시작한 한류는 그 범위를 다양하게 드라마, 영화, 가요 등으로 확대하면서, 경제적인 부가 효과까지 수반하고 있다. 아시아를 넘어 한류의 확실한 확산을 위해서는 우리 문화콘텐츠의 핫 키워드를 지속적으로 살려내야 한다.

이를 위해 첫째, 콘텐츠의 수준과 한류의 대외 이미지에 직접적인 영향을 미치는 국내 대중문화 산업 구조의 선진화가 필요하다. 둘째, 대중문화 산업의 국가 간 교류를 보다 활성화해 한류에 대한 견제 완화와 다양한 문화를 수렴한 콘텐츠 생산의 기회로 삼아야 한다. 셋째, 세계 지역별 대중문화 트렌드의 지속적인 분석과 수요의 파악 등으로 한류 확산의 전략 수립을 위한 기반을 마련해야 한다. 넷째, 상대적으로 한류의 바람을 타지 못하는 산업들을 비롯해 보다 다양한 콘텐츠의 효과적인 국외 진출을 도울 수 있는 인력 양성이 필요하다.

푸드마일리지
경제학

농산물 수입이 늘면서 푸드마일리지(Food Mileage)가 새롭게 주목받고 있다. 이는 식품이 생산된 곳에서 소비자 식탁에 오르기까지의 이동거리를 말한다. 푸드마일리지 개념이 최근 주목받는 이유는 환경과의 연관성 때문이다. 이동거리가 길수록 운송수단의 운행시간이 많아지고 그만큼 대기환경을 악화시키기 때문이다. 또 이동거리가 길면 식품의 신선도가 떨어질 수밖에 없고, 이를 방지하자면 약품 처리가 불가피해 결과적으로 식품의 안전성이 떨어지게 된다.

통계에 따르면 수입포도의 경우 국산에 비해 푸드마일리지와 이산화탄소 배출량이 각각 91.5배 및 4.4배 높다고 한다. 키위는 수입품이 국산에 비해 각각 60.5배 및 3.3배 높다. 더불어 우리나라의 2007년 기준 수입식품 푸드마일리지는 일본(5,462톤·km) 다음인 5,121톤·km로, 영국(2,584톤·km)·프랑스(869톤·km)에 비해 2~6배 정도 높아 그 심각성을 드러냈다. 수입식품 수송에 따른 1인당 이산화탄소 배출량도 일본에 이어 두 번째를 기록했다. 문제가 아닐 수 없다. 그만큼 먹을거리를 먼 곳에서 들여와 안전성을 담보하기 힘들며, 온실가스 발생으로 환경에 부담을 준다는 뜻이기 때문이다.

높은 푸드마일리지는 환경오염 외에 식품 안전성 문제도 유발한다. 장기간 운송하다 보면 아무래도 신선도가 떨어지고 이를 해결하기 위해 수확 후 농약과 식품첨가물 등을 사용해야 하기 때문이다. 이는 지구온난화 방지를 위한 국제협약 이행을 위해서도 불가피한 선택이다. 온난화의 주범인 화석연료는 산업 활동에 광범위하게 쓰이지만, 최근에는 개방의 가속화로 식품 수송에 점점 더 많이 사용되어 문제다. 또한 녹색성장과도 관련이 깊다. 식품의 모든 과정에서 온실가스를 줄여 저탄소 그린 한반도를 구현하고, 푸드마일리지를 바탕으로 한 탄소라벨링을 적극 구매하는 등 녹색소비를 활성화하는 것이 '녹색성장기본법'의 목적이다. 푸드마일리지가 높은 수입식품은 이래저래 소비자 건강과 녹색성장에 마이너스 요인이 될 수밖에 없다.

마찬가지로 한 국가에서도 가까운 지역에서 생산되는 제철 농산물을 소비하는 것이 매우 유익하다는 의미도 내포하고 있다. 이 때문에 푸드마일리지는 로컬푸드운동 활성화에 밑거름이 되고 있다. 이렇게 푸드마일리지 탄생 배경에는 세계화·독점화된 먹을거리 생산·유통체계에 대한 문제의식을 바탕으로 지역의 자족성을 향상시키는 대안적 생산체계를 지지하는 의도가 깔려 있다. 외국의 경우, 시민단체를 중심으로 푸드마일리지 계산기를 제공함으로써 소비자의 의식을 개선하는 데 앞장서고 있다. 일본의 대지를 지키는 모임이나 영국 오가닉 링커, 미국 아이오와주립대학교 같은 경우 푸드마일리지 자동 계산 프로그램을 운영한다. 미국의 호손 밸리 팜은 자사 제품을 구입하면 영수증에 푸드마일리지를 기재해주고 포인트를 적립해준다. 이 포인트로 물건을 구입하거나 다른 사람에게 기부도 가능하다. 심지어 이탈리아는 '농산물 이동거리 $0km$ 운동'까지 추진하고 있다. 이처럼 세계 각국이 단순 거리 산정방식에서 벗어나 운송수단별, 또는 가공식품에 포함된 원재료를 포함한 세분화된 산정법 등을 연구개발함으로써 활용 폭을 넓히는 추세이다.

이제는 녹색성장과 국민건강을 위해 푸드마일리지 축소에 관심을 높일 때다. 특히 지역농산물 생산을 늘려 지역에서 소비하는 선순환구조 구축에 힘을 쏟아야 한다. 따라서 신토불이운동과 농촌사랑운동, 로컬푸드운동 등을 확산시키는 일은 매우 중요하다. 푸드마일리지를 줄이는 방법은 지역농산물을 더 많이 찾는 것이다. 자신이 사는 지역에서 생산된 농산물을 우선 소비하면 환경에 이롭고 안전한 농산물을 먹을 수 있다. 환경을 살리고 건강한 먹을거리를 찾는 길은 멀리 있지 않다. 우리 지역농산물을 애용하는 작은 실천이 그 답이다.

올바른 식생활교육
왜 중요한가?

일반적으로 경제가 성장해 국민소득이 높아지면 의식주 모든 면에 변화가 온다. 그러나 그 가운데서도 식생활의 변화가 가장 민감하다. 입고, 먹고, 잠자는 것 가운데 먹는 것에 대한 욕구가 가장 강하기 때문이다. 쌀로 지은 밥 대신에 햄버거나 피자와 같은 패스트푸드로 끼니를 때우는 경우가 현주소다.

이러한 시대상황을 반영하듯 지금 우리의 식생활은 기아(飢餓) 시대가 아닌 포식(飽食)의 시대로 바뀌고 있다. 먹을 것이 없어 배가 고팠던 시대가 가고, 이제는 너무 많이 먹어 걱정해야 하는 시대가 온 것이다. 성인병과 비만이 그것이다. 대한의사협회에 따르면 우리나라도 고혈압이나 당뇨병과 같은 성인병이 꾸준하게 증가하고 있고, 성인대사군 유병률도 선진국 수준인 17~20%에 근접하고 있다고 한다.

비만 환자도 크게 증가하고 있다. 특히 소아비만으로 불리는 아이들의 비만 현상은 최근 흔히 발견되는 질병 가운데 하나인데, 통계적으로 보면 이미 어린이 5명 가운데 1명이 비만아로 분류되고 있어 미국의 6~7명당 1명에 비해 매우 높은 수준이다.

이런데도 젊은 학생들은 식사 때가 되어도 굳이 식당에 가지 않고 패스트푸드로 끼니를 때운다. 이런 추세라면 아마도 10년이나 20년이 지나면 우리나라 식생활도 거의 빵이나 우유, 고기로 바뀔 것이다. 식생활의 서구화(西歐化)가 바로 그것이다.

우리나라 식생활의 서구화는 양과 질, 두 측면에서 설명할 수 있다. 양적으로는 열량섭취의 증가이고, 질적으로는 식물성 식품에 대신해 동물성 식품의 소비 증가를 의미한다. 서구의 모든 나라가 높은 열량을 섭취하고 있고, 또 식물성 식품보다는 동물성 식품을 통해 많은 에너지를 얻고 있기 때문이다.

1970년 우리나라 국민은 하루 2,370*kcal*의 열량을 섭취했다. 영양학적으로 성인 한 사람이 목숨만을 이어가는 데 필요한 기초열량이 하루 약 1,600*kcal*이고, 활동하면서 하루 생활에 필요한 필요열량을 약 2,100*kcal*로 보고 있기 때문에 당시 우리나라 사람들이 섭취하는 열량은 겨우 생활에 필요한 정도의 매우 낮은 수준이었다. 그러나 그 후 열량섭취는 크게 증가해 1990년에는 2,800*kcal*를 넘어 2,900*kcal* 수준까지 도달했고, 또 10년이 지난 2000년 에는 3,000*kcal*를 넘어섰다. 그리고 이 같은 추세는 지금까지도 지속되고 있다. 따라서 우리나라도 이제는 생활에 필요한 필요열량을 훨씬 뛰어넘는 열량의 과잉섭취를 걱정해야 하는 국가로 진입하고 있다고 말할 수 있다.

설상가상 우리나라 식량자급률은 2012년 현재 26%에 불과하다. 우리가 소비하는 식량 100 가운데 26은 국내에서 자급하고 있지만 나머지 74는 외국에서 수입하고 있다는 뜻이다. 이처럼 우리나라 식량사정은 해외 의존적이며 매우 절박한 상황에 와 있다. 지금 우리는 먹고 싶은 것을 원하는 만큼, 언제든지 먹을 수 있기 때문이다. 하지만 현실적으로 우리나라 식량문제는 우려할 수준을 넘어 이미 위험수준에까지 이르고 있다. 쌀을 제외한 대부분의 식량 모두를 외국에서 수입하고 있기 때문이다.

식량안보는 물론 성인병과 비만을 끊기 위해서는 새 방향 모색이 필요하다. 먼저 식량안보를 위해 현실적인 식량자급률 법제화 추진이 시급하다. 다음으로 바른 먹거리 교육의 확산을 위한 식생활 교육 프로그램이 절실하다. '세 살 버릇 여든까지 간다'는 말이 있다. 어릴 적 식습관은 성인이 되어서도 그대로 이어진다. 어릴 적부터 건강한 식습관에 대한 개념이 바로 서야 우리 아이들이 건강한 미래의 주역으로 자랄 것이다. 이에 대한 각계의 지속적이고 적극적인 관심이 절실히 필요한 때다.

바람직한 한국형 식단

한국의 식단은 주식과 부식의 구별이 뚜렷한 반면, 유럽사회는 주식과 부식의 구별이 없다. 그래서 한국처럼 주·부식의 구별이 있는 사회는 농경과 축산이 분리되어 있었던 데 반해, 유럽사회처럼 주식과 부식의 구별이 없는 사회는 농경과 축산이 결합된 형태로 발전했다.

우리의 경우, 옛날 임금님의 수라상에는 밥 외에도 12가지 반찬이 올랐다고 한다. 그러나 반찬은 아무리 화려해도 반찬이지 주식이 될 수는 없다. 반찬은 밥을 맛있게 먹기 위한 수단이지 목적은 아니기 때문이다.

반면, 유럽사회의 식단은 어떠한가, 우리나라에서 흔히 맛볼 수 있는 레스토랑의 코스요리를 한번 생각해보자. 한마디로 레스토랑에서 맛보는 서양요리는 어느 요리가 주식이고, 어느 것이 부식인지 구별하기가 어렵다. 레스토랑에 들어가면 먼저 수프가 나온다. 그리고 수프를 먹고 나면 샐러드가 나오고 이어 빵이 나온다. 빵을 먹고 나면 육류나 생선요리가 나오는데 이것이 끝나면 과일과 같은 후식이 나오고, 마지막으로는 커피나 아이스크림과 같은 음료가 제공된다. 이것이 레스토랑에서 맛볼 수 있는 서양식의 일반적인 형태다.

이와 같은 주·부식의 구별은 술을 마실 때에도 우리와 유럽 간에는 확연하게 드러난다. 주·부식의 구별이 있는 우리 사회에서는 술을 마실 때 반드시 따로 안주를 시켜 마신다. 안주 없는 술은 생각할 수가 없다. 술은 주식이고 안주는 술을 맛있게 마시기 위한 부식이기 때문이다. 그러나 주·부식의 구별이 없는 유럽사회는 다르다. 안주가 없다. 안주 없이 술만을 마신다.

이처럼 유럽 식단은 주·부식의 구별이 되지 않는 데 비해, 우리 식단은 주·부식의 구별이 뚜렷하다. 쌀밥이 주식이고 김치나 생선, 그리고 고기는 부식이다. 다시 말하면 우리나라와 같이 주·부식에 대한 고정관념이 뚜렷한 사회에서는 아무리 고기를 배불리 먹어도 마지막에는 반드시 주식인 밥을 찾을 수밖에 없기 때문이다.

이러한 논리에서 보면 우리나라의 고기 소비는 제한적일 수밖에 없다. 주식인 밥을 반드시 먹어야 하는 만큼 밥이 들어갈 공간은 비워놓아야 하기 때문에 부식인 고기를 먹는 데는 한계가 있을 수밖에 없는 것이다. 따라서 식생활의 서구화가 아무리 진전되더라도 주·부식을 구분하는 고정관념이 남아 있는 한 우리나라 고기 소비는 한계가 있을 수밖에 없다.

덴마크와 스웨덴·노르웨이·핀란드 등 유럽 북부 국가들은 일본과 함께 세계 최장수국으로 꼽힌다. 실제로 덴마크 코펜하겐 대학의 안 아스트럽 교수팀이 유럽인 1,330만 명을 대상으로 연구한 결과, 스칸디나비아 지역의 비만 인구가 영국보다 40% 적은 것으로 나타났다. 이 모든 것은 다이어트 식단으로도 유명한 북유럽 식단에서 기인한다. 북유럽 식단은 생선·순록고기·블루베리·유채기름·배추류 등이 중심을 이룬다.

앞으로 바람직한 한국형 식단은 무엇일까. 한국의 식품자급률은 2012년 현재 대략 26%로 보고되고 있다. 식량자급률은 식품별로 다르다. 현재 쌀은 93.8%, 고기는 74.2% 정도이지만 전체적인 식품자급률의 감소는 과일·채소·해산물과 쇠고기와 고급식품으로 인한 것이다. 한국인의 1인당 단백질 섭취량은 권장섭취기준의 200%에 이르고 총 단백질 중 동물성 단백질 섭취 비율은 1970년대에 비해 3배나 증가해 지금은 약 50%가 동물성 단백질이다. 즉, 한국 전통 식생활이 바뀌어가고 있음을 알 수 있다.

식량자급률은 계속 떨어지고 있다. 국민의 식품 소비패턴은 사람들의 낭비적 라이프스타일에 맞추어진 식품의 선택에 기초하지 말고 사람들의 바람직한 영양적 요구에 기초해 맞춰져야 할 것이다.

忠武公(충무공)
리더십

4월 28일은 忠武公(충무공) 탄생일이다. '忠'은 '진심·진실·충성'이라는 뜻이다. 이로부터 '바르다·곧다'라는 뜻도 나온다. '武'는 '병기·무기'라는 뜻인데, 이로부터 '굳세다'라는 뜻이 생겨났다. '公'은 '公爵(공작)·侯爵(후작)·伯爵(백작)·子爵(자작)·男爵(남작)'이라는 다섯 가지 작위 가운데 가장 높은 공작을 나타낸다. 충무공은 조선의 진정한 대장부요, 불세출의 민족적 영웅이다. 또한 그는 교언영색(巧言令色)하지 않는 강의목눌(剛毅木訥)의 지성적인 인격자인 동시에 뛰어난 무골의 장수이기도 했다.

따라서 충무공은 바르고 굳센 선비 같은 장군, 예컨대 과거 어느 때보다 오늘날 가장 필요한 덕목을 가진 리더이다. 하지만 세상은 요지경 속이다. 변화가 예전 같지 않아 넋을 놓고 지내면 책방 속 글들이 무슨 소리를 하는지 알아먹지 못할 때가 있다. 즉, 시간과 장소를 초월한 콘텐츠, 마음만 있다면 언제 어디서든 콘텐츠 밭에서 맘껏 뛰어놀 수 있는 세상이 되었다. 그만큼 정보의 홍수 속에서 살고 있는 지금, 우리는 여전히 467년 전에 태어난 충무공의 주도적 리더십에 고개를 숙이는 반면, 일부 평범한 직장인들조차도 헛똑똑이가 되어 자칫 헛정보나 껍데기 지식에 현혹될 가능성도 있다. 그러다 보니 거북선 제조가 과연 충무공의 천재성 덕분일까? 아니면 당내 조선의 기술적 수준의 반영이 아니었을까라는 반문을 하는 경우도 왕왕 있다.

하지만 농민의 눈으로 바라본 충무공 리더십은 다르다. 467년이 지난 오늘, 우리는 농촌을 바라보며 무슨 생각을 할 것인가? 흙에서 나는 것치고 사람 입에 들어가지 않는 것이 없을 만큼 농업은 중요한 산업이다. 또 정직한 노동과 생명력이 있고 성장과 결실의 법칙이 정직하게 드러나기에 농업은 근본인 동시에 터전임에도 사소한 일에까지 꼬치꼬치 신경을 써주는 주도적인 리더는 찾아볼 수가 없다. 당장 농촌은 충무공과 같은 깐깐한 리더를 필요로 하는 유두일(有頭日)을 원한다. 정보의 중요성을 일찍이 간파한 것도 이순신 장군의 힘이다. 현대 정보전을 방불케 한 상황에서 일본군의 움직임을 손바닥 들여다보듯이 파악한 상태에서 전투를 치렀고, 이를 위해 그가 택한 전략은 선택과 집중이었다.

그래서 농촌은 충무공 리더십을 간절히 원한다. 작금의 농촌상황은 새로운 고통과 더 많은 인내가 필요하며, 중대한 기로에 서 있는 형국이다. 오직 농촌 구성원의 인내와 농촌 리더의 유능한 리더십만이 농촌을 살릴 수 있다. 지금까지 전국적으로 마을 가꾸기가 활성화된 지역을 살펴보면 지역 리더의 역할은 절대적이다. 즉, 리더를 중심으로 지역의 특성을 살린 차별화 전략으로 앞서 가는 마을과 뒤처지는 마을로 양분되고 있다. 지금의 시점에서 우려하지 않을 수 없는 부분은 과거 농촌운동에 주도적으로 앞장섰던 농촌의 지도자가 사라지고 있다는 데 있다. 특히 우리 농촌의 역사를 면면히 이어온 다양한 가치와 정신들은 갈수록 실종되고 있다. 이제부터라도 농촌은 소득의 가치를 넘는 매우 소중한 사회적 자산임을 분명히 인식해야 한다.

앞으로 활력이 떨어진 마을의 침체 위기를 극복해 농촌의 새로운 전기를 마련키 위해서는 마을 주민들의 자발적인 움직임이 필요하다. 그러기 위해서는 마을의 리더를 발굴하고 육성하는 문제가 가장 선결해야 할 조건이다. 이런 마을만이 결국 최후의 승자가 될 것이다. 이제 농촌마을이라는 버스보다 농촌마을을 운전할 수 있는 면허증을 가진 리더가 우선순위가 되어야 한다. 즉, 똑똑한 리더가 앞에서 끌어주고 마을 주민들이 뒤따라야만 농촌이 확 달라질 것이다. 그런 의미에서 467주년 충무공 탄생을 맞아 충무공의 숨결이 이어지는 곳, 자연이 숨겨놓은 깐깐한 리더가 있는 마을을 찾아 나서보자.

축제의
경제학

예로부터 축제는 어느 지방이나 존재했다. 잘 정착된 축제야말로 생명력과 경제성을 가진다. 그래서 지역축제의 경쟁력은 곧 지역의 경쟁력이 된다. 자치단체들은 재정자립도를 높이기 위해 지역축제를 통한 관광산업 육성에 각별한 관심을 보인다.

잘나가는 축제가 있다. 함평나비축제, 무주반딧불축제, 보령머드축제, 산천어축제 등이 바로 그것이다. 소규모로 시작해 잘 만든 축제가 지역사회에 활력을 불어넣고 경제성까지 높이고 있다. 나아가 지자체의 브랜드 가치를 높이는 데 일조하고 있다. 이런 지역축제들은 성공적인 축제를 통해 지역민의 감정과 정서, 신뢰감 등을 축제 장소에 뿌리내리게 함으로써 지역정체성을 만들어낸다. 지역정체성은 지역민들의 의식을 전체로 통합한 것이기 때문에 지역축제의 근간을 이룬다.

반면, 축제의 내용과 참가 규모로 볼 때 낭비적이고 형식적인 축제도 많다. 지역경제를 살려보겠다고 지자체마다 발 벗고 나서지만, 축제의 경제학을 외면한 채 마케팅과 양적 확장만을 중시하는 접근 방법은 현실과 축제라는 이상 사이의 괴리감만을 만들어낸다.

뜨고 있는 축제들은 어떻게 성공했을까? 이들 축제에는 특징이 있다. 애당초 내세울 만한 소재거리와 관광상품은 물론 쓸 만한 콘텐츠도 없었다는 점이다. 단지 깔끔한 자연경관을 가지고 있었을 뿐이었다. 그 환경을 스토리로,

브랜드로 가꿔 참신한 콘텐츠로 개발한 것이다. 축제의 경제학은 그렇게 탄생했다.

축제의 경제학을 존중하는 축제가 될 수 있도록 몇 가지 제언을 해본다. 첫째, 지역축제는 지역의 자원을 바탕으로 주민이 주체가 되어 연출하는 화합의 행사이므로 그 지역만의 특징이 매력요소가 되어야 한다. 즉, 그 축제에 참여하지 않고는 경험할 수 없는 독특한 매력이 있어야 한다. 무엇보다도 주민과 함께하고, 주민 품으로 찾아가는 축제를 만들기 위해서는 '관습법'적 사고의 틀에서 벗어나는 혁신이 필요하다.

둘째, 축제가 성공하려면 반드시 그 지역의 핵심가치와 역사와 이야기가 함께 만나야 한다. 지역과 동떨어진 아이템을 축제로 키운다 해도 단기적인 행사에 그칠 뿐, 축제의 계속성은 기대할 수 없다. 지역축제는 일회성에서 '계속성'으로 연결이 필요하다. 그러기 위해서는 지역의 핵심가치가 경제성 추구 전략 중 아주 중요한 요건의 하나가 되어야 한다. 작지만 신선한 스토리가 있다면 사람들은 그 이야기를 보고, 듣고, 체험하러 모여들게 된다. 이렇게 시작한 축제를 지자체 행사에서 끝내지 않고, 시민들의 적극적인 동참을 이끌어내고 연고 기업의 재정지원들을 더하면 경제성은 훨씬 커질 것이다.

셋째, 지역축제를 반드시 지자체의 의지와 실행력만으로 추진하라는 법은 없다. 축제 하나만으로도 수많은 관광객과 관광수익을 끌어모으는 세계적인 유명 축제들이 많다. 국가의 브랜드를 높이는 세계적인 축제로 독일 맥주축제, 브라질 리우축제, 스페인 토마토축제, 일본 삿포로 눈 축제가 대표적인 사례다. 이들이 축제를 진행하는 과정을 보면 민간기업과 원주민들의 노력이 지자체보다 더 큰 비중을 가지고 있음을 알 수 있다. 그런 점에서 기업과 지역축제의 제휴 마케팅은 서로가 공생할 수 있는 경제적인 전략이다. 아울러 국가 농산물의 세계화와 외화 획득 기회를 확보해 축제가 국가 브랜드의 상징성과 경제성이라는 두 마리 토끼를 잡을 수가 있다.

축제가 성공하면 상상치 못할 경제성을 기대할 수 있다. 그러나 우리나라에서 수익을 꾸준하게 내는 축제는 그리 많지 않다. 매년 1천 개가 넘는 크고 작은 지역축제에서 왜 5%만 성공할까? 지자체 축제들이 일방적인 소비문화에 그치는데다 전시적인 측면이 강했기 때문이다. 이제 경제성 없는 축제는 안타깝게도 사장될 수밖에 없다. 우리 모두가 축제를 즐길 수 있으려면 경제성을 추구해야 한다.

귀농
경제학

1955년부터 1963년 사이에 태어난 베이비부머 세대가 최근 들어 은퇴를 시작했다. 그 가운데는 노후를 지낼 삶터로 농촌을 원하는 사람이 많다고 한다. 2011년 경우, 귀농 가구 수가 6,541가구(귀촌 포함 1만 503가구)로 사상 최대치다. 저비용으로 삶의 질이 높은 쾌적한 자연환경 속에서 여유 있는 노후를 보내고 싶은 이들에게 농촌과 고향만한 곳이 없을 것이기 때문이다.

하지만 귀농 초기의 경제적 어려움 등 귀농인들의 안정적인 정착을 가로막는 걸림돌이 여전히 많다. 실례로 귀농했다가 역귀농한 사람들도 만만치 않다. 귀농 후 농사를 지었지만 생산비에 비해 소득이 낮아 오히려 빚을 지게 되는 경우, 많지는 않았지만 일정한 소득을 올리던 도시생활이 더 낫다고 생각해 다시 돌아온 경우다.

이런 경우, 건강과 경제라는 두 마리 토끼를 잡기 위해서는 준비훈련이 꼭 필요하다. 먼저, 생생한 정보수집이다. 요즘은 귀농을 준비하는 데 도움이 되는 책이 많다. 교육·철학·환경·건강·종자·도감·음식·집 짓기 등과 같이 농사지으며 살아가는 데 필수적인 내용을 담은 좋은 책이 수두룩하다. 특히 전국귀농운동본부에서 추천하는 귀농 추천 도서나 월간지『전원생활』에 연재되고 있는 귀농 선배의 지상 강연, 시골생활기술 백서, 농장 생생 정착기 등을 꼽을 수 있다. 또한 정부·지자체·농촌진흥청·농어촌공사·농협 등이 제공하는 귀농·귀촌지원 원스톱서비스정보(www.returnfarm.com)를 활용하면 좋다.

둘째, 귀농(촌)하기 전에 배우고 싶은 게 있으면 도시에서 배우고 와야 한다. 농촌에는 대학가나 학원도 없다. 전체 인구의 94%나 되는 사람들이 도시에 몰려 살고 있으니 병원과 약국, 학교와 학원도 모두 도시에 있다. 귀농하기 전에 자기 몸과 마음을 보살피고 이웃에게 도움이 되는 게 있으면 배우고 와야 한다. 요가·지압·안마·쑥뜸·침·부항·자연의학·글쓰기·사진 찍기·농기구 수리, 컴퓨터나 전기·보일러 관련 기술, 집 짓기 등은 배운 만큼 귀하게 쓰일 것이다. 아울러 도시에 살면서도 작물을 심고 가꾸어야 한다. 손수

거름을 넣고 씨를 뿌려 채소 서너 가지라도 기르다 보면 저절로 다른 생명과 가까워지고, 자연스럽게 농부 마음으로 변할 것이다.

셋째, 농어촌 지역에 특화된 재능기부 창구를 활용하자. 농어촌 재능기부자로 활동하고 싶다면 '스마일 재능뱅크(www.smilebank.kr)'에 가입 후 '재능기부하기' 입력창에서 신청하면 된다. 재능기부 희망자는 농림어업·마케팅·지역개발·의료·복지·교육 등 다양한 분야에 참여할 수 있다. '스마일 재능나눔터'에서 재능기부를 원하는 마을 목록을 보고 기부 희망지를 선택한 뒤, 재능뱅크를 통해 연결된 마을과 협의해 재능기부하면 된다. 재능기부 활동으로 귀농귀촌 이후의 삶을 미리 준비할 수 있고 농어촌에서 새로운 일자리를 물색하는 데도 도움이 된다.

넷째, 사전에 농촌 예비실습을 해보자. 근래 지자체마다 '귀농인의 집'들이 다 있다. 한 채당 4천만 원씩 지원을 해준다. 군 단위농촌 지역마다 있는 '귀농인의 집'은 입주 조건이 조금씩 다르지만 대개 월 10만 원 안쪽의 사용료를 내고 농지까지 알선해서 6개월간 살게 해준다. 귀농 학교도 견습 농부 과정이고 여러 군데서 진행하고 있다. 아울러 시골마을 도우미나 마을사무장 같은 일을 하면서 마음이나 몸이 농촌으로 이전해가는 순조로운 중간 과정을 거치는 것이 좋다. 또 선진농업인 인턴제라든가 장기귀농학교 등이 있어 1년 정도 월급까지 받으면서 배울 수 있는 농사학교도 있다. 백 번 천 번 듣는 것보다 한 번 실천하는 것이 큰 용기이며 희망이다. 세상일은 돈으로만 해결할 순 없다. 몸이 익숙해지고 밥숟가락을 함께 해봐야 정이 드는 법이다.

소통의 경제학

한국은 '빨리빨리 문화'에 중독된 사회다. 한국의 '압축 성장'은 소통을 건너뛴 '시간 절약'의 결과로 보는 것이 옳을 것이다. '머리와 머리가 만나면 두통이 생기지만, 가슴과 가슴이 만나면 소통이 된다'는 말이 있다. 단순한 말 같지만 이 말에는 사실 중요한 경제학적 메시지가 담겨 있다.

경제학은 모든 사람이 함께 인간답게 살아야 할 공평(공정과 평등)경제구조를 연구하는 학문이다. 그래서 경제학자들은 불공평 등을 합리화하고 이를 부추기고 있는 그 반대의 경제학파를 비판하는 것은 당연한 사명감이다. 예컨대 '자유시장경제'를 모토로 하고 있는 영미식 자본주의(미국과 캐나다 등)는 이윤 극대화 전략이 지배적이다. 이른바 신고전학파 경제학이다. 이들에게 사람들의 신뢰와 협력은 사치이다. 반면, 대부분의 유럽지역에서는 영미와는 달리 시장 중심의 이윤 전략보다 '사회적 관계'중심의 공존공생을 모색한다. 이 경우 협력과 신뢰는 필수다. 학자들은 이를 '사회적 자본'이라고 부른다. 이런 학파들의 연구에 따르면 유럽사회의 풍부한 '사회적 자본'이 불평등과 배제가 완화된 '공평경제구조'를 가능케 했다고 한다.

소통에는 특히 '공평경제구조'를 가능케 하는 진실이 담겨 있어야 한다. 따라서 소통의 진실성과 경제성이 충만한 환경이 협동조합 시스템이다. 즉, 협동조합 이념 속에 녹아 있다. 협동조합 이념이란 협동조합이 지닌 최고 가치와 지도정신을 의미하는 것으로 자조와 자립정신을 바탕으로 한 자득타득

(自得他得)의 상부상조를 원동력으로 할 때 바람직한 협동조합 이념을 구현할 수 있다.

지금까지 협동조합 사상가와 운동가들에 의해 주장되고 실천되어온 협동조합 이념으로는 상부상조의 협동정신, 자조·자주·자립의 이념, 평등·비영리·공정의 이념 등이 있다. NH농협의 경우는 '자조·자립·협동'을 농협의 3대 이념으로 삼고 있다. 이 중 협동은 농협의 중심 이념으로 막연히 힘을 합친다는 사전적 의미가 아니라, 같은 목적을 달성하기 위해 힘을 모아 공동의 성과를 얻고자 하는 구체적 행위를 말한다.

협동이념이 잘 구현되기 위해서는 무엇보다 서로에게 이익을 줄 수 있는 자득타득(自得他得)의 상부상조 정신이 필요하게 되는데, 이는 조합원 서로에게 도움이 되지 못하는 협동은 별다른 의미가 없기 때문이다. 이러한 이념은 우리가 잘 알고 있는 '일인은 만인을 위하여, 만인은 일인을 위하여'라는 말 속에 잘 표현되어 있다. 아울러 '자조이념'은 자득타득의 상부상조 정신의 전제조건으로 작용하게 되는데, 이는 서로 돕는다는 것은 자신의 일을 해결하는 자조의 바탕 위에서만 가능하기 때문이다. 또한 농협 운동은 외부의 원조나 지원으로 이뤄지는 것이 아니라 조합원 스스로 자신들의 문제를 해결하고 개선하는 데 그 목적이 있으므로 '자립'을 농협의 이념으로 삼고 있는 것이다. '자립'은 외부의 간섭이나 지배에서 벗어나 올바른 협동조합 운동을 전개해나가기 위한 전제조건이기도 하다.

협동조합 이념은 협동조합을 운영하는 기본 원리이자 기반이다. 조합원은 협동조합의 이념을 중심으로 결집되고, 협동조합 이념을 바탕으로 협동조합 운동을 전개하고, 협동조합 운영에 참여하게 되는 것이다. 그렇기 때문에 농협은 임직원과 조합원 모두가 이와 같은 협동조합 이념을 항상 명확하게 공유할 수 있도록 지속적으로 교육을 실시하고 있다.

진실한 소통은 불필요한 논쟁으로부터 발생하는 거래비용을 절감시켜 준다. 나아가서는 신뢰와 협력 등 사회적 자본의 규모를 늘려준다. 소통은 시간이 좀 걸린다. UN이 최근 협동조합시스템에 주목한 것은 세계적인 글로벌 재정위기의 소용돌이 속에서 지속 가능한 발전에 대한 대안을 찾아야 할 필요를 느꼈기 때문이다. 여기에 공평경제구조를 모토로 소통의 경제학을 실천하는 협동조합시스템을 공부할 필요가 있는 셈이다.

체험의
경제학

수학여행은 경험과 배움이 만나는 생활 속 체험이다. 체험이야말로 미래 경제 성장의 열쇠이며 새로운 가치의 원천이다. 그래서 수학여행은 한국의 중·고교생이라면 누구나 거쳐야 할 필수코스처럼 여겨지는 독특한 문화라 할 수 있다. 어릴 적 수학여행 떠나기 며칠 전부터 여행에 대한 막연한 기대로 가슴 설레며 밤잠을 설치던 때가 있었다. 당시는 일정이 빡빡했고 변변한 여행안내 책자조차 없었다. 버스가 출발하면 수학여행 내내 목이 쉬도록 노래를 불렀고 추억을 만들기 위해 목이 터져라 소리를 질러대며 성대를 혹사시켰다. 도시락이 형편없고 숙소가 좁아 한 반 아이들이 빼곡히 누워 잠을 자도 그 자체가 추억이었다. 그래도 아이들은 수학여행을 통해 공동체의식을 배웠고 수학여행에 대한 각양각색의 추억을 간직하곤 했다.

그러나 요즘 아이들은 이전과 달리 많이 변했다. 일단 버스 안에 오르면 이어폰을 끼고 음악을 듣거나 스마트폰을 찍고 돌리며 자기만의 세상에 빠져 바깥세상에는 전혀 관심이 없다. 각자 자신만의 수학여행을 즐기고 있는 셈이다. 여행지에 도착해서도 눈에 익은 곳이라며, 버스에서 시간을 보내려고 온갖 평계를 대며 대열에서 빠지려고 한다. 움직이는 것 자체를 귀찮게 생각하고 유적지를 관심 있게 돌아보는 학생도 없다. 필요한 정보는 스마트폰에서 다 찾을 수 있으니 메모할 이유가 없다는 계산이다. 옛날 수학여행이 호기심 반, 신념 반이었던 풍속도에 비하면 요즘 아이들에게 수학여행은 큰 흥미를 느끼지 못하는 고행길이나 다름없는 셈이다. 이제는 아이들 수학여행 방식을 바꿔야 한다. 즉, 학생과 지역민의 경제적 효용이 결합된 선순환 구조의 알뜰여행 방식이 필요한 시점이다. 참여하며 즐기는 알뜰만족이 바로 그것이다.

이를 증명하듯 여행 만족도를 높이기 위해 학급별로 여행지를 정해 소규모 테마여행을 계획한다든가, 여행지를 다양화해 다양한 체험기회를 갖는 학교가 늘고 있다. 강원도의 경우, 농촌체험형 수학여행단 규모가 4년째 두 배 이상 늘어났다. 올해 초부터 도내 17개의 농촌체험형 수학 여행지를 찾았거나 예약한 수도권 지역 학생들은 모두 207개 학교에 4만여 명에 이른다.

올 연말까지 강원도를 찾는 수학여행단은 모두 6만 명이 넘을 것이라고 한다. 수동적으로 보고 듣기만 하는 것이 아니라 자연 속에서 새로운 것을 체험하는 수학여행의 참모습이 아름답기만 하다. 학생들은 신호등 없는 한적한 시골 마을을 걷고 달리다 보면, 잠시나마 공부에 대한 스트레스에서 해방되고, 수레차를 타고 달리는 드라이브는 도시에서 느끼지 못하는 유·무형의 경제적 효용을 배가시켜 준다. 농촌 체험형 수학여행은 농가에도 보탬이 된다. 정선 개미들 마을의 올해 예상 수입은 8억 원, 농가당 1천만 원이 넘는다고 한다.

부여군의 경우, 2012년 초에 서울 성북교육지원청과 '소규모 테마형 수학여행' 상호지원을 위한 업무협약을 체결했다고 한다. 이는 부여를 찾는 성북교육지원청 산하 각급 학생들에게 테마형 수학여행을 통한 백제의 우수한 역사문화 자원뿐만 아니라 굿뜨래로 대표되는 농업분야와 자연자원들을 널리 알리기 위해서다. 또한 예전처럼 단체로 줄서서 유적지만 보고 오는 게 아니라 같은 반 학생끼리 장소를 정해 찾아가는 소규모 테마형 수학여행도 권장되고 있다. 학년단위 수학여행은 숙박시설을 구하기가 쉽지 않고 테마체험 프로그램 진행도 힘들다. 반면, 학급단위 수학여행은 이를 가능하게 할 뿐 아니라, 테마 선택의 폭 또한 그만큼 넓어지기 때문이다.

체험의 경제학은 이른바 침체된 농촌을 살리고, 학생들에도 산 교육장이 되는 농촌체험형 수학여행이다. 여행의 경제적 만족도를 높이기 위해 학급별로 여행지를 정해 소규모 테마여행을 계획한다든가, 여행지를 다양화해 다양한 체험기회를 갖도록 해 먼 훗날 이들이 소중하게 기억할 그런 수학여행이 되도록 해줘야 한다.

녹색생활
경제학

2012년 여름 열린 문으로 에너지가 줄줄 새고 있다. 반면, 녹색가계부(전기 등 에너지 사용 기록부)를 쓰는 가정도 늘고 있다. 전년 또는 전월에 나온 각종 고지서의 내역을 에코(생태)가계부에 꼼꼼히 기록해가며 에너지사용량을 줄이려고 노력한 덕분에 생활비 절감 효과를 톡톡히 보고 있기 때문이다.

생활환경은 개인의 행복만을 추구하는 웰빙을 넘어 이제 사회적 행복을 지향하는 로하스 시대로 접어들고 있다. 이 시점에서는 윤리적 소비와 합리적 소비가 꼭 필요하다. 전기요금의 경우 누진세가 적용되기 때문에 사용량을 조금만 줄여도 금전적으로는 큰 효과를 본다. 특히 가계부를 통해 에너지 사용량을 한눈에 보게 되고, 에너지가 곧 돈이라는 의식전환으로 삶 자체가 친환경적으로 바뀌게 된다. 사용하지 않는 콘센트 빼기, 음식물 쓰레기 줄이기, 대중교통 이용 등 가족의 동참을 이끌어내는 것은 물론 이웃 주민들에게도 녹색생활이 전파된다.

음식물 쓰레기 20%를 줄이면 온실가스가 연간 2만 7,400톤이 감축된다. 이는 소나무 모종 1천만 그루를 심는 것과 같은 효과가 있다. 또 100만 가구 기준으로 하루에 종이컵을 10개 덜 쓰면 온실가스가 4천만 톤이나 저감되어 소나무 모종을 1,680만 그루나 새로 심는 효과가 있다고 한다. 자가용 운전 시 승용차의 km당 온실가스 배출량은 철도의 5배, 버스의 7배에 이른다고 한다. 자가용 운전 때 공회전을 줄이고 급출발·급제동을 줄이면 승용차 100

만 대 기준 연간 12만 6천 톤의 온실가스 감축효과를 볼 수가 있다. 이는 어린 소나무 5,400만 그루를 심는 효과와 같다. 명절 연휴 동안 100만 가구에서 사용하지 않는 TV와 컴퓨터 등 가전기기의 플러그를 뽑아두면 온실가스가 258톤 감축되어 소나무 9만 3천 그루를 심는 것과 같다.

녹색생활과 관련해 녹색가게도 생기고 있다. 녹색가게는 집에서 사용하지 않는 생활용품이나 책·장난감·의류·신발 등을 모아 필요한 이웃에게 싸게 판매한다. 수익금 전액은 홀몸노인 생신상 차려드리기, 청소년 장학금 지원, 경로당 복다림 행사, 어려운 이웃돕기 행사에 활용된다. 올여름 전력수급 전망에 따르면 전력피크 때의 예비전력은 고작 147만kW로, 적정 예비전력(400만kW)에 한참 모자란다고 한다. 원전 1기만 갑자기 멈춰도 대규모 정전사태는 불가피하다. 철저한 대비책이 뒤따라야 하는 것은 당연한 일이다.

그러기 위해서는 우리 일상생활에서 다음 부문에 대한 지속적인 관심과 실천이 요구된다. 첫째, 에너지와 자원 절약의 실천이다. 가정 및 직장에서의 냉·난방 에너지 및 전력의 절약, 수돗물 절약, 공회전 자제, 대중교통 이용, 카풀(car pool)제 활용, 차량 10부제 동참 등이 대표적인 방법이다. 이러한 노력이 약간의 불편을 초래하는 측면은 있으나, 사회 전체적으로는 에너지 소비 및 온실가스 배출량을 감축시킴으로써 국가 부의 증대에 기여한다. 둘째, 환경 친화적 상품으로의 소비양식 전환이다. 동일한 기능을 가진 상품이라면 환경오염 부하가 적은 상품, 예를 들면 에너지 효율이 높거나 폐기물 발생이 적은 상품을 선택하는 것이 최선의 방법이다. 이러한 소비패턴이 정착될 경우 생산자도 제품생산 시 소비성향을 고려하게 되므로, 장기적으로는 경제구조 자체가 환경 친화적으로 바뀌게 된다. 고효율등급의 제품 및 환경 마크 부착 제품을 구입한다. 셋째, 폐기물 재활용의 실천이다. 온실가스 중의 하나인 메탄은 주로 폐기물 매립 처리과정에서 발생하며 재활용이 촉진되면 매립지로 반입되는 폐기물량이 감소하므로 메탄 발생량도 따라서 감소한다. 또한 폐기물 발생량이 감소하면 소각량이 감소하여 소각과정에서 발생하는 이산화탄소 배출량도 감소한다.

녹색생활(綠色生活)이란, 기후변화의 심각성을 인식하고 일상생활에서 에너지를 절약해 온실가스와 오염물질의 발생을 최소화하는 생활을 말한다. 덩치 큰 가구나 몇 번 쓰지도 않을 가전제품은 물론이고, 뭐든 마트로 가서 돈으로 해결하던 생활 습관은 모두 버려야 올여름이 편안할 것이다.

올림픽축구와
신토불이

2002년 한일월드컵 4강 신화는 '꿈은 기필코 이뤄진다'는 메시지를 우리에게 남겼다. 거스 히딩크 감독이라는 족집게 강사 덕택도 있지만, 준비 기간 동안 집중적으로 훈련해 얻어낸 성과가 더 클 것이다. 2010년 17세 이하 여자월드컵에서 한국 소녀들의 우승은 우리를 또 한 번 깜짝 놀라게 했다. 20세 이하 독일 여자월드컵의 여운이 채 가시기도 전에, 17세 이하 여자월드컵에서도 태극 여전사들이 한국축구 역사를 새로 썼기 때문이다. 대표팀은 월드컵 결승전에서 일본을 물리치면서 세계를 경악시켰다. 남녀를 통틀어 우리 대표팀의 월드컵 우승은 17세 이하 여자팀이 처음이다.

불과 반세기 전, 남자축구가 스위스월드컵에 처녀 출전해 헝가리와 터키에 9대 0, 7대 0으로 각각 패하며 세계 축구와의 간극을 참혹하게 맛봤던 것에 비하면 그야말로 놀랍도록 성장했다. 특히 앳된 선수들이 세계적인 선수들을 거침없이 요리하는 광경은 두고두고 봐도 감동적이다.

우리 축구가 '뻥 축구'의 오명을 떨쳐버린 데는 포기하지 않는 정신력과 타고난 재능을 한껏 발휘한 측면도 있지만. 그 이면에는 전 국토의 85%에 해당하는 푸른 농촌의 환경과 먹을거리가 밑천이 되었다고 볼 수 있다. 태극 소녀들의 우승 마력에 힘을 보탠 건 역시 김치와 된장이었다. 태극 소녀들은 결승을 앞둔 점심시간에 된장국과 김치, 감자볶음 등 고향식 반찬으로 맛깔나게 식사를 했고, 이는 결전을 앞둔 소녀들에게 고기로 배를 채운 것보다 몸을 가볍게 만드는 역할을 했다고 한다.

그런 맥락에서 한국축구처럼 고정관념을 버리고 세방화(Globalization, 세계화와 지방화의 신규 합성어) 수용의 용기는 최근 정보기술, 바이오기술, 녹색기술의 융합체로 그 영역을 무한대로 넓혀 가고 있는 농업분야에서도 절실히 요구되는 덕목이다.

월드컵 진기록 달성을 터트릴 방안으로 신토불이 정신을 보완전술로 활용하면 어떨까. 우선, 뜀뛰기의 챔피언 메뚜기 전술이다. 메뚜기는 자기 몸길이의 20배나 되는 운동장을 뛴다. 곤충의 뒷다리는 몸을 끄는 일을 하지만 메뚜기의 뒷다리는 몸을 미는 역할을 하면서 대략 75㎝ 정도를 뛴다. 즉, 공격라인, 미드필드, 포백수비라인 모두가 그만큼 많이 뛰어야 한다는 것이다.

둘째, 기습작전의 명수 나나니벌 전술이다. 나나니벌은 몸 빛깔은 검지만 날개는 유리처럼 투명하며 배는 실처럼 가늘고 그 끝이 볼록한 게 특징이다. 나나니벌의 사냥 대상은 꿀벌. 꿀벌이 나타나면 순식간에 돌진해 침으로 꿀벌을 찔러버린다. 즉, 공격라인은 물론 미드필드의 삼각편대가 방어 및 기습작전에 능하면서도 무서운 골 결정력을 지녀야 한다.

셋째, 수비수의 달인 귀뚜라미 전술이다. 귀뚜라미는 자기 구역 안에 다른 귀뚜라미가 침범해오면 발로 차고 입으로 물어뜯으며 싸운다. 그래서 옛날 중국에서는 귀뚜라미 싸움을 붙이는 노름이 있었다고 한다. 이처럼 포백수비라인은 상대방 공격수를 방어하는 데 악착같아야 한다.

넷째, 백발백중 사격선수 폭탄먼지벌레 전술이다. 작지만 강한 선수인 폭탄먼지벌레의 배 뒤쪽에 붙어 있는 대포 한 방의 위력은 가히 폭발적이다. 즉, 연거푸 전후좌우 방향을 마음대로 조절해 대포를 쏜다. 4분 동안 29번이나 대포를 쏜 기록도 있다고 한다. 이처럼 공격라인은 상대방의 허점을 노려 어느 방향에서나 슈팅 스피드는 물론 유효 슈팅이 가능해야 한다.

축구도 또 하나의 신토불이 경영이다. 매운 김치가 몸에 밴 튼튼한 체력에서 솟구치는 뜨거운 김치 맛과 메뚜기·나나니벌·귀뚜라미·폭탄먼지벌레를 꼭짓점으로 하는 신토불이 시스템 방식이 이번 런던올림픽 축구에서도 신화창조를 계속 이어가게 만들 것이다.

잡초
경제학

　경제학은 두 얼굴을 가졌다. 왜냐면 경제학의 모든 것은 결국 선과 악의 문제이기 때문이다. 잡초를 보자. 잡초는 먹지도 못하는데 잘 번지기만 하는 풀이라고 미움받기 일쑤다. 농사는 잡초와의 싸움이라고 할 만큼 잡초제거는 한 해 농사의 중요한 몫을 차지한다.

　농촌에선 해마다 여름철이면 이런 잡초와의 전쟁이 필수다. 잡초는 농작물의 성장에 필요한 양분과 수분을 빼앗을 뿐만 아니라, 빛과 통풍을 차단해 농작물의 성장을 저해하고, 심지어는 병충해를 일으키는 장본인이기도 하다. 설상가상으로 슈퍼잡초란 게 생겼다. 슈퍼잡초는 항생제가 듣지 않는 슈퍼박테리아처럼 생겼고, 논 면적의 25% 정도라고 한다. 이렇듯 넓은 면적의 논이 악성이란 건 큰 문제다. 슈퍼잡초가 무서운 건 수확량에 직접 영향을 미치기 때문이다. 이런 잡초를 방제하지 못하면 직파 재배 벼의 경우 수확량이 무려 70%, 모내기한 벼는 44%까지 감소한다는 주장도 있다.

　슈퍼잡초는 형태상으로 전혀 구별이 안 되어 농업인들이 제초에 골머리를 앓고 있다. 제초제 저항성 잡초의 발생은 특정 성분 제초제를 장기간 사용한 데 따른 반대급부다. 농민들이 특정성분을 함유한 제초제를 같은 논에 오랫동안 살포하다 보니 잡초에 내성이 생긴 것이다. 게다가 잡초는 아무리 척박한 황무지라도 잘 자란다. 뽑은 뒤 얼마 되지 않아 단물을 먹은 듯 쑥쑥 자라난다. 그렇다고 잡초를 그냥 놓아둘 수는 없다. 뽑지 않으면 어느새 잡초밭이 되기 때문이다. 오죽했으면 '잡초 같은 인간'이란 말이 생겼을까.

반면, 어떤 잡초가 특별한 약효가 있다는 연구발표가 있으면 그 잡초는 귀한 명초가 되고, 때론 구하기 힘든 품종이 되며, 나중엔 구할 수 없는 절품이 된다. 더불어 잡초는 본래의 의무를 다한다. 폭우 때는 토양유실을 막아주고, 건조할 때는 풍해를 완화시킨다. 단단한 흙은 잡초 뿌리가 흙 속을 파고들어 부드러운 토양으로 일구어낸다. 뽑아낸 잡초는 농작물의 부족한 수분을 보충해주기도 하고 죽은 잡초는 썩어서 퇴비가 되기도 한다. 잡초는 이렇게 선과 악의 두 얼굴을 가졌다. 그저 잡초라고 전부가 해롭다고 단언할 수는 없다. 발에 채이고, 제초제로 사라져가는 잡초가 미래의 귀중한 약제로, 식용으로의 높은 가치가 있는 경제재로 등장할지 그 누구도 모르는 일이다. 이처럼 전체 식물사회에서 보면 '쓸모없는 풀'은 없다. 모두 꽃을 피우고 열매를 맺어 아름다운 자연을 구성하고, 산소를 내뿜어 공기를 맑게 하며, 다른 동식물들에게 도움을 주고받으며 살아간다. 결국 잡초는 농작물의 생육을 방해하거나 망치는 역기능도 있지만 인간과 자연에 이로운 순기능도 있다는 얘기다.

요즘은 농사지을 때 잡초를 함부로 뽑지 않는 사람들도 늘어나고 있다. 그 또한 농작물만큼 귀한 생명이며 우리 삶을 떠받치는 생태계 일원임을 잊지 않기 때문이다. 비닐 없이 농사를 짓지 못한다는 농민들에게 그는 경작 면적을 줄이고 비닐 대신 '잡초 멀칭'을 하도록 권한다. 석유에서 나온 비닐에 숨이 막힌 땅의 본성을 회복하고 작물과 사이좋게 자라도록 최소한의 조처만 해두면 잡초는 땅을 비옥하게 만들고 작물 뿌리는 더 깊은 곳으로 파고들어 흙 속의 영양성분을 한층 풍부히 받아들인다는 것이다.

두 얼굴의 잡초는 위협과 기회의 양면성이 존재한다. 향후 '잡초의 피해와 이용'이라는 두 마리 토끼를 잡기 위해서는 먼저 잡초를 경제활동에 방해가 되는 나쁜 풀로만 보지 말고 세계 유수의 제약회사들처럼 미개발된 식물자원으로 인식하는 자세가 필요하다. 잡초의 위해성과 기능성을 함께 고려하는 경제학적 연구가 이루어져야 하며, 특히 우리 땅에서 수천 년간 자생물로 활용했던 전통지식을 발굴하고 활용할 필요가 있다. 이뿐만 아니라 우리나라의 지역마다 잡초의 분포와 부르는 이름이 다른 점을 활용, 스토리텔링과 연계한 문화산업 소재로의 개발도 고려되어야 한다.

'돈'으로
살 수 없는 것

일반인에게 돈맛은 '돈을 쓰는 맛'이다. 반면, 부자들은 '돈을 벌고 모으는 맛'으로 이해한다. 이것이 부자와 그렇지 않은 사람을 가르는 경계선이다. 돈맛의 개념에 대해서는 세계 경제학자들조차도 종종 논란의 대상이 된다. 돈벌이에 미쳐 있으면서도 돈 벌 욕심을 버리라는 낡은 도덕을 강조하는 것 같아 씁쓸하다. 돈벌이와 도덕성은 과연 존재할 수 있을까?

세상에는 돈으로 살 수 있는 것이 있고, 돈으로 살 수 없는 것이 있다. 건물·토지·사람 등 이 세상에 현존하는 거의 모든 것을 다 돈으로 살 수 있다.

심지어 명절이나 생신날에 부모님들도 선물로 받고 싶은 것 일 순위가 현금이 된 시대다. 그러나 농촌의 산업적·공간적 가치 등은 돈으로도 살 수가 없다. 특히 농촌커뮤니티를 이루고 있는 농업인은 농촌에 대한 사랑과 희생을 내포하고 있어 그 가치를 돈으로 환산할 수가 없어 더욱 소중한 것 같다.

2012년 현재 로하스 바람으로 건강과 사회적 책임에 대한 중요성이 증가하면서 다양한 형태의 농촌체험이 확산되고 있다. 더불어 주말농장이 각광받고 있다. 주 5일 근무제가 정착되고 소득수준이 늘어나면서 휴양과 체험 등을 위해 자연과 함께할 수 있는 농촌을 찾는 수요도 자연스럽게 증가하고 있다.

농촌과 농업이 먹을거리를 생산하는 역할 외에 눈에 보이지 않는 더 많은 공익적 가치를 가지고 있다. 이는 어떤 나라를 막론하고 농업은 국민에게 필요한 식량공급이라는 본원적인 기능 이외에 식량안보, 환경보전, 농촌사회의 유지 및 국토의 균형발전, 전통사회와 문화의 보전, 생물 다양성 유지, 토양보전 및 수자원함양 등 비시장적이고, 비교역적인 공익적 기능을 수행하고 있기 때문이다.

특히 우리나라처럼 농산물 수입국 입장에서 무역자유화로 불가피하게 발생하는 국내 농업생산 활동의 위축은 지금까지 우리 농업과 농촌사회의 유지를 통해 비시장적으로 수행되어 온 국토의 균형발전을 통한 다양한 공익적 가치를 감소시킬 것이다.

식량은 평상시 돈으로 살 수 있는 재화이지만 위기상황에서는 한정된 재화로 인해 거래가 불가능해지는 상황에 직면할 수도 있다. 식량이 부족해지면 언제든 외국에서 사다 먹을 수 있다고 생각하지만 국제적인 식량위기가 닥쳐오면 돈으로 살 수 없는 재화가 될 수도 있다.

선진국일수록 농업이 발달하지 않은 나라가 거의 없다. 농업과 농촌의 가치가 제대로 인정받고 발전해야만 우리나라가 진정한 선진국의 반열에 오를 수 있다. 농업과 농촌 같은 다원적 가치를 시간이 흐르면 약화되는 소모품으로 보기보다는 단련시키면 커지는 근육과 같은 존재로 바라봐야 한다.

『돈으로 살 수 없는 것들』. 『정의란 무엇인가』로 화제를 모은 하버드대 마이클 샌델 교수가 올해 4월에 펴낸 책이다. 저자는 돈으로 살 수 없는 것들과 돈으로 살 수는 있지만 그 재화의 가치보존을 위해 돈으로 사서는 안 되는 것들에 대한 명쾌한 논리를 펼친다. 모든 것을 돈으로 해결한다면 농업 농촌의 다원적 가치 등 공익적 가치 덕목은 오래되지 않아 사라지게 될 것이다. 특히 효율성만 추구하기보다 무엇이 정말로 소중한 것인지, 어떻게 살아가고 싶은지에 대한 근본적인 질문에 우리는 답해야 한다.

불과 몇 해 전만 하더라도 부동산 투기 붐이 일어 대도시 인근 농촌지역의 땅값도 들썩들썩 한 적이 있었다. 돈과 인간의 인식이 뒤엉켜 사회적 혼란을 가져오고 있다고 해도 정작 가치의 대상인 농업 농촌을 배려하진 않고 이용의 대상으로 삼았다가 실망하며 불행해한 것이다. 돈 그리고 삶. 그 우선순위를 재삼 고민해봐야 할 때다.

독서 경제학

독서는 무조건 남는 장사다. 우선, 저자의 정신세계를 압축시킨 글을 읽는 것은 마치 영양이 압축된 음식을 먹는 것과 같다. 그리고 나의 정신세계에 충만한 삶의 재료를 보탠 것과 다름없다. 아울러 나의 언어 세계에 사색의 깊이의 재료를 더한 것이 되며, 나아가서는 나의 행동 세계에 행복한 삶의 재료를 합한 것이 된다. 그래서 독서 경제학이다.

2012년은 문화체육관광부가 제정한 '국민 독서의 해'이다. 하지만 있을 법한 공간에 도서관은 없다. 서재를 꾸리는 사람들도 줄고 있다. 한때 우리나라도 아파트문화가 자리 잡으면서 거실장식을 위한 책장식이 유행한 적도 있다. 서재를 보면 그 사람의 성격이 잘 나타난다. 서재인지 서점인지 분간이 안 될 정도로 방대한 양을 자랑하는 과시적 욕구가 나타나는 서재도 있다.

반면, 소박해 보이지만 자신만의 공간으로는 손색이 없고, 편안해 보이는 서재, 마나님의 잔소리를 피하거나 조용한 사색을 하거나 깊이 있는 계획을 세울 때 이용하고 싶은 서재, 지인들과 커피 한잔하면서 인생 얘기를 할 것 같은 편안함이 느껴지는 서재, 보통 사람이라면 한번쯤 꿈꾸는 서재이다.

하지만 요즘은 책 종이 냄새 맡으며 책장 넘기는 사람들이 사라지고 있다. 이는 디지털시대가 서재의 공간을 메모리 속으로 이동시켰기 때문이다. 물론 디지털시대가 도래한 세상은 삶의 모든 영역에서 메모리를 빼놓고는 상상을 할 수 없는 큰 흐름이 되었다. 심지어 2015년부터는 초·중·고생의 교과서가 디지털교과서로 대체된다고 한다. 종이 공장이 사라질 위기에 있다. 하긴, 전철이나 길거리에서 누군가를 기다리는 사람들의 손에는 책을 찾아보기가 힘들다. 대부분 스마트폰으로 DMB를 보거나 만화·인터넷뉴스·게임 등을 하는 사람들이 주류를 이룬다. 그것을 나쁘다고 말하는 것은 아니다. 다만, 그렇게 시간을 그냥 흘려보내는 것 같아 안타까운 마음이 들어서다.

2011년도 국민독서실태조사 결과에 따르면 우리나라 성인 독서율은 66.8%로, 스웨덴(87%), 네덜란드(84%), 덴마크(83%), 영국(82%), 독일(81%), EU평균(71%)보다 크게 못 미치고 있다. 어른의 연평균 독서량은 10.8권이라고 한다. 단순하게 계산을 해봐도 일 년에 한 권의 책도 읽지 않는다는 말이다.

다행히 인천시 부평구가 '한 책, 한 도시(One Book, One City) 독서 운동'을 벌이고 있다. 우리 국민의 독서율이 갈수록 낮아지고 있는 상황에서 찬사를 보낼 만한 일이다. '한 책, 한 도시 독서운동'은 14년 전 미국 시애틀의 도서관에서 시작되어 미국은 물론 영국·호주·캐나다 등으로 널리 확산되었다. 이런 운동이 아니더라도 대부분의 선진국은 자국의 특성에 맞는 독서장려정책을 펼치고 있다. 영국에서는 셰익스피어의 탄생일이자 유네스코가 지정한 책의 날이기도 한 4월 23일에 '북 토큰(Book Token)'이란 쿠폰을 아이들에게 선물한다. 일본에서는 아침 짧은 시간 동안 책을 읽는 '아침독서운동'이 널리 보급되어 있다. 이런 점에서 볼 때 우리는 늦은 감이 없지 않다.

독서는 국가경쟁력 강화의 원천이다. 디지털 만능시대를 맞아 독서의 동력을 높이려면 국민의 보편적 도서 접근권을 높여야 한다. 이를 위해 레저시설 및 집객시설에 소형 도서관을 확충해야 한다. 독서는 경제학이다. 책을 읽지 않는 사람은 결코 남는 장사를 할 수 없다. 인터넷이 글로벌 정보를 끌어들일 수 있을지라도 그 자체가 창조적인 신소재를 만들어주지는 못한다. "좋은 책을 읽는 것은 지난 몇 세기에 걸쳐 가장 훌륭한 사람들과 대화하는 것과 같다"라는 데카르트의 말을 기억하며 선선해진 초가을 저녁 책과 친구가 되어보자.

추석에 일깨우는
'부부의 기도'

우리 민족의 최대명절 추석이다. 한 해 농사를 거둔다. 벼를 찧고, 고추·깨·콩도 훑는다. 사과·배·감을 따고, 송편을 빚고, 나물을 무친다. 분명 가을 한가위다. 세월이 멈춰선 듯 고즈넉한 고향을 떠올리고 있노라니 불현듯 어릴 적 고향 마을회관 거울 위에 붙어 있던 '밀레의 만종' 그림이 떠오른다.

나는 어렸을 적부터 밀레의 그림을 좋아했다. 〈이삭줍기〉 그림도 좋았고, 〈씨를 뿌리는 사람〉 그림도 좋았다. 아울러 밀레의 〈만종(晩鐘)〉은 지금까지도 가슴속에 행복의 이미지로 아로새겨져 있다. 어린 시절의 아름다운 이미지가 가슴속에 그대로 되살아나는 것 같다. 그 소박성이 좋고, 진실성이 무척이나 마음에 들었더랬다.

가난한 농군의 아들로 태어난 밀레는 평생 일하는 농부들을 그의 화제로 삼았다. 마을 사람들이 푼푼이 모아준 노자로 파리에 가서 그림 공부를 했고, 고향에 돌아와서는 농사를 지으면서 그림을 그렸다. 살기 위한 괴로운 노동을 그리려고 한 밀레의 자세는 농촌 인구가 도시에 많이 유입해 농촌이 황폐해지는 시대를 반영했다. 〈이삭줍기〉, 〈만종〉, 〈양치는 소녀〉, 〈씨를 뿌리는 사람〉 등의 대표적인 작품만 보아도 농촌지킴이 역할을 얼마나 톡톡히 해냈는가를 알 수 있는 대목이다.

하지만 '농촌지킴이'이었던 밀레의 슬픈 사연은 오늘을 사는 우리에게 잔잔한 감동과 교훈을 던져준다. 당시 농촌의 아름다운 전원과 농부들을 그렸지만 당시에는 그를 알아주는 사람이 없었다. 밀레는 화려한 거실에 걸리는 그림이 아닌 살아 있는 그림을 그리고자 했다. 이러한 밀레의 마음을 이해해 주는 사람은 친구인 철학자 루소와 아내뿐이었다,

밀레가 〈접목을 하고 있는 농부〉를 그리고 있을 때였다. 그림 한 점 팔지 못한 밀레는 불기 없는 냉방에서 그림을 그렸으며 아내와 아이들은 며칠째 굶고 있었다. 식량과 땔감이 떨어진 것이다. 그림을 완성한 밀레가 기쁜 얼굴로 가족들을 돌아보았지만 아내와 아이들은 핼쑥한 얼굴로 웃고 있었다. 밀레는 너무나 미안한 마음에 목이 메었다. '어서 빨리 이 그림을 팔아서 양식을 구해와야지.'

밀레가 주섬주섬 옷을 입고 있는데 친구인 루소가 찾아왔다. "여보게 밀레, 내가 기쁜 소식을 가져왔네. 드디어 자네 그림을 이해하고 사겠다는 사람이 나타났단 말일세." 루소는 자기 일처럼 기뻐했다. "그런데 그 사람이 나에

게 돈을 주며 대신 그림을 골라 오라고 부탁했네. 자, 여기 돈 받게나." 루소는 두툼한 지폐 뭉치를 밀레의 손에 쥐어주며 말했다. 그리고 밀레가 막 끝낸 그림 〈접목을 하고 있는 농부〉를 들고 돌아갔다.

그리고 몇 년이 흘렀다. 밀레가 루소의 집을 방문했다. 루소는 마침 외출 중이어서 밀레는 루소가 올 때까지 기다리기 위해 방으로 들어갔다. 그런데 한쪽 벽에 낯익은 그림 한 점이 걸려 있는 것을 보게 되었다. 그 그림을 본 밀레는 깜짝 놀랐다. 그것은 몇 년 전에 밀레가 그린 〈접목을 하고 있는 농부〉였던 것이다. 루소의 따뜻한 마음을 안 밀레의 가슴은 뭉클해졌다. 그의 눈엔 눈물이 가득 차오르고 있었다.

우리의 생명을 지키기 위해 농촌을 지켜야 하는 사정이 거기에 있다. 농업은 생명이다. 지금 우리 농촌은 젊은 세대가 도시로 빠져나가 농촌의 역할이 많이 퇴색되긴 했지만, 다행히 고향 농촌을 지키고 있는 부모님들이 계시기 때문에 명절 때만 되면 민족의 대이동이 일어나는 풍습이 여전히 남아 있다. 우리 농촌은 사람을 기다린다. 그리고 고향의 흙은 우리 생명의 젖줄일 뿐 아니라, 우리에게 많은 것을 가르쳐준다. 그런 의미에서 이 시대를 살아가는 우리에게 밀레의 〈만종〉은 '경종'을 울려주고 있는 것이다. 보지 않았던가. 석양을 등지고 손을 모으고 기도하면서 서 있는 두 사람을, 그 기도는 농촌을 끝까지 지키겠다는 농부들, 그리고 그들의 모습을 그림에 담은 밀레의 다짐이다.

힐링푸드가
뜬다

최근 일본에서는 '치료음식'으로 힐링푸드가 뜨기 시작하면서 입소문을 타고 힐링식 농가식당을 찾는 사람들이 늘고 있다. 일본 규슈 후쿠오카현 후쿠쓰(福津) 시에 있는 농가식당 '살구꽃 마을'은 30여 종의 힐링식 과채류를 중심으로 만든 힐링푸드식 뷔페식당이다. 이 요리에 사용한 과채류는 식당에 올라오기 전 친환경농산물직매소에 진열된 것을 그날그날 사용한다.

외식이 많은 요즘, 식당을 잘못 선택하면 잘 먹고 병 얻는 격이다. 맛과 건강에도 좋고 성인병 치료에도 좋은 힐링 음식을 챙겨보자. 힐링푸드란 각종 질병의 증상을 완화하거나 치료를 돕는 음식을 말한다. 저염식·저지방식·저당식·약선음식 등이 해당되는데, 성인병 환자의 증가추세와 맞물려 이런 천연식품에 관심이 모아지고 있다.

2012년 현재 '살구꽃 마을'의 농가식당 운영은 240여 명의 여성조합원으로 구성된 '이 마을 이용조합'이 담당한다. 농가주부들이 직접 생산한 지역의 힐링 과채류를 많이 사용해달라는 소원을 담아 농가의 여성들이 서로서로 지혜를 모아 만든 힐링식 뷔페식당은 널리 알려져서인지 지역 내 사람은 물론 인접 후쿠오카나 규슈 시에서도 사람들이 온다. 이 직매장에서는 지역 내 학교 급식소에도 힐링 과채류를 납품하는데, 조합원별로 매월 과채류 종류와 양을 할당해 납품토록 한다.

이처럼 일본에서는 요즘 농가주부들이 운영하는 힐링 식당이 큰 인기를 끌고 있다. 옛날의 순수 가정요리를 제공한다는 힐링 체인점도 등장하고 있다. 가정요리가 붐을 일으키고 있는 것은 가정에서 요리하는 기회가 줄어든 것과 관계가 있는 것으로 생각된다. 스스로 요리하는 것은 싫으나 친환경 가정요리를 먹고 싶다는 욕구가 크기 때문일 것이다. 특히 이 식당에서는 친환경 과채류와 현미식품이 인기다. 고혈압·당뇨·심혈관계 질환 등 현대병을 과일식 일주일이면 쉽게 치료할 수 있다고 한다. 손쉬운 방법 때문인지 수많은 사람의 공감을 얻고 있다. 각종 과일과 채소류는 항산화 성분이 많아 피부 노화를 예방하고 혈류를 개선한다.

2012년 벽두부터 과채류 값이 꾸준한 상승세를 이어가고 있는데 폭염은 일부 원인이고 실은 이런 힐링푸드 트렌드 때문일 것이다. 아울러 현미식의 중요성은 주식이 밀인 미국에서 먼저 다이어트 식품으로 관심을 끌면서 부각된다. 현미 속의 옥타시아노는 지구력을 높이는 물질이며 가바 성분은 뇌 활성에 좋은 필수아미노산이다. 식이섬유 파이버는 장을 튼튼하게 하고 베타시스테롤은 항암물질로 알려져 있다. 우리 선조들의 잡곡밥 그대로가 장수식품이다. 무엇보다 건강식은 에너지원이 되는 고른 영양섭취라 할 것이다. 가급적 콜레스테롤이 적은 육식을 섭취하고, 성인병에 좋은 힐링푸드식 식당을 선택하기를 권한다. 나이가 들수록 소화효소 분비량이 적어지기 때문에 적당히 그리고 천천히 먹어야 한다. 더불어 국그릇 줄이기, 김치 잘게 썰어 먹기 등 나트륨 섭취량 줄이기에도 적극 관심을 가져야 한다.

'살구꽃 마을'의 경우 음식 재료의 대부분을 주부들이 직접 재배했거나 지역 내에서 친환경 농업으로 생산한 힐링 농산물을 원료로 한다는 점이 중요하다. 음식점의 장소도 농가주택을 약간 개량해 사용한 곳이 많다. 값을 비교적 저렴하게 하고 소박한 요리를 제공함으로써 어느 곳에나 있는 관광지 음식에 싫증난 여행자를 만족시키는 것이다. 일본 농림성의 통계를 보면 농촌 주부들이 개업한 힐링 식당이 8천여 곳에 이른다. 다행히 우리나라도 전통적인 음식문화에 대한 열정을 되살리고 삶의 질과 건강을 위해 농가식당을 찾는 사람들이 늘고 있다. 하지만 일본에 비하면 아직은 시작에 불과하다.

현대 의학의 아버지 히포크라테스는 "음식으로 고치지 못하는 병은 약으로도 고칠 수 없다"고 했다. 먹고 싶은 것을 먹고 싶을 때 먹는다는 것, 먹고 싶은 것을 좋아하는 사람들과 함께 먹는다는 것은 단순히 배고픔을 채우는 쾌락이 아닌 영혼을 채우고 영혼을 나누는 쾌락일 것이다. 우리 농촌의 농가식당도 힐링푸드를 띄울 수 있는 친환경대책이 강구됐으면 한다.

농촌의 파워,
어메니티 자원

어메니티는 라틴어로 '쾌적하다' 또는 '친근하다'라는 뜻이다. OECD는 농촌 어메니티를 단순히 쾌적한 환경이라는 의미보다는 농촌지역의 정체성을 반영하는 요소로 보고, 사회 구성원에게 휴양적·심미적 가치를 제공하는 자원으로 정의하고 있다. 농촌은 도시에서 찾아볼 수 없는 특별함이 있다. 초원에서 느끼는 여유와 아늑함, 이웃사촌의 정겨운 인정이 있다. 깨끗한 공기와 맑은 물, 늘 푸른 전원과 물안개 등과 같은 전통자원도 있다. 이처럼 농촌에만 존재하면서 사람이 정주할 심리적 가치를 줄 뿐 아니라 도시인에게는 관광할 가치를 제공하는 요소를 '농촌 어메니티(rural amenity)'라 부른다. 일본의 경우는 농촌지역의 특유의 풍부한 자연이나 역사·풍토 등을 통해 얻어지는 여유·윤택함·편안함으로 가득 찬 거주 쾌적성으로 정의를 내리고 있다.

농촌 어메니티는 크게 자연자원·문화자원·사회자원으로 구분할 수 있다. 자연자원은 깨끗한 공기, 맑은 물, 소음 없는 환경, 비옥한 토양, 동·식물, 수자원, 습지 등이 포함된다. 문화자원은 문화재·유적지와 서당·향교와 같은 전통 건물, 잘 보전된 지역 풍습과 놀이문화 등이 이에 속한다. 사회자원은 농촌의 자연자원과 문화자원을 배경으로 한 관광농원·휴양단지·민박시설과 지역 특산물이 포함된다. 근래 농촌의 어메니티가 농업·농촌의 다원적 기능을 유지하는 중요한 자원으로 인식되면서 이를 활용한 농촌개발이 중요한 정책과제가 되고 있다. 농촌 자원의 구체적 발현 형태인 농촌관광을 활성화시키는 농촌 어메니티의 관광 상품화 전략이 바로 그것이다.

농축산부가 추진하고 있는 것만도 농촌마을 종합개발사업·녹색농촌 체험마을·농촌 휴양단지사업·관광농원체험마을 등이 있다. 농진청은 농촌 전통 체험마을·농촌 건강 장수마을을, 산림청은 산촌 생태마을, 문광부는 문화역사마을가꾸기, 환경부는 자연생태 우수마을, 행안부는 정보화 마을을 지원하고 있다. 이 밖에 경기도는 슬로푸드 마을, 강원도는 새농어촌건설 마을 등 지자체도 적극 나서고 있다. 농협은 독자적으로 팜스테이 마을을 지원하고 있다.

전국의 마을은 대략 3만 6천 개 정도가 된다고 한다. 이 중에서 어메니티 자원을 활용해 마을 개발 사업에 착수한 곳이 820곳 정도로 추산되고 있다. 국민소득의 향상과 주 5일제 확대로 농촌관광 수요도 매년 폭발적으로 늘어나고 있다. 양적 수요의 증가와 함께 질적 변화도 예상된다. 우선, 생태와 환경, 웰빙, 체험과 문화 등에 대한 도시민들의 선호가 농촌관광 수요에 반영될 것이다. 예를 들면 돈 소비형에서 시간 소비형으로 여가 형태가 바뀌면서 단순히 보는 활동이 아니라 직접 참여해 즐기는 체험 활동들이 각광을 받을 수 있다. 매끈하고 표준화된 제품들 대신 투박하지만 손맛을 느낄 수 있는 것을 선호하는 문화적 소비 추세도 뚜렷해질 것이다. 이에 따라 농촌에서 직접 만든 음식이나 술·수공예품 등 장인적인 제품의 가치가 높아질 것이다.

또한 기존 농촌관광 경험자들이 수요를 선도하는 가운데 부모·자녀 모두 도시에서 성장한 새로운 세대로의 전환은 농촌관광에 대한 도전이자 기회로 작용할 전망이다. 이들은 고향에서 농사를 짓는 부모를 두고 있지 않기 때문에 방문했던 농촌 마을과의 직거래를 통해 믿을 수 있는 농산물을 구입하려는 동시에 상대적으로 잘 정돈된 환경과 경관, 고급스러운 시설과 서비스, 색다른 체험 등을 선호할 것이기 때문이다. 그렇다면 이러한 수요의 양적 확대와 질적 변화에 대처해 기존 관광마을이나 향후 육성될 관광마을이 주력해야 할 전략은 분명해진다.

농촌 어메니티를 잘 가꾸고, 보전해나가는 일은 농가소득 향상과 국토의 균형발전을 위해 정말 중요한 일이며, 농촌의 기(氣)를 살릴 풍수 자원이다.

아울러 이들 자원을 적극 발굴해 관광자원화하면 지자체의 지역 특화뿐만 아니라 최근 트렌드로 떠오른 베이비부머들의 귀농·귀촌 행방에도 크게 기여할 것이다.

매슬로우에게
마케팅 배우기

콩쥐가 좋아하는 가을 과일은 아삭아삭하고 찰진 단감이다. 아쉬운 게 있다면 치아를 힘들게 하는 감씨가 많은 게 흠이다. 언젠가 단감 씨앗을 깨물다가 치아에 박혀 치과로 급행한 적이 있었다. 올겨울에 무슨 장사를 할까 고민하던 콩쥐가 갑자기 무릎을 쳤다. "그래 씨 없는 단감을 개발해 사람들이 맘 편하게 먹도록 하자." 이 소식을 들은 팥쥐는 어멈을 대동해 콩쥐에게 가서 가족 사랑을 강조하며 비법을 배웠다. 다음 해 팥쥐네가 소유한 모든 밭에서는 씨 없는 찰진 단감이 주렁주렁 열렸다. 그런데 그해 유난히 여름태풍, 가을장마, 겨울가뭄이 심해 수확을 앞둔 곡식이 전부 물에 잠겼다. 그나마 건진 약간의 곡식들은 겨울가뭄으로 인해 곡물가격 폭등으로 이어졌다. 곡식 농사를 망친 사람들은 시름이 깊어져 씨 없는 단감도 거들떠보지 않았다. "이 많은 단감을 어찌한담. 도대체 누가 무슨 잘못을 해 하나님의 심기를 건드렸는지. 누가 시원하게 대답 좀 해주소." 팥쥐는 진주 같은 단감을 바라보며 가슴이 찢어질 듯 아파했다.

한편 콩쥐는 수도권 시장에서 귀족들을 겨냥해 또다시 대박을 터트리고 있었다. 이른바 귀족 마케팅 전략이다. 사람들은 '생리적 욕구 → 안전·안정의 욕구 → 사회적 욕구 → 자존의 욕구 → 자아실현의 욕구'로 하위욕구의 충족 후 욕구상승을 진행하기 때문이다. 매슬로우의 욕구 5단계설을 이용한 마케팅 전략으로 한몫 챙긴 셈이다.

사람들이 상품을 구매하는 이유는 무엇일까? 매슬로우는 인간의 욕구에 대해 생리적 욕구, 안전의 욕구, 사회적 참여의 욕구, 위신지위의 욕구, 자아실현의 욕구로 나누었다. 이러한 인간의 욕구를 기초로 상품구매의 욕구가 무엇인지 파악할 수 있을 것이다. 이러한 구매의 욕구에 따라 각기 다른 차원의 마케팅 전략이 필요할 것이다. 근원적인 인간의 욕구는 공통된 유형을 갖고 있다는 것이 매슬로우의 주장이며 그는 인간 욕구의 위계화에 대해 정의하고 있다. 그에 따르면 인간 존재는 자신들의 욕구충족을 단계적으로 진화해간다. 인간이 점차 높은 단계의 욕구로 진화하는 것은 곧 개인이 자신과 환경에 대한 지배를 증대시켜 나가는 것이다. 그래서 이러한 단계를 밟아 올라가는 것은 곧 한 개인이 삶의 질을 높여나가는 것이라고 간주한다. 소비란 사람들이 자신의 욕망과 필요를 충족시키는 가장 기본적인 경제활동으로 매슬로우의 욕구 5단계설은 소비자들의 욕구를 파악하는 데 많이 적용되고 있다.

앞에서 콩쥐는 인간의 어떤 욕구에 근거해 마케팅활동을 펼쳐왔는가? 욕구단계가 낮은 것에는 더 낮은 비용을 지불하고, 욕구단계가 높을수록 가치를 높게 나타내는 것을 고려하면서 마케팅활동을 하는 것이 효과적일 것이다. 고쳐 쓴 동화 속에서도 똑같은 단감이지만 외부환경 차이가 결과의 큰 차이를 보였다. 태평한 시절에 콩쥐는 씨 없는 단감을 개발해 큰돈을 벌었다. 그러나 기후변화 때문에 곡식농사를 망친 시기엔 팥쥐의 아무리 좋은 단감이라도 팔리지 않았다. 반면, 콩쥐는 귀족마케팅 전략으로 극복해냈다.

매슬로우 법칙은 고리타분한 이론인가? 환경오염과 이상기온으로 지구가 손상되면서 매슬로우의 주장도 금이 가고 있다. 경기불황으로 소비자의 지갑이 꽁꽁 닫혔기 때문이다. 생산자가 웰빙 과일을 생산만 하면 수요가 자동으로 만들어질 줄 알았는데, 다른 생산자들과 치열한 경쟁을 해야 했다. 나아가서는 매슬로우의 욕구 5단계설을 이용한 마케팅 전략도 구사해보았다. 그렇게 해서 수요가 생기는 곳이면 어느새 수많은 공급자가 나와 피 튀기는 전쟁이 된다. 매슬로우의 법칙은 생산자 입장에서 보면 괜찮은 상황대응 마케팅이다. 하지만 무조건 레드오션으로 치부하기에는 이르다. 왜냐하면 우리 주변에는 아직도 매슬로우의 법칙이 존재하기 때문이다.

농업에 6T를
입히자

지금은 '웰빙'을 넘어 '로하스' 시대다. 로하스는 자신만의 건강은 물론 다른 사람의 건강까지 생각하는 이타적인 라이프스타일이다. 농산품 하나를 선택하더라도 친환경 농산물인지 혹은 지속 가능한 농법으로 생산된 농산품인지를 꼼꼼히 따지는 이른바 '사회적 웰빙'을 추구한다. 이들에게 있어 가격은 그다지 중요치 않다. 자신들의 가치에 맞는 상품이면 조금 비싸더라도 기꺼이 선택한다. 건강을 고려한 농산품, 생태계 보호와 관련 있는 제품, 자연과 삶을 조화시키는 상품을 찾는다.

앞으로 농업은 단순히 먹을거리 차원을 넘어 수자원 확보, 대기 정화 등 다양한 공익적 기능을 가진 산업이며 6T 첨단기술과 결합하면 막대한 부가가치를 창출할 것이다. 여기서 6T는 정보기술(IT), 생명공학기술(BT), 나노기술(NT), 문화산업기술(CT), 환경기술(ET), 우주항공기술(ST)등이다. 이런 맥락에서 최근 맞춤형 농산품들이 봇물처럼 쏟아지고 있다. 다행스러운 일이 아닐 수 없다. 하지만 로하스 시대에 무엇보다 중요한 것은 '더 편리하게'와 '더 투명하게'이다. '귀차니즘'이 몸에 배어 있는 미래고객들은 더 편리하고 간편하면서도 더 투명한 농산품을 요구할 것이다.

이를 예측이라도 하듯 2012국제농업박람회가 얼마 전 25일간의 대장정을 마치고 비즈니스박람회 모델을 제시하며 큰 수확을 안겼다. 실제로 24개국 420개 기관·기업이 참여해 농산물 구매약정 및 현장판매 1,880억 원, 관람객 115만 명 유치, 박람회 직접수입 26억 원 등을 기록했다. 해외의 경우 개막일 800만 달러 수출상담 약정을 시작으로 총 2,272만 달러 상당을 수출하게 되었다. 해외바이어 45명은 친환경 기능성 소금과 해조류 가공제품에도 관심을 보였다. 국내에선 생태유아공동체 등과 도내 5개 생산업체 대표가 320억 원의 친환경농산물 구매약정을 체결했고 전국 농협 하나로클럽 전점에 납품할 수 있는 농협도매사업단과는 800억 원, 롯데마트·이마트 등 대형 유통업체와 466억 원의 구매약정으로 총 1,586억 원 규모를 고정 납품하게 되었다. 박람회 현장 농자재·농기계·농식품전시판매관에서는 420여 생산업체가 저렴하고 품질 좋은 농특산물을 전시·판매해 35억여 원의 판매고를 올렸다.

특히 일본은 휴대전화를 사용해 농약살포와 수확 등 농작업의 내용을 기록하는 시스템을 개발했다. 이를 이용해 신선식품 등의 품목은 24시간 이내에 생산이력을 조사할 수 있게 된다. 이는 농수성이 2005년부터 3년간 개발, 보급한 '유비쿼터스 먹을거리(食) 안전·안심시스템'의 일환이다. 생산단계에서는 포장 및 작물, 농작업 등의 정보를 기록한 '코드'를 휴대전화로 읽어 언제 어떠한 작업이 진행됐는지를 기록한다. 아울러 농약용기에 붙은 '코드'로 농약의 사용방법을 확인하거나 사용방법의 잘못된 점을 지적하는 일도 가능하다. 유통단계에서는 포장상자 등에 붙인 전자꼬리표를 도매시장의 센서로 읽어 입하·판매 정보를 파악함으로써 전표처리 등의 부담도 줄어들게 된다. 이를 통해 시장 내 물류비용의 25%를 절감할 예정이다. 소비단계에서는 컴퓨터는 물론 휴대전화로도 생산·유통이력 외에 영양 및 식품 알레르기, 유통기한 등의 정보도 입수할 수 있도록 한다는 것이다.

우리나라도 현재 진행되고 있는 '쇠고기이력 추적시스템 사업'과 농축산물 생산이력제 확대정책에 일본의 '휴대전화 서비스'와 같은 '더 편리함'과 '더 투명성'이 고려되어야 할 것이다. 물론 생산이력제를 시행·유지하는 데는 만만치 않은 시간과 비용이 들어간다. 하지만 한국은 6T 강국이다. 이번 기회에 디지털 IT 강국의 자존심을 살려보자. 이것이 우리 농업을 살리는 길이다.

중국의 파워
'빠링허우'를 잡아라

우리가 고유한 생물자원을 보전해야 하는 사명과 마찬가지로 역동적인 경제환경하에서는 핵심 인적 자원들의 특성을 도전적으로 활용해야 할 사명도 있다.

한국은 열정 스피드 기술력으로 뭉친 역동적인 나라다. 그 중심에 'G세대'라고 일컬어지는 젊은이들이 있다. 이들은 긍정적 마인드와 국가적 자부심을 가지고 세계를 향해 도전하는 동시에 현실주의적 사고방식을 가진 세대이기도 하다.

한국에 G세대가 있다면 중국에는 '빠링허우(八零後)'라고 불리는 세대가 있다. 빠링허우란 1980년대 이후에 태어난 세대를 가리키는 말이다. 이들은 중국의 한 가정 한 자녀 정책 아래 외동아들, 외동딸로 태어나 부모의 관심과 사랑을 듬뿍 받고 자란 세대다. 따라서 다른 세대에 비해 생각이 자유롭고 경제적으로 풍요로움을 누리는 세대로 기성세대보다 독립적이고 개성이 강하다.

아울러 한국의 G세대인 88만 원 세대가 냉혹한 국제적 위기 현실을 극복하고 생존하기 위해 발버둥치는 것과 같이 중국의 G세대인 '빠링허우'들도 마찬가지의 수많은 역경 속에 살아가고 있다. 당장 이들이 사회에 나가 직장을 찾고 주택을 구하는 현시점에서 보았을 때, 이들은 전 세대와는 다른 매우 경쟁적인 사회와 맞닥뜨리게 되었다. 특히 최근 몇 년 동안 이슈가 된 중국 대도시의 부동산 폭등은 '빠링허우' 세대에게 엄청난 영향을 미치고 있다. 직장·주택·결혼 등 여러 가지 문제와 '빠링허우'들은 매일매일 전쟁을 치르고 있다.

중요한 것은 이들이 새로운 소비패턴의 미래를 책임질 중국의 핵심세대라는 것이다. '빠링허우'는 분명 중국 경제의 핵심부분이며, 중국 경제의 핵심 노동력일 뿐만 아니라 막강한 구매력을 가진 소비자임에 틀림없다. 특히 이들 중 부를 대물림 받은 일부 부유층은 특수한 소비 집단을 형성하며 향후 중국의 소비를 주도할 계층으로 주목된다.

보통 부모세대와 다른 소비 패턴을 가지고 있는 '빠링허우'세대는 중국 경제환경에서 큰 이슈로 떠오르고 있다. 개인의 행복을 추구하는 이들은 자신을 위한 투자를 아끼지 않는다. 월급(月)을 몽땅(光) 털어 소비한다는 뜻을 가진 '월광족(月光族)'이라는 유행어처럼, 저축보다는 자신을 위한 소비에 집중한다. 이 외에도 개인주의적 사고를 가진 이들 세대의 급증하는 이혼율은 새로운 사회문제를 야기할 것이라는 지적도 많다. 저축심 부족, 소비지향, 무계획성 등의 경제적 특성과 개인적이고 충동적인 성향을 지닌 '빠링허우' 세대가 중국의 주축이 되었을 때 이들이 사회적 반항요소가 될 수도 있다는 우려의 목소리 또한 높다.

분명한 것은 13억 인구와 광활한 영토, 그리고 커져가는 세계적 영향력을 가진 중국은 이미 우리에게는 엄청난 잠재력을 가진 시장이면서 동시에 한반도 평화에 결정적 영향력을 미치는 강대국으로 자리매김했다는 데 주목해야 한다.

이미 중국은 무한한 잠재력을 가진 거대한 시장으로서 세계 각국의 거대 기업들이 중국 시장에 명운을 걸고 있다. 이러한 중국을 장차 이끌어갈 '빠링허우'세대, 우리는 그들의 특성과 또 그들이 주축이 되는 중국을 이해하고, 우리에게 미치는 영향력에 대해 깊이 생각해보아야 할 때다. 물론 같은 세대에 태어난 사람들이라고 다 같은 특성과 생각을 지니고 있는 것은 아니지만, 그 사회의 전체적인 흐름과 패턴을 파악하는 것은 매우 중요한 의미가 있다.

따라서 중국의 젊은 시장을 겨냥해 새롭고 창의적인 전략을 더욱 적극적으로 구상해야 할 것이다. 왜냐하면 장차 중국을 책임지게 될 '빠링허우'세대의 마음을 사로잡아 국가 간의 깊은 신뢰를 구축하는 것만이 우리의 국익과 관련된 현실적인 과제이기 때문이다.

사토야마 숲의
교훈

2013년 1월초 NHK에서 제작한 〈비밀의 숲, 사토야마〉란 다큐멘터리를 보았다. 마을 뒷동산에 역동성과 스토리를 부여하면서 세심하게 촬영된 자연의 독특한 생명력이 보는 이를 압도했다. 무엇보다 자연을 소모시키지 않는 방식으로도 충분한 먹을거리를 얻고, 지속 가능한 삶을 위해 받은 만큼 자연에 돌려주는 시가현 주민의 배려 어린 손길이 큰 감동을 주는 작품이다.

마을 뒷산 혹은 고향을 의미하는 일본의 '사토야마(里山)'는 사람과 자연이 서로 조화를 이루며 상생하는 마을이다. 하쿠바 산맥의 아오니 마을, 기타카미 고지의 목초지, 도요오카의 황새 보금자리, 가미 마을의 오봉명절 풍경, 도나미 평야의 방풍림, 초카이 산의 너도밤나무 숲을 통해 자연과 인간이 더불어 사는 지혜가 재삼 새롭게 느껴진다.

사토야마 숲에는 오래된 나무들이 굉장히 많다. 사람들은 사토야마 숲의 나무들이 잘 자라날 수 있도록 15년마다 나무를 베어내고, 대신에 사토야마 숲은 인간들에게 벌꿀과 버섯 등을 제공해준다. 수세기 전부터 이어져온 인간과 자연의 공생에 대한 역사의 모델이다.

반면에 요즘 찾기 힘든 특정 공간을 통해 생태운동을 낭만화한다는 비판도 있다. 하지만 사토야마의 풍경은 1960년대까지만 해도 일본 어디에서나 볼 수 있는 풍경이었고 삶의 지혜였다. 점차 사라지고 있지만 여전히 남아 있는 풍경은 의미 있는 공간이다. 환경파괴가 거의 없던 옛날로 회귀하면 모든 환경문제가 해결된다는 식의 향수병을 부추긴다는 우려도 물론 있다. 그러나 자연을 둘러싼 오늘날의 환경문제는 있는 것을 지키는 것만으로는 해결될 수 없다. 자연과 인간이 더불어 사는 지혜, 이것이 사토야마가 줄 수 있는 가장 긍정적인 강력한 메시지이다.

일본 내에서 사토야마는 천연 자연환경의 예를 표상한다. 사토야마는 주로 지역 전통 및 문화와 밀접하게 연관되어 있으면서, 농업이나 산림업과 같은 인간 활동을 통해 생태계로부터 풍부한 혜택을 받고 살아가는 지역사회이다.

아울러 알프스의 소 방목을 연상케 하는 광경들이 사토야마 마을 뒷산에서 벌어지고 있다. 초여름에 풀이 우거지면 숲 속에 소들을 풀어놓았다가 늦가을에 풀이 다하면 숲과 이별을 한다. 숲 속에 축사가 따로 있는 것이 아니어서 소들은 뒷산 아무데서나 먹고 자고 뛰어논다. 이렇게 소를 방목하고 키우는 게 참 보기도 좋고 눈과 마음이 정화되는 느낌이다. 분명 소들한테도 그곳이 천국일 것이다. 게다가 숲 속의 환경도 질서가 잡힌다.

우리나라도 한국의 마을숲을 소개하는 리플릿을 제작해 다른 나라에 알리고 있다. 한국의 마을숲이 마을을 보호하고, 자손만대가 살 수 있는 환경이라는 점을 강조한다. 백두대간과 연계, 뒤에는 산이 있고 앞에는 물이 흐르는 배산임수(背山臨水) 체계인 한국의 마을이 지형적 결함 보완을 위해 숲을 조성하고 있다. 전남 영광 법성포 '숲정이'는 주민들이 뒷산을 '누워 있는 소'로 인식, 숲 보전을 위해 해마다 단오제를 열고 있다.

이 긴 역사 동안 인류는 자연 순환에 따른 혜택을 마음껏 누려왔다. 음식·의복 그리고 주거에 이르기까지 우리는 자연과 생물에 의존해 모든 것을 해결할 수 있었다. 또한 인류는 자연으로부터 폭넓은 지식을 얻고, 지속 가능한 삶의 방식을 유지해오는 동안 예술과 기술을 발전시켰다.

우리는 풍부하고 다양한 생태계를 후대에 전수하기 위한 무거운 책임감을 지고 있다. 이제는 자연과 조화를 이루는 지역사회 창조에 대한 적극적인 노력과 접근방안이 필요한 때이다. 특정 기후 및 지역에 따른 자연환경별로 적절한 생물학적 자원의 지속 가능한 활용을 증진시켜 궁극적으로는 생물 다양성 협약의 목표를 달성해야 한다. 그럼으로써 인류는 미래에도 자연으로부터 제공받는 혜택을 지속적으로 누릴 수 있게 될 것이다.

마을디자인으로
'농촌 르네상스'를

근대사상을 싹틔운 르네상스의 본래 뜻은 '복원'이다. 이 말 속에는 잃어버린 옛 문화를 오늘에 되살린다는 속뜻이 숨어 있다. 전통문화의 복원을 토대로 자연과 인간을 재발견하게 된 사건으로 정의하는 것이 옳을 듯싶다. 때맞춰 도농교류운동이 대폭 확산되고 있다. 이는 도시생활로 인해 빈사상태에 있는 자연과 인간 기능을 다시 복원해보자는 뜻에서 중세 유럽의 르네상스 의미와 일맥상통한다.

2013년 1월 초 TV에서 귀농 다큐멘터리 〈살어리랏다〉를 보았다. 상주시의 신개념 타운하우스 '울타리 없는 녹동마을을 아시나요?'가 바로 그것이다.

상주시는 금년에 443가구 805명이 귀농·귀촌해 지난해보다 308가구 526명이 늘었다고 한다. 상주시 전체가 슬로시티로 지정된 것이 아니라, 이안면 등 3개 도시가 슬로시티 핵심지역으로 지정되어 있다. 이 중에서도 녹동마을은 울타리가 없다. 30여 가구가 모여 살면서 허름한 빈집들이 목조주택의 전원마을로 변했다. 담벼락을 허물고 조경석과 조경수로 장식한 마을길과 마을 입구의 백련단지는 생태공원으로 조성되었다. 특히 슬로시티를 연상케 하는 달팽이 모양의 조형물이 마을 어귀 이정표를 장식하고 있다.

또한 마을이 인접해 있는 곳에는 분도요와 홍로요의 도예촌과 도자기 공방이 위치하고 있는데, 산 쪽으로 올라가게 되면 상안사가 인접해 있는 곳이기도 하다. 상안사는 676년에 창건된 조계종 산하의 전통사찰로 석불입상과 석불좌상 등의 불교 문화유산이 보존되어 있다.

귀농촌인 녹동귀농마을은 잘 정돈된 큰길과 길가 양쪽으로 특색 있는 가옥들이 옹기종기 모여 있다. 아스팔트로 포장되어 있는 대로를 따라 걸어가게 되면 길 양쪽으로 세워진 가옥들이 방문객의 발걸음을 늦추게 한다. 집집마다 너른 마당에는 각양각색의 꽃들을 키우고 있었고, 길가에는 계절을 알리는 꽃들이 심어져 있다.

마을을 걷다 보면 알프스 산자락에 위치한 농가를 방문한 듯한 착각에 빠진다. 아기자기함이 깃들어 있는 모습에 들고 있던 사진기의 셔터를 연신 눌러도 보게 된다. 어느 곳에 초점을 맞추어도 작품사진이 나올 것만 같은 진풍경이다.

마당가에는 외부에서 전해지는 편지를 담아두는 우체통이 집집마다 위치하고 있는데, 빨간색 우체통이 사람들의 시선을 한참 동안 집중시키기도 한다. 어디선가 숨어서 카메라를 돌리고 있는 것 같은 착각이 들만큼 예쁜 모습이다. 방문객들은 마치 영화 속 주인공이 된 듯한 기분으로 한 걸음 한 걸음

발걸음을 옮기면서 모델 포즈를 연신 취해본다.

녹동귀농마을의 한적한 마을 도로를 따라 드라이브하게 되면 절대로 과속할 수는 없을 것이다. 어쩌면 느릿느릿 달팽이처럼 기어갈 만큼 저속으로 차를 몰게 될 듯해 보여 안정감마저 든다.

이렇게 자연의 짝꿍들이 모인 마을들을 '자원의 곳간'으로 활용해보자. 마을은 우리 세대는 물론 후손들의 생존을 위한 담보물이다. 또한 마을은 농업인들만의 것이 아니라, 우리 국민 모두의 공적 자산이다.

과거에 농촌마을은 도시의 가치를 지향하며, 생활환경을 개선해왔지만, 그 환경이 산업사회의 먹이사슬 속에 농촌마을을 감금해버렸다. 그리하여 도시는 자연과 인간의 기능을 거칠게 다룸으로써 성장해왔다고 해도 무리는 아니다.

현대로 들어와서 도시그룹은 농촌마을에 대해 각양각색의 처방상품을 요구하고 있다. 이에 농촌마을은 스스로 처방약을 마련하여야 한다. 그렇다면 무엇이 처방약인가. 바로 마을디자인이다.

앞으로 마을디자인은 농촌의 희망이자 자산이며, 신상품이기도 하다. 경기도 마을들도 주민 스스로 희소성의 가치를 살린 마을들의 상품에 대해 서둘러 개발해야 한다. 그러기 위해서는 자연과 식물을 예술로 승화시킬 수 있는 마을디자인의 설계가 무엇보다도 중요하다.

한국의 농산촌
알프스를 넘어라

사람들이 원하는 완벽한 웰빙의 세계가 존재할까? 이런 물음에 대해 자신 있게 대답할 수 있는 곳이 스위스의 알프스다.

아마도 당신이 목욕이나 마사지 중에 하이크를 따라 나오는 아름다운 태양의 움직임과 알프스의 자연과 당신이 하나가 되는 것, 이것만큼 당신의 에너지를 충족시키는 건 없을 것이다. 특히 여기서 소개하는 4개의 대표적인 파노라마 루트는 이 나라를 여행하는 모든 사람에게 감동을 안겨준다.

첫째, 빙하 특급(Glacier-Express)열차이다. 세계에서 가장 느린 특급이라고 불리는 빙하특급은 7시간 30분에 걸쳐 291개의 다리를 건넌 후 91개의 터널을 지나 오버랄프 고개를 넘어 달리는 스위스 굴지의 파노라마 노선이다.

유럽을 대표하는 리조트인 체르마트와 생 모리츠 또는 쿠어, 다보스를 연결해주는 쾌적한 파노라마 열차를 타게 되면, 열차 안에서 장대한 스위스의 풍경을 감상할 수 있다. 울창한 삼림, 알프스의 푸른 방목지대 산간의 급류와 계곡 등 수백 년에 걸쳐 만들어진 대자연이 여행의 감동을 높여준다.

둘째, 베르니나 특급(Bernina-Express)열차이다. 베르니나 특급은 알프스를 종단하여 이탈리아로 들어가는 고산열차다. 그라우뷘덴주의 쿠어 또는 생 모리츠에서 이탈리아 영역인 티라노까지 연결된다.

이 열차는 고도차가 심한 구역과 여러 개의 다리를 건너고 르브 터널을 지나 약 145km를 달린다. 폰트레지나를 지나면, 모르테라치 빙하와 칸브레나

빙하를 바로 곁에 두면서 베르니나 고개 최고 지점(해발 2천253m)으로 향한다. 바로 앞이 이탈리아다. 하절기에는 티라노에서 루가노까지 버스 편으로도 갈 수 있다.

셋째, 골든 패스 라인(Golden Pass Line)이다. 골든패스는 루체른 호수에서 레망 호수까지 연결하는 꿈의 횡단노선이다. 독어권에서 불어권으로, 8개의 호수를 지나고 3개의 고개를 넘어 5시간 동안 달린다.

역사적인 볼거리가 많은 루체른을 시작으로, 융프라우 관광의 거점이 되는 인터라켄, 패셔너블한 도시 그슈타드 그리고 포도밭이 펼쳐지는 레망 호수의 몽트뢰까지, 스위스 특유의 풍경과 문화를 총망라하는 지역을 관광할 수 있다.

넷째, 윌리엄 텔 익스프레스(William Tell-Express) 유람선과 열차다. 윌리엄 텔 특급은 스위스의 전설적인 영웅 윌리엄 텔의 연고지인 중앙 스위스와 남국의 분위기가 물씬 풍기는 티치노 지방을 연결하는 종단노선이다. 하절기에만 운영되는 패키지로, 유람선과 일등열차를 조합한 것이다.

가을이 저물어가고 있다. 가을 산속 단풍나무 아래 털썩 누워 있다 보면 바람 지나가는 소리가 사람들 지나가는 소리만큼이나 선명하게 들리고, 머리 위로 보이는 단풍나무 가지에는 빨갛게 불태우는 단풍잎 소리가 세속에 찌든 귀를 맑게 씻어준다. 그리하여 자연이 선물한 속도와 마음의 풍요를 누릴 수 있을 것이다. 따라서 이 가을, 마지막 단풍의 몸짓을 감상하면서 삶의 속도를 선택할 수 있는 기회를 만들어보자.

우리나라의 산촌도 알프스 못지않게 동양의 알프스가 될 가능성이 충분하다. 이를 위해 우리도 농촌과 산촌의 어메니티와 그린투어를 통해 신동력원을 창출해 내야 한다. 그리하여 월드컵 축구는 물론 녹색체험도 알프스를 넘어 더 큰 고지로 직행하길 기대해본다.

'젖소 짜는 이등병'이
바라는 농촌

머칠 전 TV에서 '젖소 짜는 이등병'이란 방송을 본 적이 있다. 축사에서 30개월간 일하면서 군복무를 대신하는 대체복무제(代替服務制)의 현장이다. 대체복무제란, 국가에서 군복무 대신 농어촌 노력봉사 등 사회복지 관련 시설에서 일하는 것으로 군복무를 인정하는 제도다. 일손이 부족한 농촌에 젊은 농촌후계자가 있다는 게 가슴 뿌듯하면서도 이런 후계자가 극소수라는 게 마음이 아프다.

실제로 우리 농촌은 청년후계인력은 유입되지 않고 고령화는 지속적으로 진행되어 심각한 위기 상황에 놓여 있다. 과거 7080세대의 대학생 시절, '농활'은 한국 대학생의 필수 코스였다. 주로 여름방학이 되면 학생들은 농촌으로 가서 부족한 일손을 보태며 실천하는 지성인의 면모를 배웠다. 농활은 배움과 실천이 만나는 생활 속 현장이었다.

대학생들은 농활에 대한 각양각색의 추억을 간직하고 있다. 글로만 공부하던 학생들이 처음 해보는 농사일에 밭을 매다 기절하거나 생각 외로 농사를 잘 지어 마을 어르신이 땅을 줄 테니 와서 살라고 하는 등 자신만의 농활 체험담을 갖고 있다.

2012년 들어 자본주의 4.0, 마케팅 4.0 등 4라는 숫자가 대세다. 이것들이 강조하는 것은 따뜻한 가슴, 따뜻하고 행복한 성장을 담는 시대, 따스함과 배려, 협력적 경쟁을 통한 상생행복 추구이다. 이러한 최근의 경영이론과 철학들 속에는 '농활'이나 '새마을운동'이 전통적으로 추구했던 미풍양속의 사회적 책임의식이 녹아들어 있다. 사실 큰 기업들이 거대한 자본력을 바탕으로 공동의 이익을 추구하는 모습에서 부러움마저 든다. 이러한 공동의 가치를 존중하던 사회가 우리 농촌 아니었던가.

근래 농촌은 대내외적으로 많은 어려움을 겪고 있다. 이러한 어려운 상황을 극복하기 위해 다양한 정책들이 제시되고 있다. 하지만 산적한 문제들을 시원하게 해결하기란 만만찮은 게 현실이다. 이에 따라 앞으로 농촌의 위기가 곧 국가의 위기라는 인식을 공유하고 위기 극복을 위해 국민 모두가 힘을 모을 필요가 있다.

농촌에 활력을 불어넣기 위해서는 우리 농촌이 가지고 있던 협동정신, 두레정신을 되살려야 한다. 그래야 농촌에 자본이 쌓이고, 국민에게 사랑을 베풀 수 있는 능력이 생긴다. 무한한 유무형의 자원을 소유하고 있다고 농촌이 도약할 수 있는 것은 아니다. 농민, 농협, 지자체, 지역주민, 지역사회가 협력을 도외시한 채 개별적으로 활동한다면 농촌에 희망이 없다.

그런 의미에서 '젖소 짜는 이등병'은 더 많은 친구들을 원한다. 현재 대체복무제를 실시하고 있는 국가는 80여 개국으로, 이 가운데 헌법 또는 법률로 대체복무를 허용하는 국가는 40여 개국이다.

2011년에 국방부는 당초 올해부터 폐지하기로 했던 병역 대체복무제를 2015년까지 유지하기로 했다. 이에 따라 국립 한국농수산대학 졸업생들이 일정기간 농어업에 종사하면 병역 대체복무를 인정해주는 등 청년 후계농어업인 병역 대체복무제도는 일단 2015년까지 지속된다.

하지만 농촌에 오는 젊은이들이 갈수록 줄어드는 상황에서 미래농업을 이끌 후계 농업인을 확보하려면 병역 대체복무제의 유지가 절대 필요하다. 앞으로 정부와 지자체는 후계인력육성의 체계적이고 일원화된 정책을 위해 병역대체복무 영구화 및 후계인력육성지원 조례 제정 등을 조속히 시행해주었으면 한다.

세컨드하우스
대중화에 대한 제언

겨울은 추워야 제 맛이라지만, 2012년 겨울날씨는 춥다 못해 온몸이 시려 종종걸음을 치게 만든다. 이런 때일수록 햇살 따사로운 주말주택이 생각난다. 사실 우리나라도 알프스 산자락을 방문한 듯한 아기자기함이 깃든 주택들이 많다. 들고 있던 사진기의 셔터를 연신 눌러도 보게 되는데, 어느 곳에 초점을 맞추어도 작품사진이 나올 것만 같은 진풍경들이다. 이 모두가 도시에서 농촌으로 탈출한 방문객들의 도농교류 모습들이다.

도농교류란 사람 간 교류, 정 문화의 교류, 직거래, 4도 3촌 정착으로 이어지는 개념이라고 할 수 있다. 농촌관광론의 현대관광 흐름을 볼 때 도농교류는 대형관광에서 체험 - 해설 - 교육 - 가족휴양 치유 - 귀농귀촌으로 발전한다.

여기에 중간 다리 과정으로 가드닝문화를 들 수 있다. 즉, 테마설정에 이어서 가든피아를 실현하기 위해서는 장소해석으로 출발하여, 외지인과 내지인의 경계를 허무는 가드닝문화를 확산시켜, 결국에는 삶이 수익 수단이 되는 생명자본주의 장소로 발전시켜 나가야 한다.

선진국은 이미 베이비붐세대의 은퇴가 시작되면서 주말이나 휴가 때 머무는 세컨드하우스에 대한 수요가 늘어났다. 미국은 정기적으로 두 집을 왕래하는 사람을 일컫는 '스플리터(Spliter)'란 표현이 생길 정도로 세컨드하우스가 대중화되었다.

우리나라도 삶의 질에 대한 중요성이 커지면서 '세컨드하우스' 수요가 꾸준히 증가 추세다. 2002년 12월 개정된 농지법은 도시민이 주말 등을 이용해 취미 또는 여가활동으로 농작물을 재배할 경우 1천m^2의 농지를 소유할 수 있도록 했다. 또한 2006년부터는 영농체험 목적의 주말농장에 $33m^2$ 이하의 주말주택을 지을 경우 농지전용부담금을 50% 감면해주고 있다.

이 같은 흐름이라면 도시에 주택 하나, 시골에 주택 하나를 갖는 형식으로 1가구 2주택의 수요가 더 탄력 붙을 것으로 생각된다. 대개 이런 경우, 도시 아파트에서 주중 생활을 하고 주말은 농촌의 전원주택에서 보내는 것이 일반적이지만, 앞으로는 주말을 도시 아파트에서 보내고 주중에는 시골의 전원주택에서 생활하는, 일반적인 전원생활 유형과는 정반대의 생활을 하는 사람들도 생겨날 것이다.

과거 전원생활은 도시에서의 생활을 정리한 후 시작하는 것으로 여겼다. 그런데 최근에는 생활 근거지를 도시에 두고 있더라도, 가족과 휴가를 즐길 때나 답답할 때 휴식을 취할 장소로 세컨드하우스가 필요한 사람들이 늘고 있기 때문이다. 이런 추세 때문에 전원생활은 가볍고 경쾌해졌다.

도시 생활을 모두 정리한 후 세컨드하우스에서 모든 것을 처음부터 새롭게 출발해야 한다고 생각하면, 전원생활에 선뜻 접근하기가 어렵다. 하지만 주말 또는 반대로 주중에 휴식이나 레저용으로 이용하기 위한 공간이라면, 생활근거지를 통째로 옮겨오는 것이 아니기에 마음의 부담을 덜 수 있다. 도시에 살며 잠깐씩 세컨드하우스에 다녀오는 형태의 반쪽 전원생활을 하다가, 어느 정도 자신이 붙었을 때 완전히 삶의 터전을 옮겨도 늦지 않다.

그리고 도시생활에서 1가구 2주택은 양도세 문제 때문에 고민이 많다. 하지만 농촌에 있는 작은 규모의 세컨드하우스는 이른바 '농촌주택'이라 하여 1가구 2주택이 되어도 양도세 비과세 혜택이 있다. 수도권 이외의 읍·면 단위에 있는 집으로서 대지 면적 $660\,m^2$ 이하, 주택 면적 $150\,m^2$ 이하, 기준시가 2억 원 이하일 경우에는 농촌주택에 해당한다. 이렇듯 도시에 살면서 농촌에 조그만 세컨드하우스를 하나 더 마련해 사는 주거 구도에 대한 제도적인 배려가 꾸준히 지속되고 있어, 세컨드하우스 대중화에 크게 기여하고 있다.

문제는 기존 농촌 거주민과의 화합이다. 이는 기본적으로 풀어야 할 숙제다.

아울러 과거 전원주택의 최대 가치는 아름다운 자연 경관이었다. 하지만 지금은 투자비를 줄일 수 있도록 기반이 잘 갖추어진 곳, 마을이 형성되어 있어 생활비를 줄일 수 있는 곳으로 모이는 경향이 많다. 주택도 친환경적인 고려부터 연료비가 덜 드는 주택, 관리비를 줄일 수 있는 경제적인 집짓기 등에 관심이 크다. 특히 은퇴 인구가 늘고, 인구의 노령화가 가속화되면서 생활비를 줄여 사는 방법, 수익을 얻을 수 있는 대책이 구체적으로 강구되어야 할 것이다.

떠오르는
공정여행(Fair Travel)

2012년 여름부터 여행의 콘셉트 중 공정여행이 떠오르고 있다. 공정여행 운동은 24년 전 영국에서 시작되었다. 무분별한 관광지 개발로 환경파괴는 물론 원주민 공동체붕괴 등에 따른 문제해결대책이 필요하다는 인식에서 시작했다. 처음엔 유럽인들의 파괴적인 관광으로 인한 동남아와 아프리카의 고초를 알리는 데 초점을 맞췄다. 우리의 경우, 한국관광공사도 시범운영을 마치는 대로 공정여행 관련 관광상품을 적극 개발할 계획이라고 한다.

공정여행(Fair Travel)은 '공정하지 않은 여행'의 반대 여행으로 여행지의 삶과 문화, 자연을 존중하면서 여행자가 쓴 돈이 지역 사람들의 삶에 보탬이 되도록 돕는 여행이다. 여행자도 즐겁고, 지역공동체도 살리는 것이 핵심이다. 여행자들이 말하는 공정여행은 여행지에서 쓰는 비용이 현지인에게 돌아가도록 하는 것이다.

먹고, 자고, 즐기고 쇼핑하는 관광 위주의 여행은 소비적이고 자원낭비를 조장한다고 비판한다. 한마디로 둘러보기식 여행을 벗어나 지역민과 직접 밀착해 함께 소통하고 향토의 문화를 즐기며 지역의 속살까지 체험하는 것이 이 여행의 취지다. 그래서 착한여행, 책임여행, 도덕여행, 에코여행 등으로도 불린다.

그러나 막상 내가 공정여행을 하려고 하면 현실은 불편한 진실이 된다. 물론 '불공정에 대한 분노', '공정에 대한 갈망'의 확산 현상이라고 말할 수 있겠지만, 내 돈 주고 편하게 여행하면서 쉰다는데 경제가 어떻고 사회문제가 어떻고, 의식주 전반까지 신경을 쓴다는 게 어쩌면 구속으로 느껴질지도 모르기 때문이다. 하지만 그 보람과 효과를 생각한다면 또 다른 느낌으로 다가올 것이다.

그런 의미에서 아직까지 '공정여행'이라는 말은 낯설다. '지속 가능한 여행'이라고 불리기도 하지만, 무엇이 공정하고 지속 가능하다는 것일까?

새롭게 떠오르는 여행지마다 '마법의 섬', '지상의 마지막 낙원' 등의 수식어가 붙었다가 갑자기 사라지고 이내 또 다른 지역에 같은 수식어가 붙는 일이 반복되고 있다.

한 지역이 '파괴'되면 또 다른 지역을 개발한다. 그런 의미에서 '공정여행'은 '지속 가능한 여행'을 뛰어넘는다. 무조건 값싼 여행이 아니라 제값을 제대로 치르고 그 값이 지역민들에게 돌아가는 환경을 조성해보자는 데 있다.

즉, 한 지역을 파괴하지 말고 보존해서 후손들에게 아름다운 지역을 영원히 넘겨주자는 말이다

따라서 우리도 '문화관광' 시대에 어울리는 가치관과 여행스타일을 재구성할 때다. 이에 공정여행 문화의 강점을 이해하고 활성화 방안에 대해 제언하고자 한다.

첫째, 각 기관의 세미나·워크숍, 학생 등의 연수·MT 등에 활용토록 해 농어촌 마을 발전에 도움을 줄 수 있도록 공정여행과 연계시켜야 한다.

둘째, 여행의 즐거움은 새로운 사람, 문화, 자연을 만나는 것이다. 그 만남이 즐겁기 위해서는 현지와 올바른 관계를 맺는 것이 중요하다. 이를 위해서는 여행자와 현지인 모두가 만족할 수 있는 '맞춤형 공정여행 상품'이 지속적으로 개발되어야 한다.

셋째, 공정여행은 여행의 윤리를 강조한다. 단순히 즐기기 위한 기존의 여행과는 달리 그 지역 고유의 생태와 환경, 그리고 지역민의 삶과 문화를 배려하자는 데 있다. 이를 위해서는 학생들의 봉사학점제와 연계시킬 필요가 있다. 그래야만 착한 마음으로 여행을 하는 동안 내내 마음이 훈훈하고, 돌아가는 길은 아마도 몸과 마음이 한껏 홀가분해질 것이기 때문이다.

넷째, '공감만세'의 경우, 20대 젊은이들이 공정여행을 통해 세상을 바꾸자며 모여서 설립한 사회적 기업이다. 더 많은 사람들이 공정여행 관련 사회적 기업을 만들어 여행자와 현지인의 만족을 넘어, 지구환경도 보호하는 그런 공정여행이 정착될 수 있도록 제도적 뒷받침이 필요하다.

녹색도서의 지혜

마이클 폴란의
행복한 밥상

1. 선정 동기

현재 각지에서 볼 수 있는 농산물 직판장의 부활, 유기농 운동의 출현, 지역 농업의 부흥이 있기 전까지는 통상적인 음식 시스템에서 빠져나오는 것이 현실적으로 쉽지 않았다. 하지만 지금은 다르다. 음식의 탈산업화 시대로 가고 있다. 문명을 등지지 않고서도 서구식 식사에서 벗어나는 일이 가능해졌다, 무엇보다 "건강"이라는 이름으로 우리의 음식 시스템을 혁신하는 포괄적인 의미이기도 하다. 40년 전만 해도 땅으로 돌아가 직접 먹을거리를 재배하고 기르는 방법밖에는 없었다. 하지만 더 이상은 그렇지 않다. 사람들에게는 이제 진정한 선택권이 주어졌다. 이 선택은 우리의 건강과 땅의 건강, 그리고 음식문화의 건강에 중요한 영향을 미친다. 음식의 본질에 대한 명석한

전개 방식과 음식에 관한 현대의 논쟁에 대한 혁신적인 연구를 하였다는 점
에서 우리 농업발전의 밑거름이자 시대의 흐름을 반영하는 긍정적인 영향이
될 것 같아 이 도서를 선정하였다.

2. 내용 요약

일반적으로 사람들은 어떤 현상을 바라볼 때 그 현상을 단순화시키려는 경
향이 있다. 단순히 양 극단으로 나누려고 하거나 아니면 모호한 현상을 한 단
어로 정의하려 하는 행동이 바로 그것이다.

복지예산을 늘리자는 네티즌을 빨갱이, 혹은 좌익이라고 몰아가는 행동, 혹
은 욕망은 나쁜 것, 억눌러야 할 것이라고 정의 내리는 행동들이 그 예가 될
수 있을 것이다. 이 책에서는 음식문화에 대해 이야기하고 있고 이 글에서는
『마이클 폴란의 행복한 밥상』의 내용에 대해 간략하게 서술하고 있다.

『마이클 폴란의 행복한 밥상』은 크게 3부로 구성되어 있다.

- 영양주의의 시대

  우리가 어떻게 지금의 영양학적 혼란과 불안에 이르게 되었는지 이야기
  한다. 지난 반세기 동안 들어온 대부분의 영양학적 조언들, 특히 지방을
  탄수화물로 대체해야 한다는 조언이 실제로 우리에게 어떠한 영향을 미
  쳤는지에 대해서 이야기한다.

- 서구식 식사와 문명의 질병

농업의 출현 이후, 인간의 식사 방식에서 일어난 가장 급진적인 변화에 관해 이야기한다. 가공식품과 정제 곡물의 출현, 대규모 단일 사육, 재배 방식으로 동식물을 기르기 위해 사용하는 화학비료, 과잉 생산되는 당과 지방의 값싼 칼로리 등 현재 우리가 당연하게 받아들이고 있는 서구식 식사에 대하여 서술한다.

- 영양주의의 극복

몸을 건강하게 할 뿐만 아니라 식사를 즐겁게 해줄 여러 가지 규칙을 제시한다. 저자는 '음식을 먹어라, 과식하지 마라, 주로 채식을 하라'를 핵심으로 식생활의 자유와 음식을 고를 때 필요한 정신적 알고리즘에 대해 이야기함으로써 내용을 마무리한다.

3. 시사점

마이클 폴란의 행복한 밥상에서는 우리가 영양에 대해서 알아왔던 일종의 상식을 깨는 책이다. 예컨대 영양주의 같은 것이 그 예이다. 다이어트를 하기 위해선 탄수화물과 지방을 잘 조절해야 하며 단백질 위주의 음식을 섭취해야 한다는, 영양주의적 식사관이 환원주의와 닮아 있음을 책에서 시사하고 있다. 여기서의 환원주의란 이렇다. 즉, 식물의 생장에는 질소나 인산, 칼륨 등 과 같은 영양소가 필요하다. 환원주의자들은 이렇게 말한다. 식물의 생장은 질소, 인산, 칼륨만이 전부다. 그러나 이때 질소, 인산, 칼륨이 가장 중요한 것이지 질소, 인산, 칼륨이 식물의 생장 그 자체인 것은 아니라는 것이다. 이 책에서는 바로 영양주의가 가지고 있는 환원주의를 비판하고 있다. 결국 현대 전반에 흐르는 영양주의의 환원주의적 성격을 비판하고 있고 현대사회에서 통용되거나 각 분야에서 헤게모니를 지니고 있는 논의를 비판한다. 그렇기에 이 책은 그러한 논의들을 당연하게 받아들였던 현대의 독자들에게 신선하고, 또 충격적으로 다가올 수밖에 없다. 특히 행복한 밥상은 다이어트를 하고 있는 많은 여성과 남성, 특히 저를 포함해서 모두에게 충격적으로 다가올 것이다. 그러나 다시금 이 책에 대하여 의문이 생긴다. "충격적"이라는 말은 달리 표현하자면 받아들이기 어렵다는 뜻이다. 그것이 사실이라 하여도 대다수가 받아들이기 어려우면, 혹은 받아들이지 않는다면 알고 있던 거짓도 진실이 되는 법이다. 달리 말하자면, 헤게모니를 지니고 있는 지금의 메커니즘을 바꿀 만큼, 진실로 이 논의가 설득력을 지니는지에 대해 의문이 든다는 것이다. 예를 들자면 행복한 밥상에서 음식을 먹고, 과식하지 말라는 것, 주로 채식을 하라는 것이라고 주장하는 것이 현대 사회의 정서나 혹은 생리에 적합한지(뉴요커, 시간 절약, 한국의 접대문화 등) 등의 의문이 들 수 있다. 그리고 인지 과학에 대하여 다루고, 철학적 문체를 사용하여 독자들에게 신선하게 다가왔지만, 한편으로는 지향점이 보이지 않고 자칫 잘못하면 결국 독자들에게 전달하려고 하는 바가 무엇인지 확실하지 않은 것처럼 보일 수 있다. 이렇게 느끼는 것에는 철학적 문체라든가 철학적으로 논증하는 방식도 한몫했을 것이다. 저자가 철학자이기에 철학의 방식, 즉 사유를 통해 문제를 해결하려고 했다는 점이 다소 근거가 빈약하다고 느껴질 수 있는 부분이다.

그럼에도 이 책은 새로운 시각들을 제시했고, 일반적으로 우리가 영양주의적 태도에 가지고 있던 생각들을 다시금 생각해볼 수 있는 기회를 제공했다는 점에서 의의가 있다고 할 수 있다. 『마이클 폴란의 행복한 밥상』은 영양주의를 신봉했던 현대의 사람들에게 식습관을 되돌아보게 하고, 건강에 대해서 다시금 되돌아볼 수 있는 기회를 주었다.

과거로 돌아가라는 버킷의 요청에서 혹은 숲으로 돌아간 오스트레일리아 원주민들에게서 우리가 주의를 기울여야 할 한 가지 중요한 의미가 있다면, 잘 먹으려면 지금보다 식사에 더 많은 시간과 노력, 자원을 투자해야 한다는 것이다. 얼핏 보면 뒤로 돌아가는 길 같지만 실제로는 앞으로 나아가는 길이 된다. 단순히 음식을 먹는 것이 아니라 무엇을, 어떻게 먹을 것인가에 관한 고민은 우리 자신뿐 아니라 생태계 전체를 위한 일이기도 한 것이다. 우리 조직도 마찬가지이다. 본질적으로 돌아가 지금보다 더 시간과 노력을 투자하더라도 농업인의 입장에서 농업인의 마음으로 농업인에게 좀 더 실질적이고 가치 있는 교육에 힘쓴다면 더 나아가 농업 전체 발전에 이바지하는 길이 될 것이다.

먹을거리 위기와
로컬푸드

1. 선정 동기

우리의 농업과 먹을거리가 비상사태에 있고, 농업과 농촌은 위기에 직면해 있다. 농업과 먹을거리 문제가 대단히 심각함에도 문제의 심각성을 인지하고 이를 개선하려는 적극적인 움직임은 모색되지 않고 있다. 농업과 먹을거리가 처한 비상사태에 대응하고, 농업과 먹을거리를 정상화하기 위해서 연구와 교육이 필요하다고 생각된다.

전체적으로 세계 식량 체계의 구조화 문제점을 살펴보고, 지역별 식량체제의 실제를 알고, 또 다른 나라들에서 펼치고 있는 지역 식량체계의 아이디어를 우리나라의 농업과 먹을거리를 정상화시키는 데 응용과 활용을 위하여 이 도서를 선정하게 되었다.

2. 내용 요약

이 책에서는 먹을거리가 으뜸이고 중요하지만, 우리가 먹는 현대 먹을거리는 시간과 공간의 맥락을 잃은 정체불명의 먹을거리임을 지적했다. 또 우리나라 농업과 먹을거리의 심각한 현실을 살펴보고, 이러한 현실을 개선하기 위해 지역 식량 체계에 주목해야 한다는 점을 강조한다.

이 도서의 가장 핵심 포인트인 3가지를 소개하면 다음과 같다.

- **세계 식량 체계의 구조와 문제점**

  농업의 세계화, WTO농업 합의안에 의한 농업 구조화, 유전자 조작농업의 확산, 그리고 패스트푸드의 세계화가 가져온 문제를 다루고, 세계 식량 체계의 등장을 가져온 요인과 세계 식량 체계의 특징, 그리고 세계 식량 체계가 야기하는 지역의 식량 보장 위협이다.

- **지역 식량 체계의 실제**

  지역 식량체계의 특징과 좋은 점, 미국의 농민장터를 중심으로 장터의 발전과 운영 실제, 장터가 가져다주는 이점과 장터가 맞닥뜨린 어려움을 살펴보았다. 또한 농민과 소비자가 위험을 공유하는 공동체지원 농업의 발전과 운영 실제, 미국의 학교 급식 프로그램인 농장 – 학교연결 프로그램을 중심으로 하여 학교 급식에 시사하는 점은 무엇인지 제시한다.

- **지역 식량 체계의 응용**

  지역 식량 체계와 소비자가 중요하다고 보고, 지역 식량 체계에서 소비자의 위상과 역할, 소비자 음식교육의 방향과 내용을 살펴보았고, 농업과 먹을거리 문제의 해결을 위해 농도교류가 왜 필요한지, 기존 농도교류의 대안으로 지역 식량 체계 농도교류와 그 과제를 제시한다. 아울러 우리나라 로컬푸드 정책이 나아가야 할 방향, 글로벌푸드와 비교할 때 로컬푸드가 어떤 점에서 이로운지를 살펴보고, 외국의 로컬푸드 정책을 참조하여 우리나라 로컬푸드 정책의 방향을 제시한다.

3. 시사점

농업과 먹을거리를 정상화하기 위해 농업과 먹을거리의 가치를 재발견해야 하며, 소비자들이 음식 문맹자에서 음식 시민으로 바뀌어야 하고, 생산자와 소비자가 함께하는 농업을 만들고 식량주권을 확보하고, 식량권을 보장받기 위해 생산자와 소비자가 공동으로 노력해야 할 필요성을 인식하고, 또한 이를 바탕으로 조합원교육 및 직원교육 시 활용하고, 자료화하여 현재 진행되고 있는 식사랑 농사랑 운동과 접목시킬 필요가 있다고 생각된다.

건강과 환경, 농촌을 동시에 살릴 수 있는 방법에 대한 고민은 오랫동안 계속되어 왔다. '식생활교육지원법'이 통과되면서 한국의 먹을거리 정책도 그 방향이 새롭게 정립되었다. 학교 급식에 지역에서 생산한 먹을거리를 공급하고, 농업인들에게 실제적인 도움이 될 수 있는 농업인 장터를 열고, 입시 교육만큼 먹을거리 교육에도 집중하는 등 이제 우리 곁에도 로컬푸드의 장점을 확인할 수 있는 기회는 점점 더 많아지고 있고, 인식도 확산되고 있다.

공동체 지원 농업이나 농장과 학교의 연결, 식량정책 협의회 등의 기구를 만드는 것 말고도, 우리 모두가 특히 농업에 관련되거나, 종사하는 사람들은 먹을거리 위기를 극복할 수 있는 온갖 아이디어를 내고, 지금 당장 실천할 수 있는 작은 것에서부터 실천해봐야 한다. 마지막으로 지금 농협에서 전개하고 있는 '식사랑 농사랑' 운동에 적극 참여해야 한다는 것이다.

총각네
야채가게

1. 선정 동기

총각네 야채가게의 이영석 사장과 마케팅 이야기는 개인적으로 익히 알고 있었다. 또한 교육생을 대상으로 하는 농산물 유통 관련 강의 시 사례로 활용하곤 했다. 하지만 관련 도서를 직접 읽어본 적이 없어 왠지 반쪽만 알고 말하는 것 같아 부족한 마음이 들곤 했다. 그러던 차에 금차 독서학습과정이 있어 꿩 먹고 알 먹는다는 요량으로 평소 읽고 싶던 책을 우선적으로 선정하게 되었다.

2. 내용 요약

줄거리는 이렇다. 레크리에이션 이벤트회사를 다니던 이영석은 밤새 만든 자신의 기획서를 선배가 가로챔에 실망을 하고 정직하고 즐거운 일을 찾아나선다. 우연히 오징어 행상을 만나고 거기에서 1년을 전국을 누비며 장사의 기본 마인드를 배운다. 오징어가 과일 트럭 행상으로 바뀌고, 이동식 과일 트럭 행상도 물건만 좋고 정해진 시간과 장소에 매일 나타나면 단골이 생긴다는 것을 배우게 된다.

또한 고객들에게 최고의 물건만 파는 것이 아니라 즐거움도 함께 판다는 마케팅 전략으로 성공을 거두면서 수십 개의 점포를 거느린 종합 농수축산식품 회사로 성장하였다는 스토리이다.

3. 시사점

이 책을 읽는 동안 나는 수시로 펜과 메모장을 찾았다. 그만큼 가슴에 와 닿는 것과 우리 직장인들이 배워야 할 점이 많았기 때문이다. 어떤 분야이건 성공한다는 것은 힘들고 어려운 일이다. 특히 농산물 판매 분야에서는 매우 성공의 가치가 높다고 할 수 있다. 그것은 열악한 농산물 유통구조와 농산물 판매에 대한 오랜 관행을 극복해야 하기 때문이다. 주인공의 성공은 젊은이들이 거들떠보지 않는 농산물 트럭행상에서부터 시작하여 대한민국 최고의 평당 매출을 자랑하는 회사로 성공하였다는 점에서 어찌 보면 스티브 잡스나 빌 게이츠의 성공보다 더 값진 것일 수도 있다. 주인공인 이영석은 고객 중심이라는 마케팅 기본을 모두 자신의 몸으로 직접 체험하며 실천했다. 즉, 기본에 충실한 마케팅이 이영석에게 최고의 성공을 안겨준 것이다. 아울러 고정관념의 탈피이다. 트럭도 점포가 된다는 발상은 자신의 불리한 환경이 몇 개의 점포를 가진 유리한 환경으로 변환된다는 기발한 전략이었다. 특히 원숭이를 활용한 바나나 판매나 농산물에 별칭을 붙이는 판매방식은 소비자에게 즐거움을 주는 기발한 판매방식이라 하겠다. 다음은 내가 가장 감명 깊게 받아들였던 부문이고 농산물을 판매하는 우리 직원들에게 꼭 이야기해주고 싶은 부문으로 되새기는 차원에서 여기에 옮겨 적어본다.

- 기본과 초심이면 못 할 게 없다.
- 물건 납품 거래처는 고정거래처를 갖지 않는다(즉, 항상 최고의 물건을 찾아다녀라).

- 장사꾼의 수수료는 손님 대신에 좋은 물건을 골라준 것에 대한 감사의 표시이다.
- 판매자는 배가 불러야 한다(배가 부른 상태에서 맛을 봐야 진짜 맛있는 상품을 고를 수 있다).

이 책에서 크게 두 가지를 우리 조직에 적용할 수 있다. 먼저 혁신이다. 혁신이란 항상 자신으로부터의 시작이다. 자신이 처한 상황에서 최선을 다하고 자기의 분야에서 개선할 것들을 찾아 한 발 한 발씩 전진해나간다면 그것이 혁신의 시작이고 성공이다. 기본에 충실하며, 자신의 일에 열정을 가지고 일을 한다면 자기 분야의 최고가 될 수 있고 각자가 자기 분야의 최고가 된다면 우리 교육원은 교육 분야 최고의 조직이 될 수 있다.

둘째로 농산물 유통에 대한 접근 방식이다. 농산물 마케팅에 있어 단순히 농산물을 농업인들에게 저렴하게 구입하여, 소비자에게 싸게 팔아보려던 기존 농산물 판매방식을 우수한 농산물을 농업인에게 제값 받고 구입하여 감동과 친절의 서비스를 붙여 소비자에게 비싸게 팔려고 하는 노력이다. 단순히 농산물 중개 역할을 하는 고정관념을 버리고 서비스와 즐거움을 함께 파는 감동마케팅으로 농산물의 부가가치를 높이는 것이다.

우리 농업은 FTA 체결에 따른 수입개방이 갈수록 거세져서 어려움이 많다. 농업인이 생산한 농산물을 제값을 받고 팔아줄 수 있는 농협직원의 마케팅 능력이 절실할 때이다. 다행히 새농협 출범과 함께 농협직원의 전문성이 강화되고 있고, 농협도 판매 전문 농협을 표방하고 있어 머지않아 우리 농협직원들도 이 책의 주인공처럼 농산물 판매 전문가가 될 것이라고 기대해본다. 또한 교육원에서는 농협직원의 농산물 마케팅능력 향상이 농업인 실익증진과 직결됨을 인식하고 농산물 마케팅 전문가 양성에 혼신의 노력을 다해야 할 것이다.

누가 우리의 밥상을
지배하는가

1. 선정 동기

현대사회라는 것이 생산자와 소비자의 사이를 멀게 하고, 그 사이에 여러 사람이 정보를 장악하고 왜곡하는 시스템 구조라서 광우병이나 멜라닌 등의 가짜 식품 생산이 유행하고 뭔가 사회에 불만을 가진 생산자들 중 일부가 독성 물질을 섞어서 불특정 다수에 대한 복수를 하기도 한다. 그렇지만 불행하게도 현재는 식량자급국이었던 나라까지 농업대국인 미국산 농산물 수입 없이는 국가를 유지할 수 없다. 이것을 우리는 지금까지 근대화와 선진화라는 구호로 줄기차게 추진한쪽이다. 하지만 미국의 금융 위기 상황에서 촉발된 세계 금융 시장의 변동이 끝난 후에는 어떻게 될지, 여러 가지 예측은 있겠지만 확실한 것은 적절한 대처를 못 했을 경우, 큰 재앙을 불러올 수 있다는 것이다. 세계화의 부작용이라고 볼 수 있는 오염된 음식물, 선진 금융이라고 불리는 고급 사기, 질병의 세계화의 현실을 보게 되면서 이 책을 선정하게 되었다.

2. 내용 요약

이름조차 생소한 "카길(Cargill)"이란 초다국적기업이 얼마나 우리 생활 깊숙이 침투해 있는 것인지, 또 이 거대한 기업이 보이지 않는 손으로 전 세계의 먹을거리, 즉 밥상을 어떻게 지배하고 있는지 알고 최근 이슈화되고 있는 세계 각 국가 간의 활발한 자유무역협정 속에서 한국 농업의 위치는 어떠한지 또한 어떤 방향으로 나아가야 할지를 모색해본다. 주 내용은 다음과 같다.

- 곡물메이저에 빼앗긴 식량주권
- 한국 수입 곡물시장의 60%를 점유하는 카길
- WTO 협상은 농민농업을 기업농업으로 바꾸려는 카길 협상
- 삼성 카길의 한국 대행업체로 본원적 축적
- 카길과 미국의 식량제국주의의 유착 등

카길은 기업홍보 등 소비자가 주목할 만한 행동은 전혀 하지 않는다. 또한 자사 제품을 브랜드화하기 보다는 첨가물이나 원자재 공급에 치중한다. 그리하여 저렴한 가격의 농산물을 구매할 수 있고 비싼 값으로 판매할 곳을 찾다 보면 결국 카길사 손바닥 위에 놓이게 된다. 이러한 공식을 바탕으로 다양한 사업 활동을 통해 점점 우리 밥상을 넘보고 있다. 드러내지 않고 소리 없이 강한 까닭은 식량으로 전 세계를 지배하겠다는 야심찬 음모가 도사리고 있

기 때문이다.

3. 시사점

카길사가 글로벌 장사꾼이자 불멸의 기업이라는 것은 틀림이 없어 보인다. 적어도 불투명한 거대기업이 우리 식탁을 노리고 있다는 것 정도는 알고 있어야 한다. 이를 통해 인간과 자연이 얼마나 고통받고 있는지에 대해서도 우리는 반드시 알고 있어야 한다. 우리 먹을거리조차 지켜내지 못하면 우리 목숨도 이미 내놓은 것과 다름없다.

우리 먹을거리를 잠식하려는 적에 대해 긴장의 끈을 풀지 말아야 한다. 절대다수의 인류에게는 먹을거리가 생존을 위한 필수품이지만 먹을거리의 지배자에게 식량은 더 많은 이윤을 추구하는 욕망의 도구에 불과하다. 세계화 시대를 맞아 농산물 시장 개방을 받아들일 수밖에 없는 상황에서 가격과 품질 측면에서 경쟁력을 갖추어야 한다고 생각된다.

요즘 농촌도 지역 축제 행사를 통해 나름의 살길을 마련하고 있다. 거대 기업들에게 밀리고 있는 상황을 지켜보고 있을 수만은 없어서이다. 쌀 소비 또한 갈수록 줄어들고 더 이상 쌀 개방 압력만 피한다고 해결될 일이 아니다. 점점 농사짓기를 거부하는 농민들이 많아지게 되면 결국 우리 주식인 쌀은 수입에 의존할 수밖에 없게 된다. 쌀 개방 대책에 관해 농민들과 국회 싸움이라고 치부해버려서는 안 된다. 카길이라는 기업이 막강한 경쟁력을 갖추었다는 데 있어 기업 운영이나 틈새시장을 공략하는 등 분명 배울 점도 있다. 다만 서로가 윈 - 윈 하는 방법으로 기업을 발전시켜 나가는 것을 잊지 말아야 한다고 생각한다.

살아남는 종은 가장 강한 종도 가장 영리한 종도 아니고, 변화에 가장 잘 적응하는 종이다. 우리 조직도 과거에 얽매인 갇힌 사고로 당면한 문제에 한숨만 짓고 있을 것이 아니라 변화의 흐름을 정확히 파악하여 진보적인 교육에 힘써야 할 것이다. 적어도 의도적으로 농업을 파괴하며 배를 불리고 있는 기업들의 역사에서부터 기업이념, 점령 방식, 그리고 수치화한 표본을 제공하는 등의 방법으로 현재 농업 상황들이 그들의 시나리오대로 진행되고 있다는 것 정도의 문제는 알고 있어야 한다는 것이다. 결국 사람들의 의식세계에 문제의식을 일깨워주는 방법은 교육뿐이라는 것을 다시금 각인시키고 책임의식을 가져야 할 것이다.

농부 철학자
피에르 라비

1. 선정 동기

삶의 근원인 대지로부터 생명을 경외하는 농부의 품으로까지 우리를 끊임없이 데려다 놓은 이 책은 유럽과 아프리카를 대표하는 환경 운동가 피에르 라비의 인간과 대지를 연결하는 한 농부 철학자의 삶과 사상을 담고 있다. 라비는 생명농업의 선구자, 농업과 생태학을 연결한 농부, 땅을 지키는 철학자,

현실적인 신비주의자, 미래의 씨앗을 뿌리는 농부 등 수식하는 단어들이 많다. 이 수식하는 단어들이 한국 농업과 농촌, 농협에 시사하는 바가 커서 이 책을 선정하였다.

2. 내용 요약

피에르 라비는 1939년 아프리카 남부의 케낫사 오아시스에서 태어났다. 프랑스인 부부에게 입양되었으나, 알제리 전쟁이 발발하고 양부모와 헤어져 프랑스로 향한다. 파리에서 도시생활을 경험하면서 삶의 의미를 잃고 무기력해지도록 몰아가는 억압과 착취뿐인 사회구조에 회의를 느낀 그는 대지를 삶의 터전으로 대대손손 일궈 조화로운 삶을 꾸리던 고향의 농부들을 생각하며 아내 미셸과 함께 남프랑스의 농촌 아르데슈에 정착한다. 하지만 그 무렵 프랑스 대부분의 농촌은 농업의 공업화로 인해 사막화되던 시점이었다. 생산 제일주의에 따라 비료와 살충제의 대량살포로 땅은 생명력을 잃고, 그것을 이용하던 인간이 직접적인 피해를 입는 것을 목격하면서 화학물질을 사용하지 않고 경작하는 방법이 있다는 것과 자신과 같은 생각을 하는 사람이 또 있다는 사실에 힘을 얻는다. 그리고 비료와 살충제 대신 거름과 자연의 순환을 이용하는 생명농업의 길을 걷기 시작하여 40년 넘게 프랑스는 물론 유럽과 아프리카의 여러 나라를 오가며 자신이 직접 경험해 얻은 자연 농법을 농민들에게 가르치고 있으며, 사라져 가는 재래종 씨앗을 보존하는 노력을 계속하고 있다. 또한 농민들을 교육해 그들이 위기에 처한 나라들의 농촌으로 보내 국경을 초월한 생명 농업의 기반을 형성하는 데도 힘쓴다는 내용이다.

이 책의 가장 핵심적인 부문을 시로 표현한 내용을 소개해본다.

■ 도회지에서의 삶

아름다운 조개는 바닷가에 있고, 파도의 거품이 조개 속 진주를 반짝이
게 했다. 나는 그 바다의 보물을 집으로 가지고 왔다. 그러나 그것은 초
라하고 보기 싫은 하찮은 물건이었다. 왜냐하면 그것은 태양과 모래와
파도소리와 함께 바닷가의 그것의 아름다움을 두고 왔기에.

■ 시골에서의 삶

이 세상에 영원한 건 대지밖에 없단다. 사람이 사는 게 무엇인지 간절한
소원이 왜 안 이루어지는지 아직 모르던 내가 우울한 마음으로 말을 걸
때면 대지는 언제나 다정하게 대답해주었지. 겨울 다음에 봄이 오고 죽
음 다음에 생명이 온다는 걸 내가 잊어버릴 때마다 대지는 우뚝 일어서
환히 웃으며 반겨주었지.

■ 대지의 성자

그대의 삶이 아무리 남루하다 해도 그것을 똑바로 맞이해서 살아가라,
그것을 피하거나 욕하지 말라. 부족한 것을 피하거나 욕하지 말라, 부
족한 것을 들추는 이는 천국에서도 그것을 들춰낸다. 가난하더라도 그
대의 생활을 사랑하라. 그렇게 하면 가난한 집에서도 즐겁고 마음 설레
는 빛나는 시간을 가지게 되리라.

햇빛은 부자의 저택에서와 마찬가지로 가난한 집의 창가에도 비친다.

봄이 오면 그 문턱 앞의 눈도 역시 녹는다.

3. 시사점

이 책에서 농부철학자 피에르 라비는 모성적인 대지로서 생명을 지탱해주는 대지에 대해 말하는 것을 배워야 한다고 역설했다. 그것은 다정함과 겸손의 표시이다. 즉, '대지는 어머니다'라는 그 단순함이 더 특별하게 감동을 준다. 대지는 식량을 공급한다. 농사일은 식량을 공급해주는 대지와 맺은 합의이다. 이 합의는 다정함과 이해, 겸손으로 이루어져야 한다는 것이 피에르 라비의 농사 철학이다. 그는 대지에 가까이 머무는 것이 곧 자신에 가까이 머무는 것임을 일깨워준다.

이 책은 우리 농촌이 앞으로 나아가야 할 방향에 대해서 시사하는 바가 크다. 예컨대 한국 농업과 농촌에서 나타난 여러 가지 문제점을 우리만 고민하고 있었던 것이 아니라 세계 곳곳, 특히 유럽에서도 오래전부터 사회적 이슈가 되었던 것이고, 또 하나는 농업인, 정치인, 경제인뿐만 아니라, 철학자인 피에르 라비와 같은 모든 사람이 서로 고민하고 풀어가야 할 우리 모두의 이야기라는 것이다.

결론적으로 안전한 먹을거리 확보와 친환경 농법 등 농업시스템을 최대한 효율적으로 활용하는 방안을 모두가 연구하고 이를 위해 다함께 프로그램 개발을 위한 기반을 구축해야 한다는 것이다.

살림의
밥상

1. 선정 동기

식(食)사랑 농(農)사랑 운동이 한창인 농협에서 식(食)에 대한 이해를 넓히기 위하여 여러 도서를 찾던 중 생명을 구하고, 지구를 살리는 생명의 밥상 보고서라고 설명이 붙어 있는 본 도서를 발견하였다. 소비자 입장에서는 식(食)이고, 농협인 입장에서는 농(農)인 먹을거리가 우리 몸에 미치는 영향과 환경에 미치는 영향을 새삼 느끼고 배울 수 있는 기회가 될 것 같아 본 도서를 독서학습 도서로 선정하게 되었다.

2. 내용 요약

- **생산자와 소비자의 약속**

  '생산자는 안전한 먹을거리로 소비자의 생명을 책임지고 소비자는 생산자의 생활을 책임진다'라는 소비자와 생산자의 다짐으로부터 시작된다. 농촌에서 정성을 다해 기른 유기농산물은 도시민의 건강을 지켜주고 도시민이 제값을 내고 사준 우리 농산물은 농업인들이 매년 농사를 지속할 수 있게 만든다. 이러한 소비자와 생산자 간의 신뢰관계가 우리 농업과 건강을 지킬 수 있는 소비자와 생산자가 윈 - 윈(Win-Win) 하는 방법이다.

■ 밥을 밀어내는 빵의 재앙

밥 대신 빵으로 한 끼를 때우는 식사문화는 결국 우리 생활을 혼란에 빠트릴 수 있다. 지속적으로 감소하고 있는 국민 일인당 쌀 소비량은 급기야 논에 쌀 대신 콩을 장려하는 정책으로 바뀌고 벼 재배면적과 수확량은 감소하게 된다. 그러나 이상기온으로 밀의 가격이 급등하면 빵, 밀가루, 라면 가격이 급등하면서 다시 밥으로 몰리게 될 것이다. 그러나 이미 쌀 생산이 감소한 상태라 극심한 식량난을 겪게 된다. 즉, 빵을 주식으로 하는 식사문화는 우리 생활에 큰 재앙을 초래할 수 있다.

■ 제철에 난 먹을거리가 지구를 살린다.

요즘은 제철에 난 과일을 맛보기가 어렵다. 오뉴월에나 먹던 딸기는 한겨울이 제철이 되어버렸고, 한여름에 먹던 수박, 참외도 봄철에 한창 출하된다. 그러나 이러한 농산물들은 거름과 물을 먹고 크는 것이 아니라 기름을 먹고 자란다. 그리고 엄청난 양의 비닐 폐기물을 생산해낸다. 환경을 지킨다는 농업이 환경오염의 주범이 되고 있는 것이다. 그리고 제철에 난 과일은 비닐하우스 속에서 자란 과일보다 비타민 C 함유량이 현격히 높다. 제철에 자란 시금치는 1,000g당 비타민 C 함유량이 70mg인데 제철이 아닌 것은 20mg으로 3분의 1 이하로 떨어진다. 결국 제철에 난 과일이 지구도 살리고 소비자도 살리고, 농업인도 살리는 길이다.

▪ 유기농은 죽을 때나 찾는 게 아니다.

평소에 '유기농은 비싸다', '유기농도 다 눈 가리고 아웅이다'라고 하던 사람들이 별안간 유기농을 찾아다니느라 야단법석을 친다. 자식이 아토피로 살이 문드러지고, 남편이 대장암으로 선고받고 나서야 먹을거리의 소중함을 알고 우리 먹을거리를 찾고 유기농을 찾는다. 유기농은 우리 몸에 보약인 것은 맞지만 치료약은 아니다. 평상시 먹을 것에 대한 소중함을 알고 자연과 조화를 이루는 먹을거리를 찾아 먹다 보면 만병이 예방되고 치유되는 것이다. 사람의 몸도 우주의 한 조각이고 자연에서 나고 자란 동식물도 우주의 한 조각이다.

장기이식도 나에게 맞는 장기가 내 생명을 살리듯 먹을거리도 가장 우리 몸에 맞는 것이 우리 몸을 살릴 수 있다. 즉, 우리 자연에서 유기농 상태로 자란 것이 우리 몸에 가장 좋은 것이다.

3. 시사점

이 책을 읽는 동안 내내 창피한 생각이 들었다. 우선, 농사꾼도 아닌 전업주부인 저자가 농업을 생각하는 마음이 20년 이상 농업분야에 종사해온 본인보다 더욱 절절하다는 것에 창피함을 느꼈다. 아울러 전국에 숨은 진정한 농업인들이 우리 농업을 살리기 위해 얼마나 고전분투하고 있는지 보면서 나 자신이 더 부끄러움을 느꼈다. 특히 이러한 노력에 앞장서온 유기농 생활협동조합 단체들을 보면서 우리는 지금 무슨 생각을 하고 있는가라고 자문하고 반성해본다.

이 책에서 크게 두 가지 시사점이 있다. 먼저 식(食)사랑 농(農)사랑 운동의 적극적인 전개이다. 식사랑 농사랑 운동을 통하여 소비자들에게 우리 농업의 중요성과 우리 농산물이 소비자 건강에 미치는 중요성을 알려야 한다. 식사랑 농사랑 운동이 국민의 건강은 물론 우리 농업이 지속적으로 발전할 수 있는 길이기 때문이다. 둘째로 우리 농협 직원의 마인드 전환이다. 농협직원은 농업인이 존재하기 때문에 먹고 살고 있는 것이다. 그러나 이러한 사실을 망각한 채 봉급만 받으면 되고, 시킨 일만 하면 되지 내가 왜 농업, 농촌을 이해하고 공부해야 하느냐 하고 주장하는 일부 직원에 대해 농업과 농촌의 역할에 대한 특별교육을 강화시켜야 한다.

식량쇼크

1. 선정 동기

인류에게 가장 중요한 것은 잘 먹고 생명을 유지하는 것이다. 결국 먹는 것은 농업인이 생산한 식량이라는 사실과 식량이 부족한 사회에 대한 관심, 농업 농촌에 대한 관심, 왜 식량가격은 오르는가, 미래에 핵심성장 사업은 무엇인가, 한국 식량산업의 미래는 어떻게 될 것인가라는 사실과 현재처럼 먹고사는 값싼 식량의 시대는 결국 끝날 수 있다는 사실에 대해 궁금증이 있어 마침 이 책을 선정하게 되었다.

2. 내용 요약

먹을 것이 없어서 진흙쿠키를 만들어 먹는 아이티의 상황은 보릿고개를 넘긴 한국인에게는 남의 일 같지 않게 다가올 것이다.

젊은 사람에게는 생소한 단어로 들리겠지만 아직도 세계 곳곳에서 식량부족 혹은 공급부족을 겪는 국가들은 대부분 저개발 국가이다. 식량가격이 3분의 1 상승하면 부국은 생활수준이 3퍼센트 하락하지만, 빈국은 20퍼센트나 하락하는 것으로 분석되어 가난한 나라들의 어려움을 강조했다. 중남미 아이티 외에도 아프리카 대륙의 저개발 국가는 식량부족으로 인해 고통받고 있다. 21세기 최첨단 시대에도 식량문제는 전 세계의 가장 중요한 이슈가 되고 있다.

- **식량부족 시대의 도래**

  식량시장의 3불 트렌드(불충분, 불확실, 불안전의 시대)는 향후 식량은 양적으로 불충분하고, 가격 변동폭이 확대되며, 안전을 위협받는 3불의 시대가 도래한다고 한다. 3불 시대의 변화를 이해하면 다가올 값싼 식량이 사라진 시대 혹은 식량위기의 시대에 대응책을 마련하는 데 도움을 줄 수 있다.

- **식량가격은 왜 오르는가?**

  식량가격의 상승요인으로 수요 요인 측면에서, 첫째, 중국과 인도 등 신흥국의 경제발전에 따른 식량 수요 증가, 둘째, 신흥국들의 육류소비 증가에 따른 사료용 곡물수요 증가, 셋째, 바이오 연료용 곡물수요 증가이다.

공급요인 측면에서는 첫째, 기상이변으로 인한 생산 감소, 둘째, 곡물바이오 연료 전용으로 재배면적 감소, 셋째, 곡물수출 제한이다. 거시요인으로는 식량투자 상품화, 곡물 메이저의 시장장악, 유가상승으로 인한 생산비와 물류비 상승 등으로 식량가격의 상승을 유발하고 있다.

■ 식량산업, 미래 핵심성장 산업

식량을 생산하기 위해서는 우선 토지가 있어야 한다. 그다음으로 반드시 필요한 것이 종자이다. 종자는 식량생산에 있어 가장 기본이 되는 필수 투입 요소이다. 종자 산업을 장악하는 것이 미래의 식량산업을 장악하는 것이라 할 수 있다.

1997년 외환위기로 상위 5개 종자회사 중 흥농종묘, 중앙종묘, 서울종묘 등 4개사가 다국적 기업에 인수 합병되어 현재는 농우바이오, 동부한농, NH종묘만 한국 국적 회사이다. 따라서 미래성장산업인 종자전쟁에서 살아남으려면 유전자원에 대한 대중적 이해도를 높이고, 종자산업의 중요성을 알리는 것이 중요하다. 단순히 종자를 씨앗 정도로만 생각한다면 글로벌 종자전쟁에서 도태될 것이고 결국 식량문제를 해결할 수 없다.

■ 한국식량산업의 미래

우리의 식량자급률은 2010년 사료용 곡물을 제외한 식량자급률은 54.9%이다 사료용을 포함하면 26.7% 정도이다. 쌀은 자급하고 있지만

2010년도 밀의 자급률은 0.8%, 옥수수의 자급률은 0.8%, 대두의 자급률은 8.7%로 생산기반이 절대적으로 취약하다.

한국의 대표적인 수입곡물인 옥수수, 밀, 대두 등은 대부분 미국, 중국, 호주, 브라질 등으로부터 공급받고 있지만 대부분 사료용으로 소비하고 있다.

우리나라의 곡물수입이 영미계 곡물 메이저와 일본계 종합상사에 의존하고 있는 것도 문제다. 밀, 대두, 옥수수 등 3대 곡물수입의 약 57%를 카길, ADM, Bunge, LDC 등 4대 곡물 메이저로부터 공급받고 있다.

낮은 자급률과 편재된 수입구조는 우리나라가 식량 위기에 취약하다는 것을 의미한다. 따라서 해외농업개발 및 다양한 채널을 통한 수입 다변화와 국내의 국물에 대한 국가 조달시스템을 개척해야 한다.

3. 시사점

부족한 식량의 중요성을 다시금 일깨워준다. 최첨단 스마트시대에도 어김없이 먹을거리가 중요하고, 국가 전체적인 차원에서도 부족한 식량을 제대로 조달할 수 있는 조달시스템을 만들어야할 필요성을 느끼게 한다. 또한 식량가격이 천정부지로 올라갈 때는 우리는 어떻게 해야 하는지를 일깨워주고 있다.

생산자는 물론 각종 소비자 교육 시 농업과 식량에 대한 마인드 교육을 필수적으로 편성하여, 농업 농촌의 중요성을 다시금 재조명해볼 수 있는 기회를 적극적으로 제공해야 한다.

부자농부

1. 선정 동기

젊은이들이 하나둘 떠나버린 농촌은 점점 활기를 잃어가고 있으며, 농업인들은 불확실한 미래 때문에 불안해하고 있다. 새로이 농업에 뛰어드는 사람은 극히 적고 기왕 농업을 하던 사람도 "힘들어 못 살겠다"며 어떻게든 떠나려고 한다. 국내 농산물은 수입농산물과의 가격경쟁에 밀려 시장이 급속히 잠식되어 있으며, 불합리한 유통구조와 규모의 경제가 되지 못하는 한계 때문에 '피땀 흘려 키워도 본전도 못 찾는다'는 말이 당연지사처럼 되어버렸다. 소득이 불안정하니 농가인구는 점점 줄어들고 마을은 공동화되고 산업으로서 농업은 매력이 없는 사양 산업이 되고 말았다.

저자는 이에 역발상으로 한국농업 발전에 대안을 제시하며 농업도 부자가 될 수 있음을 제시하고 있어 이 책을 선정하게 되었다.

2. 내용 요약

저자는 농업발전에 대한 새로운 인식 전환을 요구하며 다음과 같은 시각을 갖출 것을 제시하고 있다.

첫째, 농업도 벤처다. 허약한 원조농업의 고리를 끊어라.

둘째, 우리만의 고유한 농심과 전통에 새로운 기술과 아이디어를 더하라.

셋째, 농업의 3P 혁신(① 생산혁신, ② 과정혁신, ③ 사람혁신)을 하라.

3P의 내용을 구체적으로 살펴보면 생산혁신으로는 무엇을 생산할까가 아니

라, 시장이 원하는 신무기를 개발하며 역발상으로 틈새를 노리는 것이다. 과정혁신으로는 시장 지향적인 프로세스를 위해 개별농장을 조직화하여 세계 시장을 겨냥하는 것이다. 사람혁신으로는 제품에 혼을 담을 수 있는 기업가가 되며 끊임없이 학습과 자신만의 연·개·소·문 전략을 가지라고 하고 있다. 연개소문에서 연은 인연(緣), 즉 네트워크를 만드는 일이다. 개는 오픈마인드(開)이다. 소는 작은 것(小)을 아름답게 만드는 것이다. 넷째는 문(紋)이다. 이는 한국농업의 색깔, 무늬를 만들어내야 한다는 것이며 마지막으로 꿈꾸는 농업인, 호기심이 많은 농업인, 창의력이 있는 농업인에게는 성공의 가능성이 활짝 열려 있다고 저자는 강변하고 있다.

3. 시사점

당신은 왜 농업을 지켜야 하며 농사를 짓는가라는 질문을 받으면 식량안보 차원에서, 환경보전의 공익적 차원에서 짓는다고 강변한다. 하지만 솔직히 이러한 명예스러운 말도 떵떵거리며 농사짓고 그걸로 먹고살 여유가 있을 때 덤으로 얻는 것이다.

우리 모두는 기본적으로 먹고살기 위해 돈을 벌고, 사회를 위하고 국가를 위하는 더 높은 차원의 의미는 거기에 덧붙여 생겨나는 것이다. '돈이 되지 않는 산업'이란 근본적으로 어불성설이다. 이에 저자는 온전히 '돈을 버는 농업'으로 일갈한다.

나는 이에 동감한다. 농업은 경영이다. 경영적 마인드 없이 시상 속의 세계로만 농업 농촌을 본다면 인간의 기본적인 경제적 욕망의 눈을 한 손으로 가리고 농업의 이데아만을 추구하는 것이다. 냉혹한 현실에서 농업의 이상을 추구하자. 돈이 벌리지 않는 일은 고행일 뿐, 농업으로도 부자가 될 수 있다. 농업인조합원 교육을 담당하는 교육원에서는 농업인들에게 농업에 대한 새로운 패러다임 제시에 유용한 교재로 활용할 수 있을 것이다. 21세기 농부는 자연과학 및 사회과학과 인문과학의 새로운 지식 체계를 적극적으로 활용할 줄 알아야 한다. 다시 말해 전통농업에서와는 다른 새로운 라이프사이언스 비즈니스를 행하여야만 21세기의 진정한 농부인 것이다.

빅맥이냐
김치냐

1. 선정 동기

아침에 일어나 뉴스를 틀어보면 전 세계의 소식을 많이 들을 수 있는 세상이 되었다. 어느 나라에서 폭동이 일어나고, 어느 나라에서 누가 대통령에 당선되고, 어느 나라에선 청년실업 증가가 난리다. 이른바 우리나라 정세뿐 아니라 세계의 정세까지 중요하게 다루고 있는 시대가 되었다. 이제 우리는 더 이상 다른 나라에서 일어난 일이 특정 나라의 문제일 뿐 아니라 그 나라의 문제가 곧 우리나라의 문제가 되는 시대에 살게 되었다. 세계가 점점 하나로 뭉쳐져 세계화는 무시할 수 없는 시대의 흐름이 되었다. 세계화의 바람이 불고 있는 시점에서 세계화를 포기하는 것은 득보다 실이 더 많은 선택이 될 것이다. 그렇기 때문에 세계화를 어떻게 만들어가는 것이 올바른 방법인지 생각해보아야 한다. 우리도 더 이상 보수적인 집단이라는 편견과 비난 속에서 안일하게 지낼 것이 아니라 급속도로 변화하는 세계화와 국제화 시대에 적응해나가지 않으면 안 되는 시대에 살고 있다는 것을 각인하고 변화에 발맞추어야 한다. 그런 점에서 이 책을 선정하였다.

2. 내용 요약

세계화로 국가 간의 거리가 좁혀졌지만 세계화가 각 국가의 삶의 모습과 형태를 동일하게 만드는 것은 아니다. 국가마다 다른 문화와 정치의 특수성을 지니고 있기 때문에 세계화는 국가 간의 특수성이 충돌할 빌미를 제공하기도 한다. 그렇기 때문에 이 책에서는 다음을 참고해야 한다고 말한다.

- 김치를 알아야 한다

    세계화를 추진할 때는 '김치'로 상징되는 각 국가의 정치적 역동 또는 지역적 특성을 잘 알아야 한다. 특히 외국인 투자자들 같은 경우에는 투자할 나라의 '김치'를 제대로 알아야 한다고 말한다.

- 국민의 불만

    어떤 나라의 국민은 잘못된 정치에 불만을 품고 어떤 나라는 지도자가 국민의 시선을 다른 곳으로 돌려 본인의 잘못을 무마하기도 하는 모습

을 볼 수가 있다. 이란의 경우 국왕이 미국과 가까이 지내는 등 국정운영
에 반발로 국민이 반정부 시위를 일으키자 정부구조의 취약함을 보여주
듯이 국왕은 더 이상 국정운영을 하지 않았다. 이 사건은 이란 내부의 문
제이기도 했지만 이 과정에서 많은 기업과 미국 정부는 피해를 보게 되
었다. 통치자가 강력한 힘을 가지고 있을 때 국민은 불안요소를 증가시
킨다. 이러한 김치의 역동성을 알 때 국제적인 기업은 세계화를 성공적
으로 이룰 수 있을 것이다.

■ 빅맥을 먹는다고 맥중국이 되지는 않는다

세계화가 성공적으로 이루어지기 위해서는 각 국가의 정치적 현실에 대
한 이해가 바탕이 되어야 한다는 것이다. 나라마다 여러 가지 지역사회
의 특수성을 가지고 있다는 것을 알고 있다. 이 모든 것을 함께 놓고 볼
수 있는 나라가 있다. 중국이다. 중국은 세계화 시대에 많은 외국인 투자
자와 기업이 노리는 황금의 땅이기 때문이다. 그리고 무엇보다도 중요
한 것은 세계를 서로 더욱 가깝게 묶어내고자 하는 글로벌 비즈니스가
자신의 이익을 추구하고 동시에 우리 모두에게 번영을 가져다주려고 한
다면 반드시 김치를 고려해야만 한다.

3. 시사점

간혹 이 책이 미국인이 썼기 때문에 지나치게 미국적인 것이 아닌가 생각하
게 되었다. 각 나라의 '김치의 역동성'을 단지 미국적인 시각으로 그리고 빅

맥에만 맞추려고 하는 것이 아닌가 의심되기도 했다. 그렇지만 무조건 세계화가 좋다는 식의 반응과 세계화 예찬을 잠시 덮고 세계화의 문제점을 지적하기도 하고 지엽적인 것으로 시선을 돌려서 지역의 독특한 정치적 역동성을 강조했다는 점이 인상에 남는다. 세계화를 한번도 지역적인 문제로 생각해본 적이 없었다. 세계화를 생각할 때 지구를 전체로 봤지 그것을 각각 지역별로 생각해서 세계화를 성공시킨다는 것을 생각해보지 못했다. 지역적인 역동성을 일부 국가에만 초점을 맞춘 것이 아니라 여러 국가를 예로 들어 설명을 해줬기 때문에 각 국가의 사정을 다양하게 알 수 있었다. 그럼으로 인해 세계를 보는 시각을 넓혀주고 정치와 경제에 대한 안목을 쌓게 되었다.

빅맥은 많은 나라에서 많은 사람이 쉽게 접하고 먹는 음식이다.

세계화 역시 많은 국가에서 시도하고 있고 시도되고 있는 것이다. 현대사회는 기술의 발전으로 세계는 점점 가깝고 좁아지면서 세계화는 급속도로 성장하고 있다. 이 시점에서 다른 나라의 '김치'를 고려하지 않고 무조건적으로 하는 세계화는 실패하게 된다. 또한 김치, 즉 각 국가의 정치적 현실을 고려하지 않은 세계화의 미래의 모습은 특정 국가뿐 아니라 세계 전체를 고통스럽게 한다. 그렇기 때문에 세계화를 추진할 때 '김치'를 이해한 후에 실천하는 것이 현명한 방법이다. '김치'가 불안정하다는 것은 세계화가 확산된 오늘날에는 그 나라의 불안정뿐만 아니라 세계의 불안정을 야기할 수도 있다는 의미가 된다.

농협교육원 역시 교육에 앞서 각 지역의 특색을 잘 파악하는 것이 중요하다. 특수성을 고려하지 않은 평준화된 교육을 지속한다면 농업인들의 교육적 참여를 끌어내기란 쉽지 않을 것이다. 지역적 특수성을 고려하여 차별화된 교육과 개성 있는 교육을 한다면 교육의 의미는 더욱더 중요하게 생각될 것이고 교육적 효과는 배가 될 것이라 확신한다.

아주 낯선 쌀의 역사
"쌀밥 전쟁"

1. 선정 동기

한국인들에게 쌀은 한의 대상이었다. 일제의 수탈로 뼈 빠지게 농사를 지어 놓고도 기아 상태를 면할 수 없었다. 초근과 목피는 물론이고 음식이라고 할 수도 없는 것으로 허기를 달래야 했던 한국인들에게 쌀밥 한 공기는 꿈에도 그리던 소원이었다. 해방과 자유의 상징이었으며 생명이었다. 해방정국에서 '쌀을 달라'는 구호가 하늘을 가르고 '쌀이 아니면 죽음을 달라'는 비장감 풍기는 절규가 나왔던 것도 그런 이유 때문이었다. 하지만 '쌀의 죽음'이 거론될 만큼 한국 쌀이 유사 이래 최대의 위기에 직면하고 있다. 쌀이 한국인들에게 어떤 존재였는지를 알아본다. 오늘날 가정의 식탁을 책임지고 있는 주부들과 '패스트푸드'에 길들여져 쌀을 거리낌 없이 천대하는 청소년들에게 '쌀과 한국인'의 관계를 다시 한 번 되돌아본다. 나아가서는 한국 쌀의 소중함을 곱씹어볼 수 있는 기회로 활용하기 위하여 도서를 선정하게 되었다.

2. 내용 요약

한국인에게 쌀은 '음식 그 이상의 것'이었다. 1901년 외국 쌀이 처음으로 국내에 들어왔을 때 저잣거리에 떠돌던'외국 쌀 먹인 자식은 에미 애비도 몰라본다'는 소문은 쌀과 한국인의 관계에 대해 많은 것을 시사해준다. 당시 쌀수입은 극심했던 식량난을 해결하기 위한 것이었지만 외국 쌀 수입은 조선 민중의 격렬한 저항에 직면해 군대의 경호를 받은 끝에야 들어올 수 있었다. 외국 쌀 도입으로 쌀농사를 망칠 것이라는 우려가 적지 않게 작용했겠지만 무엇보다도 쌀 수입에 격렬하게 저항한 근본적인 이유는 쌀에 대한 한국인들의 전통 관념 때문이었다. 지금으로부터 불과 100여 년 전의 한국인들은 쌀을 음식 이전에 '민족의 혼'이자 '생명줄'로 인식하고 있었다. 쌀은 곧 한국인이고, 한국인은 곧 쌀이었다. 궁극적으로 쌀을 한국인 그 자체로 인식하고 있던 당시 한국인들에게 외국 쌀 도입은 기존의 전통가치를 크게 흔들고 한국인들의 정체성을 심각하게 훼손시키는 일이었다.

한국인의 삶에서 떼어놓고 설명할 수 없었던, 그렇게 소중했던 쌀이 오늘날 안락사 위기에 처해 있다. 위기의 원인은 두 가지다.

하나는 지속해서 빠른 속도로 줄어들고 있는 쌀 소비량이다. 식생활의 서구화로 인해 입맛이 달라지고 과거에 비해 먹을 게 많아졌다고는 하지만 쌀이 다이어트에 효과가 있고, 쌀 중심의 전통 식단이 최고의 웰빙 식단이며, 대학 입시에 시달리는 청소년들에게는 아침밥 한 그릇이 두뇌 회전에 도움을 줘 학습효과를 높인다는 주장이 나와도 한국인들은 요지부동이다.

소비량 감소가 내우라면 외환은 쌀 시장 개방이다. 시장 개방은 한국 쌀이 직면한 위기의 본질적인 요인이다. 시장 개방에 맞서 한국 쌀은 불리하게 돌아가고 있다. 국제 시장에서 가격 경쟁력을 상실했기 때문이다. 쌀값이 생계비에서 차지하는 비중이 줄어들어 쌀 선택의 우선순위가 가격에서 맛과 안정성 중심으로 이동하고 있는 추세라고는 하지만 가격 경쟁력 상실은 치명적일 수밖에 없다. 그래서 일각에서는 '한국 쌀의 죽음'을 예측하는 우울한 전망마저 나오고 있다.

한국 쌀의 앞날을 가장 비관적으로 만드는 것은 한국 쌀을 대하는 일반 국민의 달라진 정서와 태도일 것이다. 이렇듯 한국 쌀이 유사 이래 최대의 위기에 직면한 상황에서 쌀이 한국인들에게 어떤 존재였는지를 알 수 있었다.

3. 시사점

내가 이 책을 왜 읽고 있는 것일까? 여러 이유가 있겠지만 내가 '쌀의 역사와의 싸움'을 읽을 수 있었던 큰 동인은 농군의 자식이라는 실존적 자각이었던 것 같다. 만약 내가 농사꾼의 아들이 아니었다면 어떻게 됐을까. 아마도 이 책은 세상 구경을 하지 못했을 가능성이 크다. 일평생을 쌀농사 짓는 데 투자하며 풍족하지는 않았지만 별 부족함 없이 칠남매를 키워내신 아버지와 여전히 쌀 한 톨을 생명처럼 귀하게 여기시는 어머니께 감사하고 싶다.

앞으로 이를 바탕으로 농업인조합원교육 및 직원교육 시 활용하고 자료화하여 현재 진행되고 있는 식사랑 농사랑 운동과 접목시킬 필요가 있다고 생각된다.

오늘날 쌀밥식탁을 멀리하고 있는 청소년들에게'쌀과 한국인'은 어떤 관계였는지를 되돌아볼 수 있는 소중한 자료로 활용할 수 있겠다. 동시에 한국 쌀의 소중함을 곱씹어볼 수 있는 기회로 제공할 수 있으리라 생각된다.

세계 식량 파동이 발생하면 어떻게 대처하여야 하는지, 진정한 식량안보 차원에서 쌀을 지켜야 한다는 국민적 공감대를 위해 농협이 어떻게 준비해야 하는지를 교육원에 근무하면서 농업인 교육을 담당하고 있는 교수로서 고민하고 연구하여야 한다는 것이 이 책이 나에게 준 시사점이다.

포도시 포도를
사랑하고

1. 선정 동기

본 도서는 해병대 사령부 정보국 특무대 서울 분장실 경력을 시작으로 국회의원 비서관, 영남화학 비서실장을 지냈던 작가가 나주시 금천면 신가리로 귀농을 해서 겪었던 이야기를 기록한 책이다.

특히 농사 이야기와 포도 농사 정보를 농사일지형식으로 접목시켜 농업인의 일상을 생생히 기록한 책으로서 본인으로 하여금 농업과 농촌을 이해하는 새로운 계기가 될 것 같아 본 도서를 독서학습 도서로 선정하게 되었다.

2. 내용 요약

■ 귀농과 쌀 과학영농단지 회장을 맡으며

저자는 1982년 모든 공직활동을 끝으로 고향인 전남 나주시 금천면 신가리로 귀농을 하게 된다. 귀농 4년 차인 1986년에 나주군 과학영농단지 회장을 맡으면서 본격적으로 쌀 다수확 생산에 전력을 다한다. 이듬해 전국 최초로 쌀겨 유기농법을 도입하여 1997년에 이르러 300평당 654kg의 수확량을 기록하여《농민신문》에 게재되기도 하였다. 그러나 우루과이라운드로 쌀시장이 개방되면서 쌀 재배면적 확대와 생산량 증대로는 소득에 한계가 있음을 깨닫게 된다.

■ 포도 농사 시작

저자는 포도 과수원 1,200평을 구입하여 포도 농사에 전념하게 된다. 포도 농사를 시작하자 마을 사람들은 과수 중에 관리가 가장 어려운 포도를 선택했느냐며 우려를 표했지만 저자는 하면 된다는 신념으로 포도에 대한 지식을 얻기 위해 농촌지도소와 원예연구소를 쫓아다녔고, 전국의 선도 농가를 직접 방문하여 포도 농사를 배우기 시작하였다. 그러나 경험 미숙으로 노력의 대가에 비해 많은 문제를 겪게 된다.

벼농사 알거름으로 사용하던 염화가리를 포도의 열매가 맺은 후 추비로 6월 중순경에 살포한 것이 포도 껍질을 연약하게 만들어 터져버리는 실패를 하고, 포도 뿌리가 천근성인 것을 감안하지 않고 밭에 짚을 깐 것 등은 경험부족에서 온 실수였다. 이처럼 여러 가지 문제가 있었음에도 면적 대비 쌀농사보다는 배 이상의 소득을 올릴 수 있었던 것은 다행스러운 일이었다. 이후 저자는 포도나무 한 그루 한 그루에 일련번호를 매기어 관리를 하고, 토양을 개량하기 위해 마을 전체에서 배출되는 연탄재의 8할을 수거하여 연간 5톤 정도를 8년간 운반하여 투입하였고, 매년 포도나무 지주 부근에 약 10kg의 황토를 2년간 투입하여 땅과 나무를 건실하게 만들어갔다.

■ 이제는 친환경 농법이다

하지만 탄저병과 호랑하늘소 벌레가 지속적으로 발생되어 농약 살포 횟수는 점점 늘어났다. 결국 모든 작물이 그러하듯이 내병성을 강화시키기 위해서는 토양 미생물을 배양하고, 제초제 사용을 금하고 화학비료를 거의 줄이는 친환경농법을 도입하는 길 외에는 대안이 없다는 것을 깨닫게 된다. 그래서 1993년 5월에 토양검사를 농촌지도소에 의뢰하여 분야별 검증을 받은 다음 과다, 미흡한 분야를 점진적으로 개선해나가기 시작했다. 노지포도원은 친환경인증을 받기가 쉽지 않다는 주변의 만류가 있었지만 땀 흘려 가꾼 결실을 모든 사람이 안심하고 먹을 수 있고, 제값을 받기 위해서는 친환경인증을 받는 것은 필수사항이었다. 결국 2002년 3월 26일 친환경인증을 신청하여 2002년 7월 6일 친환경 농산물 인증서를 받게 되었다. 저자는 스스로 열심히 하면 불가능은 없고, 하늘은 스스로 돕는 자를 돕는다는 속담을 되새기게 된다.

3. 시사점

지금 우리는 한-EU FTA, 한 - 미 FTA가 발효되었고, 한 - 중 FTA 체결 협상
도 진행 중이다. 우리 농업이 송두리째 흔들릴지도 모를 일이다. 저자가 처음
에 쌀농사에 전념하다 우루과이라운드 등으로 쌀시장이 개방되자 쌀농사보
다 경쟁력이 높은 포도 농사로 전환했듯이, 우리 농업인들도 시대의 흐름을
잘 읽고 변화해나가는 것이 중요하다.

특히 신세대들의 소비형태가 웰빙(Wellbeing)과 안전을 중요시하는 소비 형
태로 변화함에 따라 친환경 농산물과 고품질, 저비용 농사기법은 우리 농업
인들이 가야 할 길이다.

이 책은 농업인 교육을 담당하고 있는 교직원에게 잔잔한 감동과 농업인의
생활을 생생하게 전해주는 계기가 되었다. 특히 저자의 농업에 대한 투철한
프로의식과 도전정신은 다른 농업인들에게 귀감이 될 만하고, 우수 사례로
전파하기에 충분하였다. 저자는 농업인이 땅과 작물에 쏟아 붓는 애정과 노
력은 그대로 소비자에게 전달되어 소득 증대로 돌아온다는 것을 일깨워주고
있다. 즉, 땅은 거짓말을 하지 않는다는 말이 있듯이 적은 노력으로 큰 수확
을 기대하는 투기적 심리로 농사를 짓는 것은 결국 자신뿐만 아니라 한국 농
업발전에도 저해요인이 된다는 주장을 농업인들에게 전해야 되겠다.

21세기 신사유람단의
밥상 경제학

1. 선정 동기

한국농업이 급변하고 있다. 한 – 미 FTA를 너머 한 – 중 FTA가 코앞에 와 있는 상황이다. 죽느냐 사느냐 하는 기로에 있는 것이다. 이에 농업인들의 의식이 조금씩 바뀌고 있다. 국민의 사랑을 받으며 살아남으려는 프로의식을 가진 농업인들이 농업경영자가 되어야 한다는 불씨가 조금씩 퍼져나가는 현상이 곳곳에서 포착되고 있다. 과거의 농업에 대한 개념의 범주를 크게 확장하여 생산, 유통, 가공, 판매, 농작업, 체험, 농가민박, 농가의 전통요리판매, 소비자와 생산자의 교류, 농촌경관과 전통문화의 상품화 등을 더하여 6차 산업으로 확대되어야 할 상황이다. 이러한 상황에 시의적절하게 우리 농업에 접목할 수 있는 다양한 일본사례를 제시하고 있는 본 도서를 선정하게 되었다.

2. 내용 요약

이 책은 4장으로 구분되어 있다.

1장은 대지에 희망을 심어라, 2장은 농자천하지대본 신화, 3장은 지역을 살리는 리더에겐 철학이 있다, 4장은 여성이 세상을 주도한다 등 4개의 제목으로 되어 있으며 각 장에는 농업성공사례, 농협성공사례, 지역 활성화 성공사례, 인력창출 성공사례의 다양한 사례를 들어 기술하고 있다. 이들 내용 중 농업 디즈니랜드, 사이보쿠 농업공원의 성공사례를 보면 1975년 단 6평에 불과한 돼지고기 판매점으로 출발한 사이보쿠는 점진적으로 규모가 커져서 지금은 농업 관계자뿐만 아니라 일반 경제계에서도 주목하는 농업을 중심으로 한 성공적인 테마파크, 즉 디즈니랜드로 성장했다. 소비자들은 사이보쿠에 발을 딛자마자 자기도 모르게 정신적·육체적으로 평안함이 느껴진다고 한다. 입구에 들어서면 넓은 초원과 꽃이 연중 피어 있고, 사람들은 벤치에 앉아 정담을 나누거나 소시지를 맛본다. 사사자키 사장은 '푸른 목장에서 식탁까지'라는 경영슬로건을 내세우고 있다. 지금은 한발 더 나아가 새로운 시대에 적응할 수 있는 '농업 디즈니랜드'를 구상하고 있다. 지역주민들의 휴식장소인 농림 공원을 만들고, 농축산물 물산관, 식품관, 꽃과 관엽식물 온실, 도서관, 돼지 박물관 등의 창설을 기획하고 있다. 결국 사이보쿠에서는 농업의 전 부문에서 생산, 판매, 서비스까지 제공하고 낙농의 관점에서 여유로움과 평안함을 제공하는 이상향을 구상하고 있다.

3. 시사점

사이보쿠의 끊임없는 발전은 고객의 의견을 수용한 결과이다.

식사할 곳이 필요하다는 이야기를 듣고 식당을 만들었고, 고기를 팔고 있으니 채소류도 팔면 좋겠다는 이야기를 듣고 채소 직매장을 만들었으며, 물건을 사는 동안 어린이들의 놀이터가 필요하다는 이야기를 듣고 세 마리의 새끼돼지를 방사한 '돈돈하우스'를 만들었다. 사이보쿠는 단순한 농업이나 양돈테마파크가 아니다. 농업과 식생활을 밀착시켜 새로운 생활문화를 제공하는 문화형 농업 단계에 와 있다.

종래의 생산 중심 농업만 생각하면 농업은 소비자와 거리가 점점 멀어지고 농업의 밝은 미래도 사라지게 된다. 이제 농업은 생활론적 농업으로 접근해야 발전을 도모할 수 있다. 어느 산업이든 그 분야에 전문가가 없다면 밝은 미래를 기대할 수 없다. 농업도 예외가 아니다. 일본 농업인들은 프로의식을 가지고 외국농산물과 경쟁하고 있으며 농정을 탓하거나 수입업자를 비난하기 전에 스스로 자립할 의욕을 갖고 길을 찾아야 한다고 생각하고 있다. 한국과 일본 사이에 FTA가 논의되고 있는 요즈음 우리 농업인들이 일본농업과 농민들의 변화를 제대로 이해한다면 좋은 기회를 얻게 될 것이다. 우리 농업의 큰 발전을 위해 이웃이자 경쟁국인 일본의 농업에서 받아들일 것은 받아들이고 버릴 것은 버리는 것도 필요하다.

위기의 밥상,
농업

1. 선정 동기

본 도서는 원시시대 농업의 발생부터 근대 이전의 농업을 성찰하고, 세계화에 따른 농업의 위기와 미래 농업의 대안을 원론적 차원에서 제시한 책이다. 나는 본 도서를 통하여 현재 우리 농업의 문제점을 농업의 가장 근본적이고, 기초적인 부문에서부터 점검하여 대안을 찾아보고자 이 도서를 선정하였다.

2. 내용 요약

농업은 최초의 경제활동이었고, 지배계층과 전쟁을 만들었다. 원시 수렵사회에서는 사냥에 필요한 최소한의 인원만 모여, 그날그날 먹을 사냥만 하면 되는 사회였다. 이후 약 1만 년 전부터 원시농업을 시작하면서 인류는 비옥한 땅을 찾아 모여 살기 시작했고, 비옥한 땅과 비축해놓은 식량을 차지하기 위하여 전쟁을 시작한다. 전쟁의 역사가 시작되면서 군인과 지배계층이 생기게 되고, 농경지를 지키고 군대를 유지하기 위하여 세금(곡식)을 거두기 시작하고 농민을 지배하기 시작한다.

■ 농업을 포기한 아이티와 필리핀

1993년 우루과이라운드 협정이 타결되면서 밀, 옥수수에 이어 쌀조차 전 세계 수출입 품목으로 되어버렸고, 미국 등 주요 식량 수출국들은 집요하게 시장개방을 요구했다.

결국 라틴아메리카의 아이티는 1995년 수입쌀의 관세를 35퍼센트에서 3퍼센트로 낮추게 되었다. 한때는 자급률 100퍼센트가 넘어 쌀 수출국이던 아이티 쌀 산업은 쌀시장 개방에 따라 붕괴되고 지금은 국제 곡물가격에 따라 국가의 존립을 걱정하는 최빈국이 되었다. 또한 필리핀도 1995년에 WTO에 가입하면서 자유무역 정책을 채택하게 된다. 농업지원정책철회와 정부의 지원을 받아 저가 공세를 펼치던 미국산 옥수수는 동아시아 최대 쌀 생산국이자 수출국이던 필리핀조차 2008년도에 쌀 부족 사태를 발생시켜 필리핀 수도 마닐라에서 폭동이 일어나게 만들었다. 결국 아이티와 필리핀은 한때 국가경제의 버팀목이던 농업을 포기하면서 농업이 황폐화되어 버렸고, 지금은 후진국으로 몰락하고 말았다.

■ 녹색혁명이 시작되면서 농업인들을 위기로 몰아넣었다

1960~1970년대 들어 화학비료와 농약 개발, 품종개량을 통해 전 세계는 녹색혁명을 맞이하게 된다. 농업 수확량이 대폭 늘어나면서 곡물가격이 하락하게 되고, 정부의 농업에 대한 지원이 줄어들면서 농업인들은 점점 위기에 처하게 된다. 우리나라도 통일벼 개발 등으로 식량자급률은 높였지만, 농산물 가격 하락과 외국의 싼 농산물 수입에 따라 농업수지가 악화되어 농업을 포기하는 농업인들이 해마다 늘어나게 되었다.

■ 이제는 식량 위기가 시작된다

1970년대 들어 농업에 대한 적극적인 투자로 식량 부족문제가 해결되자 세계 각국에서는 농업에 대한 관심과 중요성이 식기 시작하였다. 1975년부터 1990년까지 곡물 생산량이 소비량을 웃돌아오던 것이 1995년을 정점으로 소비량이 생산량을 웃돌기 시작하여 2008년도에는 진 세계직으로 식량부족 파농을 겪게 된다. 이후 중국과 인도의 경제성장으로 육류소비증가에 따른 식량작물 재배면적 감소, 옥수수의 바이오 에너지 전환 등으로 식량 재고율은 위태로운 상황이 지속되고 있다. 또한 세계 곳곳에서 빈번히 발생하고 있는 기상이변과 오존층 파괴는

가뜩이나 위태로운 식량 재고 부족상태를 부추기고 있다.

- 유전자 조작 농산물 확산이 다가온다

세계의 메이저 곡물회사들은 다국적 종자회사를 거느리며 유전자 조작 농산물을 개발하고 있다. 그러나 많은 환경단체나 소비자 NGO 단체들의 반대에 부딪쳐 유전자 농산물을 확산시키지 못하고 있다. 결국 메이저 곡물회사들은 부족한 식량 재고율을 틈타 식량 부족상태를 유도할 것이고, 전 세계적인 식량 부족상태는 유전자 조작 농산물의 확산을 당연시하게 될 것이다. 결국 전 세계 곡물시장을 지배하고 있는 메이저 곡물회사들은 유전자 조작 농산물을 기반으로 하여 송자, 비료, 농약, 곡물까지 지배하게 된다.

- 대안은 친환경 농업이다

농산물은 풍년이면 물량이 남아 가격이 곤두박질치고, 흉년이면 다른 나라에서 수입하여 대체하거나, 물량이 부족하여 수익을 올릴 수 없다. 이로 인하여 정도의 차이는 있으나 어느 나라 농업인이든 어려움을 겪고 있다. 또한 수확량을 늘리기 위해 농약과 화학비료의 무분별한 사용으로 소비자들은 먹을거리에 대한 불안감이 가중되고 있다.

3. 시사점

이 책에서 보듯이 농업인들은 비료와 농약사용에 따른 과도한 비용발생으로 생산비가 높아 이익이 없고, 소비자들은 비료, 농약으로 재배된 농산물의 안정성을 걱정한다. 해답은 '식(食)사랑 농(農)사랑 운동'과 유기농법이다. 도시민과 농업인에게 농업의 중요성을 알리고, 국민적 공감대를 이끌어내는 것이 경제논리에 몰린 농업을 살리는 길이다.

쌀과 육식문화의
재발견

1. 선정 동기

이 책은 '우리 것'이 우리 것인 이유를 좀 더 과학적이고 논리적으로 체계화시키는 데 목적을 두었다. 그리고 현상의 본질을 파헤치는 데도 신경을 쓴 것 같다. 내가 이 책에 대해 집착하는 이유는 다음과 같다. 너무나도 당연한 이야기 같지만 서구사상은 우리 것이 아니고, 또 우리 사회가 너무나도 빠르게 서구화되고 있기 때문이다. 나는 이 책을 통하여 현재 우리 모두가 자기 것을 잃어버린 채, 포장된 세대를 살아가면서 대립과 모순, 갈등에 지친 사람들에게 어떤 희망을 줄 수 있는지 그 대안을 찾아보고자 이 책을 선정하였다.

2. 내용 요약

『쌀과 육식문화의 재발견』은 크게 5부로 구성되어 있으며 멈출 줄 모르는 서구화, 동서양 식생활과 문화, 환경의 파괴, 식량과 식량문제에 대한 오해, 한국의 식량문제 등에 대해 자세한 내용을 다루었다.

■ 멈출 줄 모르는 서구화

우리는 왜 서구문화에 늘 눌려 살아야만 하는가. 그리고 언제까지 그렇게 살 것인가. 대한민국 국민이라면 한번쯤 생각해보아야 할 문제들이다. 말도 그렇고, 입는 옷도 그렇고, 먹는 것도 그렇다. 엄연히 우리 땅인데도 우리말보다는 영어를 더 잘해야 되고, 티셔츠도 한글보다는 알파벳이 들어간 것이 더 잘 팔린다. 레스토랑에서는 우리의 전통인 쌀밥이나 김치보다는 뷔페나 스테이크를 먹어야 사람대집을 받는다. 그리고 서울의 특급호텔에는 한식당이 사라진 지 이미 오래다. 왜 그럴까.

그것은 다름 아닌 수입사상(輸入思想) 때문이다. 수입사상이 우리 문화를 내몰고 있는 것이다. 다시 말하면 수입사상에 묻혀 들어온 서구 문화들이 우리의 전통을 내몰고 있는 것이다. 또 다른 이유가 있다. 수입사상이 들어오는 것은 어쩔 수 없었다고 하더라도 우리 국민이 수입사상과 맞서 싸울 수 있었더라면 하는 아쉬움이다. 그러나 우리는 수입사상에 너무나도 쉽게 무너졌다. 수입사상과 대립해온 전통사상(傳統思想)이 처참하게 패한 것이다.

■ 동서양 식생활과 문화

서구문화는 일부 엘리트 계층에 의해 묻혀 들여온 수입사상이다. 우리의 필요에 의해 들여온 문화가 아니다. 그렇다면 여기서 다음과 같은 의문이 생길 수 있다. 설령 일부 엘리트들이 묻혀 들여왔다 하더라도, 우리 사회가 이에 맞서 거부할 수 있었더라면 하는 아쉬움이다. 그러나 현실은 그렇지 못했다. 그 반대였다. 너무나도 쉽게 무너졌다. 그렇다면 수입문화의 대중화(大衆化)와 관련하여 우리 것을 지켜내는 데 우리 사회구조는 어딘가에 문제가 있었다는 것이다. 이러한 문제의식에서 볼 때, 서구사상을 막아내지 못하고 또 저항할 수도 없었던 것은 우리나라 사회구조와 국민의 의식이 식생활과 관련되어 있다고 본다.

■ 환경은 왜 파괴되는가?

사람들이 자연파괴나 공해에 대해서 많은 말들을 하면서도, 정작 공해 발생의 원인을 이론적으로 밝혀낸 마르크스나 리비히에 대해서는 까맣게 모르고 있다. 특히 마르크스는 이미 150년 전에 왜 자연이 파괴되며 공해가 발생하는가를 자연순환(自然循環)의 원리에 입각하여 명쾌하게 밝혀냈다. 리비히 역시 당시 유럽사회를 지배하던 자연사상을 가지고 환경이 파괴되는 원리를 과학적으로 밝혀냈던 인물이다.

이와 같이 많은 사람이 환경파괴나 공해에 대해 언급하면서도 마르크스나 리비히에 대한 이야기가 없었냐고 하는 것은, 우리나라 공해 연구가 너무나도 단편적이고, 또 현실 고발에 치우쳐 공해(公害)의 본질을 놓치고 있었다는 데 그 원인이 있다. 다시 말하면 한국 학계의 무지와 철학의 빈곤에 그 원인이 있는 것이다.

- 식량과 식량문제에 대한 오해

식량은 어디에서 오며, 그 근원은 어디인가? 그리고 어떻게 만들어지는가? 이러한 물음에 우리는 당황하게 된다. 식량이 생명을 지켜주는 중요한 수단임에도 불구하고 우리의 식량에 대한 인식은 너무나도 안이했기 때문이다. 이러한 무관심은 우리뿐만 아니라 식량문제를 연구하는 연구자들조차도 마찬가지였다. 식량은 씨앗을 뿌리고 비료만 주면 저절로 얻어지는 것처럼 단순하게 생각했다. 그리고 그 본질을 파헤쳐보려는 문제의식도 없었다.

식량은 씨앗에서 나오는 것도 아니고, 저절로 얻어지는 것도 아니다. 근본적으로 식량은 태양(太陽)으로부터 온다. 태양빛과 물, 이산화탄소(CO)가 화학적 반응을 일으켜 식량이 되는 것이다. 다시 말하면 우리가 소비하는 식량은 태양빛인 물리적(物理的) 에너지가 탄수화물인 화학(化學)에너지로 변환된 형태이다. 이러한 관점에서 식량이 오는 경로의 추적은 앞으로 지구의 식량문제를 해결하는 방안으로서 하나의 단초를 제공해줄 수도 있을 것이기 때문이다.

- 한국의 식량과 식량문제

우리나라는 식량이 매우 부족한 나라이다. 국내에서 생산한 곡물로는 우리나라 전체 소비량을 26퍼센트밖에 충족시킬 수 없는, 절대적으로 식량이 모자라는 식량부족국가다. 그러면 우리나라 식량부족 현상은 어떤 상태이며 또 수급의 측면에서 볼 때 어떤 요인에 의해 발생하고 있는

가? 그 내용을 구체적으로 살펴보면, 한국의 식량문제에 대해 대안을 찾

그밖에도 식량부족으로 인해 발생하는 우리나라 국민 1인당 곡물수입

이 세계 1위라는 사실에 주목하여 그 내용을 함께 검토해보고, 넓게는

국제적 시각에서 우리나라 식량문제를 검토해본다면 더 현실적인 대안

을 찾을 수가 있을 것이다.

3. 시사점

나는 이 책이 무엇보다도 '우리 것'이 우리 것인 이유를 정확히 이해하는 데 도움이 되었다고 생각한다. 이러한 이해는 민족의 정체성을 확립하고, 개인의 주체성을 지켜주며, 더 나아가서는 우리나라가 당당하게 세계무대로 진출하는 밑거름이 되어줄 것이다. 또 개인적으로는 자신의 개성을 한층 더 높여줄 것이다.

이 책은 단순히 흥미 본위로 쓰이지 않았다. 그렇기 때문에 말을 함부로 하지도 않았고 되도록이면 자료에 최대한 충실하려는 저자의 노력을 엿볼 수가 있었다. 또 일상 우리가 알고 있는 지식의 단편들을 자료를 중심으로 철저하게 검증하여 그 인과관계(因果關係)를 밝히려고 노력했다. 다시 말하면 사회현상의 과학화(科學化)를 통해 인간들의 지식을 좀 더 풍요롭게 승화시켜 보려고 했다. 그리고 이 책을 통하여 우리가 일반적으로 분류하고 있는 학문, 즉 인문과학과 사회과학, 그리고 자연과학의 세계를 통합하여 학문의 보편화를 추구해보려고 했다. 학문 간의 대립을 피하고 독자들에게 보편적인 지식을 제공하기 위해서이다. 그렇기 때문에 이 책에는 여러 분야의 개념이 등

장한다. 역사학을 비롯하여 경제와 사회, 물리, 화학, 농학 등 식량과 식생활에 관련한 모든 학문이 등장하고 있다. 그만큼 이 책은 독자들에게 종합적이고 일반적인 지식을 한꺼번에 제공하고 있다고 생각된다.

농업 농협 논리 및
논술론

1. 선정 동기

세상에서 가장 강한 것은 말이고 글이다. 넘쳐나는 단어 중에서 몇 마디만 꼭 집어 말하고 써야 한다면 어떤 단어들을 골라야 할까. 아무리 아는 것이 많아도 3분 안에 설명을 못 하거나 시간 내에 쓰지 못한다면 허당이다. 짧은 시간 내에 상대방을 설득해야 하므로 논리구성이나 논술에 세심한 주의를 기울여야 한다. 특히 농업·농촌·농협 관련 테마들은 더더욱 그렇다. 과거 배고픈 시절에는 농업의 주된 역할이 값싼 식량의 안정적 공급이었다. 하지만 오늘날 농업·농협의 역할은 다원적 기능으로 전환되고 있다. 식량의 안정적 공급을 통한 식량안보, 국토 및 환경의 보전, 지역사회의 유지, 전통 및 문화의 보전, 인간교육의 장 등 농업과 농협의 역할은 그야말로 다원적이고 복잡하다. 이 책은 그 결정적인 시간 안에 순발력 있게 상대를 설득시킬 수 있는 내용으로 요약되었기 때문에 논리 및 논술 실용서로서 매우 적합해서 이 책을 선정하였다.

2. 내용 요약

『농업 농협 논리 및 논술론』은 크게 3부로 구성되어 있으며 농업 핵심 찍기, 협동조합 플러스 이해, 논리 및 논술 실행 프로세스 등에 대해 자세한 내용을 다루었다.

- **농업 핵심 찍기**

  농업은 인간이 생존하는 데 필수적인 식량을 생산하는 기본적인 역할과 함께 홍수조절·대기 및 수질 정화·토양 침식 방지·기후순화 등의 환경을 보전하는 다양한 기능을 갖고 있다. 이를 경제 가치로 환산하면 67조 6,632억 원에 달한다.

  과거 농업은 식량을 생산하는 하나의 산업으로만 인식되어 왔다. 그러나 최근 들어서는 농업의 가치를 더 넓게 해석하는 연구가 진행되고 있다. 우루과이라운드(UR) 협상에서도 농업의 다원적 기능을 인정해 각국이 농업을 보호해야 하는 당위성을 확보하게 되었다.

  우리나라의 연간 농업생산액은 쌀 8조 원을 포함해 35조 원 정도가 된다. 그러나 농업이 유지됨으로써 얻는 경제적 가치를 농촌진흥청은 농업생산액의 배에 가까운 67조 6,632억 원(논 56조3,993억 원, 밭 11조 2,638억 원)으로 분석하고 있다.

  해마다 겪는 자연재해 중 가장 큰 것이 장마나 태풍의 호우로 인한 홍수피해다. 논과 밭은 일시적으로 비를 저수하여 홍수를 예방한다. 특히 논은 논둑이 있어 홍수예방 능력이 크다. 홍수조절 효과는 논이 44조

3,149억 원, 밭 7조 2,215억 원으로 평가된다.

땅은 자연스럽게 물을 저장할 수 있는 보고이며 특히 논농사는 물을 가두어서 농사를 짓기 때문에 지하수와 하천수를 풍부하게 해준다. 이에 따른 경제적 효과는 논 1조 7,694억 원, 밭 528억 원에 달한다.

농업은 수질정화 효과도 크다. 하천과 지하수의 오염물질을 양분으로 이용하면서 수질을 깨끗하게 정화한다. 이를 환가하면 2,977억 원이다.

농업은 식물의 광합성 작용을 통해 대기 중의 이산화탄소를 흡수하고, 산소를 방출한다. 이러한 대기정화 기능의 가치는 논이 7조 1,845억 원, 밭이 2조 7,435억 원에 달한다.

논을 비롯한 농경지는 여름철 도시에서 발생하는 열을 흡수해 온도가 상승하는 것을 막아준다. 이를 기후순화 효과라고 하는데 경제적 가치는 논 1조 3,020억 원, 밭 4,850억 원이다. 1cm 두께의 흙이 만들어지기 위해서는 약 200년이 걸린다고 한다. 우리나라는 집중호우가 많고 논밭의 경사가 심해 토양 침식의 우려가 아주 높다. 그러나 논은 하천으로 쓸려갈 흙을 막아주는 토양침식 예방 효과가 있어 그나마 다행이다. 이를 환가하면 논 1조 5,069억 원, 밭 7,610억 원이다.

농업은 유기성 폐기물을 분해하여 토양을 보전해주는 눈에 보이지 않는 중요한 역할을 하는 동시에 각종 조류와 야생동물의 먹이를 제공하고, 자연 생태계의 중요한 서식처 역할을 하고 있다. 이러한 기능들은 경제적으로 환가가 불가능한 무형의 가치이다.

■ 협동조합 플러스 이해

협동조합 이념이란 협동조합 운동의 지배적인 가치와 규범·신념 및 이상 등을 포함한 주체적 의지의 표현으로, 협동조합이 지향하는 최고 가치와 지도정신을 의미한다. 지금까지 협동조합 사상가와 운동가들에 의해 주장되고 실천되어온 협동조합 이념으로는 '상부상조의 협동정신', '자조·자주·자립의 이념', '평등·비영리·공정의 이념' 등이 있다. 우리 농협의 경우에는 '자조·자립·협동'을 농협의 3대 이념으로 삼고 있다. 이 중 협동은 농협의 중심 이념으로 막연히 힘을 합친다는 사전적 의미가 아니라, 같은 목적을 달성하기 위해 힘을 모아 공동의 성과를 얻고자 하는 구체적 행위를 말한다.

협동이념이 잘 구현되기 위해서는 무엇보다 서로에게 이익을 줄 수 있는 자득타득(自得他得)의 상부상조 정신이 필요하게 되는데, 이는 조합원 서로에게 도움이 되지 못하는 협동은 별다른 의미가 없기 때문이다. 이러한 이념은 우리가 잘 알고 있는 '일인은 만인을 위하여, 만인은 일인을 위하여'라는 말 속에 잘 표현되어 있다.

또한 '자조이념'은 자득타득의 상부상조 정신의 전제조건으로 작용하게 되는데, 이는 서로 돕는다는 것은 자신의 일을 해결하는 자조의 바탕 위에서만 가능하기 때문이나. 즉, 협농조합을 통해 '자조 → 자득타득의 상부상조 → 바람직한 협동이념 구현'의 관계가 형성되는 것이다.

또한 농협 운동은 외부의 원조나 지원으로 이뤄지는 것이 아니라 조합원 스스로 자신들의 문제를 해결하고 개선하는 데 그 목적이 있으므로

'자립'을 농협의 이념으로 삼고 있는 것이다. '자립'은 외부 간섭이나 지배에서 벗어나 올바른 협동조합 운동을 전개해나가기 위한 전제조건이기도 하다.

협동조합 이념은 협동조합을 운영하는 기본 원리이자 기반이다. 조합원은 협동조합의 이념을 중심으로 결집되고, 협동조합 이념을 바탕으로 협동조합 운동을 전개하고, 협동조합 운영에 참여하게 되는 것이다.

따라서 협동조합 이념이 전체 조합원들 간에 명확하게 공유될 때는 협동조합 운동이 조합원의 적극적인 참여를 불러일으켜 활발하게 전개되지만, 그렇지 못할 경우에는 협동조합 운동이 침체되거나 협종조합의 존립 자체도 위협받을 가능성이 많다. 그렇기 때문에 우리 농협은 지속적인 교육을 통하여 임직원과 조합원 모두가 이와 같은 협동조합 이념을 항상 명확하게 공유할 수 있도록 지속적으로 관심과 노력을 기울여나가야 한다.

■ 논리 및 논술 실행 프로세스

논리 및 논술 실행 프로세스는 다음과 같은 장점이 있다.

① 문제해결의 과정과 단계별 활동을 설명할 수 있다.

② 사업추진 시 발생하는 문제유형을 파악하고 문제를 정의할 수 있다.

③ 문제의 상황과 구조를 분석하여 근본원인을 파악할 수 있다.

④ 문제에 적합한 해결안을 개발하고 선정할 수 있다.

⑤ 문제해결을 위한 실행계획을 수립할 수 있다.

⑥ 발생 가능한 잠재문제를 분석하여 문제를 사전 예방할 수 있다.

3. 시사점

면접을 볼 때도, 프레젠테이션을 할 때도, 공무원을 만날 때도, 농업과 농협에 관한 논술시험을 볼 때도 짧은 시간 안에 논리를 펴야 한다. 이 책에서는 그 결정적인 시간 안에 순발력 있게 상대를 설득시킬 수 있는 내용으로 요약되어 있다. 아울러 마지막 장에서는 효과적인 논리 및 논술 기법을 적용시켰다.

이러한 이해는 개인의 논리 및 논술 능력을 배가시켜 주리라 확신한다. 이 책에 실린 Problem-Based Learning 기법은 패러다임의 전환(paradigm shift)이라는 용어처럼 학습자 중심의 교육 패러다임에 변화를 가져올 것이다. 이러한 변화에 맞춰 PBL은 구성주의적 학습원칙에 의거한 교수 – 학습모형으로서 학습자의 학습과정에 대한 적극적 참여(구체적 학습목표 설정, 학습내용과 방향 결정 및 평가에 참여)를 강조하고 있다. 또한 PBL이라는 용어에서 알 수 있듯이, 기존의 교과서 중심의 강의전달방식과 달리, 학습자의 실제 생활과 밀접하게 관련된 복잡하고 비구조적인 '문제'와 PBL에서 제시하는 '문제해결도구'를 사용하여 학습을 진행하는 것이 특징이다.

사실 과거 배고픈 시절에는 농업의 주된 역할이 값싼 식량의 안정적 공급이었다. 하지만 오늘날 농업·농협의 역할은 다원적 기능으로 전환되고 있다. 식량의 안정적 공급을 통한 식량안보, 국토 및 환경의 보전, 지역사회의 유지, 전통 및 문화의 보전, 인간교육의 장 등 농업과 농협의 역할은 그야말로 다원적이고 복잡하다. 이에 농촌은 농업생산과 농업인만을 위한 닫힌 공간이 아닌 전 국민을 위한 열린 공간으로 발전해나가고 있으며, 이를 위한 비전과 전략도 세워지고 있다. 이는 농업과 농협의 역할이 생활공간, 경제공간,

환경 및 경관공간으로 볼륨이 그만큼 확대되고 있다는 증거다.

이 책은 대학교 교재용 및 농업 관련 취업준비생과 신입직원을 위한 베스트 필수교양모음으로 엮어져 있다. 아울러 한 번 읽고 바로 써먹는 논리 논술의 비법이 실려 있는바 농업·농협 논리 및 논술 관련 학습지침서로 큰 도움이 될 것으로 생각된다.

힐링경제 실천가들

3장의 일부는 한국농수산대학 졸업생인 젊은 농부들의 이야기와
모형숙 기자님의 글을 발췌하여 보완하였음.

박천창[1]

한마음으로 미래를 꿈꾸는 마을—능길 마을

해마다 정월이 되면 마을 앞마당이 시끌벅적하다. 바로 '깃고사' 준비 때문이다.

200여 년 전통의 이 행사는 마을 주민 모두 함께 준비하고 정성을 다해 차례 의식을 치른다. 하늘과 땅과 조상님에게 지나온 시간을 감사드리고 다가온 한 해를 푸른 하늘빛 희망으로 가득 채운다.

주민 모두 한마음으로 높이 솟은 깃발을 바라보며 더 나은 미래를 약속하고 준비한다. 덕유산 줄기의 작은 고장이 우리 농촌의 희망을 보여줄지도 모르겠다. 스스로의 힘으로 전국 최고의 경쟁력을 갖춘 농촌 마을이 되었다. 아름다운 꿈을 키워 나가는 능길 마을로 여러분을 초대한다.

---

1. 주소 : 전라북도 진안군 동향면 능금리 능길 마을, 특징 : 2003년부터 도농교류 농촌체험사업 시작

능길 마을

심훈 선생님의 『상록수』라는 소설이 있다.

동혁과 영신이라는 젊은 두 주인공이 고향으로 돌아가 농촌을 계몽하기 위하여 노력한다. 두 주인공의 순수하고 헌신적인 모습은 일제강점기의 어두운 현실 속에 새로운 희망의 모습으로 많은 사람에게 용기를 준다.

2013년 우리 농촌의 현실은 새로운 '상록수'를 간절히 기원하고 있을지 모르겠다. 우루과이라운드로 시작된 현실의 움직임은 FTA 협정으로 이어지며 분노의 울분을 넘어 좌절과 체념의 모습으로 이어지고 있다.

십수 년 전, 한 젊은이가 고향인 이곳 능길 마을로 돌아왔다. 대도시에서 직장생활을 하며 평범하고 안정적으로 살고 있던 현재 능길산골학교의 대표이다. 그의 생각은 한결같았다. 농업과 농촌은 우리 사회 삶의 뿌리를 이루는 곳으로 절대 포기할 수 없는 것이라 생각하였다. 도시 또한 자연의 혜택과 삶의 기본인 먹거리를 생산하는 농업과 농촌 없이는 존재할 수 없다고 확신하였다. 그는 농촌 현실의 대안이 '지역'과 '공동체'에 있다고 생각하였다. 이미 가지고 있어도 알지 못하였던 자원과 가치를 다시 생각해보며 외부에의 의존을 줄이고 지역민이 중심이 되어 삶의 방향을 스스로 선택하고 실천해 나가야 한다고 마을 주민들에게 이야기하였다.

마을의 발전을 위해서는 좀 더 많은 정부의 지원을 받는 것이 가장 중요한 것으로 여기던 지역민들에게 결코 쉬운 일이 아니었음은 너무도 당연한 이야기다. 하지만 그의 노력에 올바르고 현명한 마을 사람들은 마음을 모았다. 해마다 '깃고사'에 모두 모여 한마음으로 기원하듯, 힘을 모아 마을의 잠재적 가치를 발견하고 살기 좋은 곳으로 바꾸어 나갔다.

능길 마을은 도시화된, 관광객들을 위한 마을 개발을 단호히 거부한다. 마을 주민이 원하는 마을 발전을 생각하고 정부지원사업도 마을 주민의 생각이 일치할 때만 추진한다. 농산물 가공 공장의 운영과 생산물의 도농 직거래를 통한 마을 연간 수입은 이미 10억 원 이상이 되었다. 시작한 지 4년 만의 기록이다. 마을의 폐교를 이용한 '능길산골학교'를 중심으로 하는 마을 방문객 수도 연간 2만 명 이상이다. 53가구, 150여 명의 주민들이 사는 덕유산 자락, 해발 350미터에 위치한 작은 농촌 마을의 놀라운 기록이다.

마을체험 프로그램도 단순히 흥미 위주로 구성하지 않는다. 도시민들의 일과성 체험에서 그치지 않고 체험을 통하여 새로운 삶의 공간으로 선택할 수 있는 표본지역으로 성장하는 것이 마을의 목표다. 방문객들은 잘 정비된 '능길산골학교'의 숙박 공간에 머무르며 다양한 체험 프로그램 속에서 자연스럽게 농촌 마을의 현실을 바라보고 미래를 준비하는 능길 마을의 모습을 느낄 수 있다.

새로운 희망의 깃발이 능길 마을 깃고사의 높은 깃대에 펄럭이며 우리 농촌의 미래를 밝게 한다. 2013년, 새로운 상록수의 이야기다.

박천창 마을대표

능길 마을은 능(능할 능) 길(길할 길)을 쓰고 있으며 모든 일이 잘된다는 뜻의 이름을 가진 마을로서 능길 마을을 다녀가시면 모든 일이 잘될 것이다. 이 마을은 전형적인 산촌형 마을로서 마을 앞에는 백두대간 덕유산에서 발원한

구량천이 굽이돌아 용담댐으로 흐르는 훌륭한 자연과 환경이 살아 있으며 농촌다움을 유지하려 항상 노력하고 있다.

능길 마을 체험여행 일정표

	시간	일정
1일차	오전~12:00	출발 → 전북 진안군 능길 마을 도착(서울 기준 3시간 소요)
	12:00~12:30	환영인사와 마을 소개
	12:30~13:30	점심 식사-마을에서 준비한 시골밥상으로
	13:30~14:30	마을 둘러보기(마을의 상징 소나무, 원두막, 풍력 발전기 등) 마을회관 들러 인사하기
	14:30~16:30	오리농법 농사체험 또는 황토 염색, 물놀이, 고기 잡기
	17:30~18:30	저녁 식사-친환경 농산물로 정성껏 준비
	18:30~19:30	전통 민요 배우기
	19:30~21:00	저녁 체험(모닥불에 감자, 고구마 구워 먹기) 능길 마을 이야기 듣기
	21:00~22:00	청정 지역에서만 보는 반딧불이 관찰하기
2일차	08:00~08:30	마을 산책
	08:30~09:30	아침 식사
	09:30~10:30	체험 프로그램-새끼 꼬기, 여치 집 만들기
	10:30~11:30	우리 음식 만들어 먹기-떡메치기, 두부 만들기
	11:30~12:00	마을 출발, 진안 마이산 도착
	12:00~16:00	중식 후, 마이산 등반(암마이봉, 숫마이봉, 탑사 등)

* 계절별, 일정별 프로그램 조정 가능

- 봄 : 야생화 관찰, 산나물 채취, 달래 캐기, 냉이 캐기, 오리 입식 축제
- 여름 : 감자·옥수수 수확, 다슬기 잡기, 산골여름학교 운영
- 가을 : 고구마 캐기, 벼 베기, 밤 줍기, 과일(한방 배, 포도) 따기, 허수아비 만들기, 메뚜기 잡기, 야생표고버섯 채취
- 겨울: 연날리기, 썰매타기, 쥐불놀이, 황토방 쑥 찜질
- 연중: 천연염색, 삼림욕, 마을 전통가옥 둘러보기, 산골체험학교, 황토 찜질방 운영

능길 마을의 현재, 그리고 꿈꾸는 미래

2004년 '농촌마을가꾸기' 대상 수상, 2005년 농림부 '우리 농업 희망 찾기' 현장정책 우수상 수상, 박천창 마을대표 2004년 농민의 날 대통령상 수상, 2001년 팜스테이마을 지정, 2002년 녹색농촌 체험마을 지정, 2004년 자연생태 우수마을 지정, 2004년 대체에너지 시범마을 지정, 2005년 정보화마을 지정, 일본·유럽·호주 선진지 농촌 연수, 방송 50여 회, 언론 200여 회 등, 능길 마을의 기록들은 너무도 화려하고 많다. 마을을 찾기 전, 외부에 알려진 능길 마을의 이야기들은 과거 새마을운동의 성공 사례처럼, 방문객들에게 현대화의 모습으로 가득 찬 마을의 모습을 기대하기 쉽게 만든다.

하지만 처음 찾는 사람들에게 보이는 마을의 모습과 느낌은 폐교를 이용한 능길산골학교와 마을회관의 단정하고 소박함 외에는 너무도 평범한, 작고 조용한 마을의 모습에 의아스럽기까지 하다. 오히려 밤 10시 이후에는 마을의 차량 통행을 마을 스스로 자제하고 구판장 등의 판매 시설도 문을 닫아 외진 산골에 들어와 있는 것 같은 착각마저 생길 정도다.

능길 마을 사람들이 생각하는 농촌의 발전과 미래는 '도시화'나 '현대화'의 모습이 아니다. 오히려 기존의 마을 생태와 환경을 잘 보존하고 관리하며 능길 마을의 농업 생산물도 무농약과 유기농 경작으로 재배하여 품질에서 경쟁력을 갖는 것을 목표로 한다. 마을에서 생산된 질 좋은 농산물들은 도시의 기업 등 단체들과 적극적인 결연행사 등의 교류를 통하여 직접적인 홍보를 한다. 전국 어느 곳에서라도 마을과 소비자 간의 직거래를 가능하게 만드는 방식을 도입한 것이다.

이러한 능길 마을의 체계화된 방식은 농산물의 생산이라는 1차 산업, 단순 가공의 2차 산업과 더불어 농촌마을의 방문과 체험관광으로 이어지는 농촌 서비스의 제공이라는 3차 산업의 구조까지 더해져 마을의 모습을 탈바꿈시켜 놓았다.

방문객들에게 식사, 숙소 등을 제공하고 그들의 요구사항에 맞는 서비스를 준비한다는 단순하고 수동적인 일반 관광지역과 다를 바 없는 기존 농촌 체험마을의 운영을 능길 마을은 과감히 탈피하였다. 농촌마을 체험을 통하여 방문객들이 새로운 삶의 공간으로 농촌을 선택할 수 있도록 유도할 수 있는 표본지역의 역할을 하는 것이 능길 마을의 장기적인 목표이다.

이러한 마을의 중·장기 계획을 체계적으로 추진하기 위하여 능길 마을은 분야별 전문가 50여 명으로 구성된 자문위원단을 선정하고 그들의 전문 지식을 통한 마을 가꾸기에 노력하고 있다. 작은 농촌마을 스스로 외부 전문 인력으로 구성된 자문위원단을 선정한 것은 보기 드문 사례일 것이다.

마을 구성원들의 실질적인 소득증대를 위한 마을 운영도 선진적이다. 오리 입식 농사 체험행사, 하천 가꾸기 체험행사, 주말농장 운영 등의 활발하고 연속성을 가진 도농교류활등의 진행, 마을 내 공장에서 생산되는 인진쑥엑기스, 한방 배즙, 호박 배즙 등 특화된 고부가가치 농산물 가공품 개발 등을 통하여 주민들의 실질적 소득 증대를 창출하고 있다.

앞으로도 진행될 능길 마을의 미래 또한 다양성과 희망으로 가득해 보인다. 사상체질별로 차별화된 숙박과 식사를 제공하는 민박형 숙소 운영, 마을 콘도와 농촌형 실버타운의 건설, 마을 전체를 연결하는 순환형 자연 학습 동선의 개발 등을 계획하고 추진함으로써 도시 문명의 '대안'으로 자리매김 되는 농촌 마을을 만들기 위하여 노력하고 있다.

능길 마을 운영의 중심－능길 체험학교

마을에 들어서면 가장 먼저 황토 빛 가득한 능길 체험학교가 눈에 들어온다. '산골학교'라는 정식 명칭의 이곳은 능길 마을 체험의 중심지역이다. 많은 농촌 체험 마을들이 마을회관이나 마을민박 등 기존의 마을 시설물들을 체험행사장으로 사용하는 형태라면 이곳 능길 마을의 체험학교는 제대로 격식을 갖춘 숙박시설이자 실내외 체험장의 역할을 담당하고 있다.

능길 산골 체험학교 내부시설

과거 능길 초등학교 시설을 기초로 황토로 내·외벽을 바르고 시설물들도 용도에 맞도록 깔끔히 정리하였다. 실내 시설도 용도에 따라 다양한 크기의 방들로 개조하여 구성하는 등, 가족단위의 여행객이나 대규모 단체 방문객들이 그 목적에 따라 독립성을 유지하며 시설을 사용할 수 있도록 구성되어 있다.

편의 시설로는 체험객이 직접 사용 가능한 주방과 다용도실, 욕실 등이 내부에 마련되어 있다. 더하여 천연염색 공예, 단체객들의 세미나 등의 용도에 적절한 강의실이 준비되어 있으며 단체 활동에 필요한 강당도 마련되어 있다.

체험학교 외부공간

능길 체험학교의 진정한 멋스러움은 외부공간에 있다. 운동장 공간은 녹색의 잔디밭으로 잘 가꾸어져 있으며 이곳에서 방문객들은 족구, 캠프파이어 등 다양한 체육활동을 마음껏 즐길 수 있다. 운동상의 한 곁에는 옛 모습대로 지은 이층 원두막과 짚으로 지붕을 덮어 더욱 운치 있는 단층 원두막이 있어 농촌체험학교의 분위기를 살리고 있으며, 단층 원두막의 넓이가 꽤 넓어서 추운 계절을 제외하고는 야외 강당과 같은 역할이나 기타 사람들이 모이는 장소가 된다.

특히 저녁 늦은 시간, 운동장 원두막에 둘러앉아 맑은 공기와 깨끗한 밤하늘의 정취에 빠져 모닥불에 감자, 고구마를 구워 먹으며 마을 어르신들의 옛이야기를 청해 들어보는 것은 결코 잊을 수 없는 추억거리가 될 것이다.

체험학교의 뒷마당에는 다른 마을에서 좀처럼 볼 수 없는 이색 시설이 있다. 황토와 돌을 재료로 하여 마을에서 가까운 마이산의 모양을 본떠 만들어진 황토 찜질방이 예쁘게 자리 잡고 있다. 찜질방 바닥에는 마을에서 생산되는 인진쑥을 깔아 더욱 몸에 좋은 웰빙 시설로 마을 주민들과 방문객들이 함께 건강관리를 할 수 있도록 준비되어 있다.

능길 체험학교의 또 다른 모습

잊지 말고 둘러보아야 할 것 한 가지! 이곳 체험학교의 시설물은 모두 1KW급의 자그마한 풍력 발전기를 설치해 전기를 공급받고 있다. 바람 많은 고지대의 지리적 특성을 잘 살려 한발 앞서는 친환경적 시설물을 설치한 것이다. 작은 부분까지 앞서 나가는 능길 마을의 모습이다.

능길 마을 체험 프로그램 – 다양함과 자유로움의 만남

능길 마을 체험의 특징

능길 마을의 프로그램들은 다양성과 함께 '자유로움'이라는 단어로 대표될 수 있을 것 같다.

많은 농촌 체험 프로그램들에는 마을에서 정해놓은 시간과 일정이 있고, 무조건 그 틀에 따라 행사가 진행되곤 하는 모습을 볼 수 있다. 이에 비해 능길 마을의 체험 프로그램들은 다양한 내용을 방문객들에게 제시하고 원하는 체험 내용에 맞추어 일정을 진행하는 방식을 택한다. 상투적인 체험보다는 스스로 만들어가는 체험 시간으로 좀 더 편안한 마음으로 마을과 농촌을 배우고 이해할 수 있도록 하는 것이 능길 마을의 체험 진행이다.

마을을 찾기 전, 체험 담당자에게 숙박, 식사 예약과 더불어 반드시 방문기간에 알맞은 체험 프로그램에 대한 조언을 듣고 희망하는 프로그램들을 논의해 사전 준비를 해야 하겠다.

다양한 체험 프로그램의 준비

농촌 체험 마을들에서 프로그램 진행에 가장 어려움을 겪는 겨울 프로그램을 살펴보아도 짚으로 새끼 꼬기, 논에서 연날리기, 고구마 구워 먹기, 팽이치기, 썰매타기, 쥐불놀이, 황토방에서 쑥 찜질하기, 천연염색, 전통 민요 배우기 등 다양한 프로그램들이 준비되어 재미있고 의미 있는 체험을 즐길 수 있도록 하고 있다. 특히 천연염색 프로그램은 능길 마을이 자랑하는 체험거리의 하나이다. 다른 여러 마을에서 진행되는 프로그램이지만, 이곳의 천연염색은 체험학교의 실내 공간과 잔디 운동장의 야외 공간 모두를 활용하여 전문가의 진행으로 체험 이후 생활에서 실제 입거나 사용할 수 있는 제대로 된 체험용품을 만들 수 있다.

전통 민요 배우기 또한 전문성을 갖춘 프로그램으로, 농촌 마을의 늦은 저녁시간 우리의 전통 가락을 전문가의 지도로 배워볼 수 있는 시간을 가진다. 또한 가야금과 장구 등 우리 전통악기도 준비되어 있어 배워볼 수 있다. 능길 마을에서는 '국악한마당' 교실이 여러 회차에 걸쳐 진행되기도 하였다.

마을의 평이한 자연환경을 자원으로 최대한 활용하고 있는 점도 돋보인다. 마을 뒷산에 산책로를 개설하고, 마을 앞을 흐르는 개천에는 징검다리를 놓아 물고기를 관찰할 수 있도록 하였으며 물레방아와 원두막도 도시에서 찾아오는 방문객들에겐 색다른 관찰거리가 된다.

마을 어르신 모두가 체험학교 선생님

이러한 마을의 체험 프로그램은 능길 체험학교를 중심으로 마을 주민들의 적극적이고 분업화된 참여를 통하여 진행되고 있다. 마을 부녀회는 유기농으로 준비되는 식사와 메주 – 된장 담그기, 두부 만들기, 천연염색 등 고유의 생활 전통 체험의 진행을 담당하고 있으며 마을 청년회는 해외연수와 유기농 연구 등의 경험을 바탕으로 마을 및 마을 주변의 체험 자원을 발굴하고 프로그램 진행을 주도적으로 담당하고 있다. 이곳 능길 마을의 어르신들은 '게이트볼 동호회'를 결성하여 여가시간에 활발한 활동을 하며 체험객들과 함께 게이트볼을 즐기기도 하는 등 젊은이들 못지않은 정력을 보이신다. 마을의 전통과 단합을 주도하는 마을의 가장 큰 힘이 되는 분들이다.

단체 행사에 완벽하게 준비된 마을

단체의 특성에 알맞은 숙소와 넓은 운동장, 강당과 황토 찜질방 등의 시설, 다양한 프로그램이 준비되어 있는 능길 마을의 체험 활동은 개별 방문객뿐 아니라 기업체 등 수많은 단체의 캠프, 워크숍 등의 진행장으로 정평이 나 있으며, 전라북도 진안의 이 작은 마을이 항시 찾아오는 손님들로 홍겹고 북적이게 만드는 큰 요인이 되고 있다.

근처에 진안의 명산 마이산이 우뚝 서 있다

마이산은 전북 진안군에 위치한 전국적인 명산이다.

높이 673미터의 암마이산과 667미터의 숫마이산으로 형성된 명산이다.

봄에는 안개를 뚫고 나온 두 봉우리가 쌍 돛배 같다 하여 돛대봉, 여름에 수목이 울창해지면 용의 뿔처럼 보인다고 용각봉, 가을에는 단풍 든 모습이 말의 귀 같다 해서 마이봉, 겨울에는 눈이 쌓이지 않아 먹물을 찍은 붓끝처럼 보여 문필봉이라 한다.

높이는 그리 높지 않아도 마이산의 모습은 참으로 예사롭지 않다. 두 신선이 이곳에서 자식을 낳고 살다 하늘로 오르는 새벽에 서로 다투어 등을 지고 앉았다는 전설이 있는데, 산의 모습을 보고 있노라면 비록 전설이라 하지만 진안군 쪽에서 보면 정말 동편 아빠봉에 새끼봉이 둘 붙어 있고, 서편의 엄마봉은 반대편으로 고개를 떨구고 있는 모습이라 새삼 감탄을 자아내게 한다. 조선시대부터 그 신비한 모습과 영험한 기운으로 전국적인 명성이 있던 곳이라 한다.

자연의 걸작이 마이산 자체라 한다면 마이산에는 인간이 만든 걸작이 또 있으니, 마이산 탑사의 돌탑무리이다.

자연석을 차곡차곡 쌓아놓은 수많은 돌탑이 장관을 이룬다. 한 선사가 불심의 마음을 모아 쌓기 시작하였다는데 돌탑들은 태풍에도 흔들리기는 하나 무너지지 않는 신기를 보이고 있다. 탑들을 보면 양쪽으로 약간 기울게 쌓여 있는 것을 볼 수 있는데 이는 바람의 방향을 고려하여 축조한 것이라 한다.

또한 마이산 안에서 물을 떠놓으면 고드름이 하늘로 솟는 신기한 현상이 나타나는데, 풍향, 풍속, 기온, 기압 등의 복합적 영향이라 추측될 뿐, 아직도 정확히 왜 이런 현상이 나타나는지 밝혀지지 않았다고 한다.

마이산에 봄이 오면 약 1.5킬로미터의 산등성이 전체가 벚꽃으로 가득 채

워져 장관을 이룬다. 진안군청은 벚꽃이 만개하면 해마다 '마이산 벚꽃축제'를 열어 그 아름다움을 알린다.

능길권역 자립을 위한 3대 동력 및 새로운 도전과 미래 비전

첫째, 사람만이 희망이다. 귀농귀촌을 통한 지역 활성화를 도모하기 위해 능길권역 내 전원마을인 새울터를 조성하는 데 지역주민이 적극 협조하여 2006년 능길권역 농촌종합개발사업이 확정되면서 능길권역 내 전원마을인 새울터 조성이 탄력을 받아 진행되었고, 진안군청의 적극적인 협조로 2007년 6월 착공식을 하였으며, 2008년 8월부터 입주가 시작되어 2009년 8월 31가구 중 27가구가 입주를 완료하여 준공식을 진행했다. 능길권역은 1990년부터 20여 년 동안 300여 가구가 귀농하였으나 현재 80여 가구가 정착해 살고 있고 귀농보다는 귀촌을 유도하고 있으며 그동안 "귀농인의 집", "귀농귀촌 현장교육장" – "자연과 사람들"농업 법인을 구성하여(귀농인 7명, 현지인 2명) 부지 17,000평을 구입하여 진행 중이다. "소규모로 5~10가구 정착을 위한 귀농 정책"을 건의하고 현장에서 진행하고 있다.

둘째, 에너지 자립이다. 능길권역은 2002년 능길 마을 20년 장기 발전을 수립 시 20년 내에 에너지 자립 마을을 준비하였고, 에너지 자립을 위해 2006년 10월 (주)상남태양열과 1사 1촌 자매결연을 통해서 꾸준히 준비해 오고 있다. 능길권역에 능길산골체험학교에는 풍력발전기, 태양광 발전기, 태양열 온수기, 심야전기보일러, 전기보일러, 전기발전기를 설치하여 에너지를 절약하는 한편, 대체에너지 교육인 2009 도농교류 친환경 체험사업을 대산농촌문화재단, (주)강남태양열, 능길권역 산골체험학교에서 2009년 7월~10월까지 진행하였다. 능길권역 계획수립 단계부터 총비용의 10%를 대체에너지 시설에 투입하기로 하여 복지시설에 태양열 온수기, 심야전기, 화목보일러를 설치하여 유지 관리비를 50%까지 절감하고자 노력하고 있으며, 장류체험장 및 친환경 자재생산 시설에도 태양열 시설을 하여 유지관리비를 절감하고 교육장으로 활용하고 있다.

셋째, 일자리창출이다. 능길권역은 농촌의 새로운 사회적 일자리 사업을 통해서 지역 활성화를 꾀하고 있다. 마을사업 초기인 2002년도 컨설팅 시부터 컨설팅 직원을 상주시키면서 인건비를 컨설팅회사와 마을이 공동부담(일의 역할에 분할하여)하여 진행해오면서 정책제안을 하여 2005년에 농림식품부에서 시행하고 2006년도 진안군에서는 마을간사제도 시행해오고 있다. 마을사업을 시행해오면서 2003년부터 무진장 체험마을 네트워크의 필요성을 인식하고 세미나를 2003~2009년까지 5회를 개최하였고, 2005년도에는 농림식품부 주관 "우리 농업 희망 찾기 정책공모"를 하여 우수상을 수상하였으며, 2009년 5월 (사)무진장 좋은마을 네트워크를 설립하여 노동부로부터 2009년 7월 모델 발굴형 예비 사회적 기업으로 인증되었다. (사)무진장 좋은마을 네트워크에 21명을 배정받아 같은 문화권, 같은 생활권인 무주, 진안, 장수군에 특색 있고, 같이 참여하는 마을, 영농조합, 농장 등이 참여해서 비용을 절감하고 새로운 지역의 자원을 결합한 마을 만들기에서 한 단계 업그레이드한 지역 만들기 사업을 진행하면서 귀농·귀촌인의 능력을 접목하고 지역주민의 삶의 질을 향상시키기 위해 작은 도서관을 유치하여 운영하는 한편 새로운 일자리를 창출해서 더불어 같이하는 새로운 모델을 만들어 잘사는 농촌지역을 만드는 데 노력할 것이며, 목표이다.

넷째, 새로운 도전이다. 능길권역은 2007~2008 원어민 영어캠프, 2008년도 아토피프 2회, 2007~2008 한여름밤 귀농귀촌 축제 2회 등을 농림식품부, 농협에서 사업안 및 공모사업으로 진행, 지역개발사업을 사회적 기업에 연계해왔으며, 농촌 활성화를 위해서 새로운 도전을 하여 새로운 모델을 정착시키고자 한다. 일을 시작하면서 "5년은 준비하고, 5년은 시행하고, 다음 10년 뒤에 평가받자"는 생각과 각오로 진행하고 있다.

김민구[2]

친환경 농업과 팜스테이로 승부

충남 보령시 청라면 장현리에서 10대째 농사를 짓고 있던 김민구(32) 씨는 고등학교를 졸업한 뒤 아버지와 함께 쌀농사 2만 평을 지었다. 언론이나 농업기술센터를 통해 소개되던 친환경농법에 대해서 관심이 생겨 보령시 4-H 친환경연구회를 만들어 모였지만, 자신들이 농사에 대해서는 실제 알고 있는 게 없다는 사실만 확인하게 되었다. "5월에 이양을 시작하는데, 준비단계가 한 달이예요. 씨앗 소독, 발아, 못자리 등 단계가 많은데 이런 것은 생각

---

2. 주소 : 충청남도 보령시 청라면 장현리, 특징 : 도농의 상생을 도모하는 10대째 농사꾼

지도 않고 5월 되면 아버지가 시키는 대로 모만 심으면 되는 줄 알았던 거죠.”

20일 동안 농장 12곳을 돌아보다

1999년 민구 씨는 스물다섯에 수학능력고사까지 쳐서 한국농수산대학 식량작물과에 입학했다. 농사 40년 지으면 농업 박사라고 하지만 이는 농사를 오랫동안 지어 생긴 감각이다. 민구 씨는 농업의 원리와 지식을 알고 싶었다. 스스로 필요성에 의해 입학한 민구 씨는 일분일초가 아까웠다. 수업 시간 진지하게 임하는 것은 물론 교수님이나 농촌진흥청 관계자들을 부지런히 쫓아다니며 질문을 해댔다.

“종자는 어떻게 채종합니까?”

“친환경농법의 문제점은 뭐라고 생각하십니까?”

기본적인 지식에 교수님들의 생각까지 인정사정없이 묻곤 했다. 또 전공 외에도 궁금한 점이 있으면 망설이지 않고 찾아다녔다. 특용작물과 유리 온실, 다른 전공 강의까지 청강을 하며 돌아다녔더니 잘 모르는 학생들은 민구 씨를 교수님으로 착각할 정도였다고 한다. 민구 씨처럼 호기심 많고 학구열이 높은 동기 5명과 스터디 그룹을 만들어 농업진흥청에서 하는 세미나, 시장조사 등 시키지 않는 공부까지 알아서 했다. “많이 돌아다녔어요. 소비자들이 실제 원하는 것을 알아보기 위해 백화점에 가서 설문조사도 하고.”

민구 씨가 실습 나간 홍성 환경농업마을은 오리농법 전도사라 불리는 주형로 씨가 대표로 있는 곳으로 마을 전체가 환경농법으로 농사를 짓고 그것을 매개로 해서 도시의 사람들을 불러들이는 곳이다. 이 마을은 민구 씨가 그리는 꿈의 마을이기도 하다. 실습 기간 동안 마을 사람이 되어 낮에는 농사일 하고 밤에는 막걸리 마시며 많은 이야기를 나눴다. 민구 씨가 궁금했던 점은 환경농업마을이 되기까지의 과정이었다. 뻔히 예상되는 일이지만 기존의 농법으로 농사를 지어온 어르신들에게 환경농법은 생소했을 것이다. 마을 사람들이 어떻게 변화해서 모두가 환경농법으로 농사를 짓게 되었는지, 이 점이었다.

실습을 마치고 학교로 돌아 온 민구 씨는 큰일을 벌였다. 다른 대학의 학생들이 농촌사랑국토대장정을 하고 있는 것이다. '농촌사랑'이라고 하면 한국농수산대학인데 정작 한국농수산대학에서는 국토사랑대장정을 하고 있지 않았다. 뭐, 농촌이 터전인지라 굳이 장정을 하지 않아도 될 일이지만. 타 대학 학생들이 하는 농촌사랑국토대장정을 한국농수산대학 학생들이 하지 않아서야 되겠냐는 심정으로 일을 벌인 것이다.

민구 씨는 농촌사랑국토대장정 한국농수산대학 제1대 대장이다. 학교 현장 교수들의 농장이 국토대장정의 코스가 됐는데, 준비 기간만 해도 4개월이 걸렸다. 최고의 포도 엑기스를 만들어내는 농장이 코스에 포함되어 있으면 그에 대한 자료 수집부터 하면서 철저히 공부를 했다. 20일 동안 버스나 기차를 타고 걸어 농장 열두 곳을 다녔고, 그동안 학교에서 배운 것을 정리하고 농업에 대해 진지하게 생각하는 시간이었다.

쓰라린 실패의 추억, '유기 흑염소'

고향으로 돌아와 농사를 짓는데 아버지의 태도가 달라지셨다. 학교 다니기 전에는 환경농법에 대해 말도 꺼내지 못하게 하셨는데, 민구 씨가 2만 평 중 1만 평을 오리농법으로 짓겠다고 하자 찬성을 하셨다. 민구 씨가 학교에서 공부한 3년 동안 환경농법이 많이 알려진 탓도 있었지만 제대로 공부하고 돌아온 아들을 신뢰하신 것이다.

기존의 농법대로 1만 평, 오리농법으로 1만 평 농사를 짓는 데 아무런 문제가 없었다. 오리농법으로 지은 쌀은 좀 더 나은 가격을 받고 팔 수 있었다. 쌀농사에서 나오는 매출액은 연 7,500만 원 정도이다.

학교 다니면서 농촌에서 쌀농사 외 소득을 올릴 수 있는 방안에 대해 연구해왔던 민구 씨는 '유기흑염소' 사업을 구상했다. '유기농 사료를 먹인다고 하지만 축사에서 키우는 소와 돼지도 유기축산이라고 하는데, 흑염소야말로 유기 축산 아닐까.' 산지가 많은 한국 지형에 방목할 수 있는 가축이 흑염소이다. 흑염소가 소나 돼지보다 널리 보급되지 않는 이유는 얻을 수 있는 고기의 양이 적기 때문인데 이 점을 보완한다면 유기 흑염소로 승부를 걸어볼 수 있겠다는 판단이 섰다.

2003년 졸업한 그해 학교 동기와 유기 흑염소 사업에 착수했다. 호주산 흑염소 패럴종을 들여와 한국산 흑염소와 육종을 시켰다. 새끼는 잘 자랐는데 문제는 유기 흑염소 인증제도가 없었다. 유기 인증을 받지 못하면 '말짱 꽝'이다. 관공서를 뛰어다니며 설득을 했지만 소용이 없었다. 이 대목에서 민구 씨는 대한민국 공직사회는 아직도 많이 변해야 된다고 강조했다. 민구 씨는 아직도 이해가 되지 않는다. '흑염소는 왜 유기인증을 받을 수 없단 말인가.' 어쨌든 학교 동기와 야심차게 시작한 민구 씨의 첫 사업 '유기흑염소'는 실패로 돌아갔다. 6천만 원도 함께 사라졌다. 학교 동기도 고향으로 쓸쓸히 발길을 돌렸다.

이제는 함께 일을 했던 학교 동기가 자리를 잡아 안정적으로 농사를 짓고 있지만, 떠나보내던 그날을 생각하면 지금도 가슴이 쓰라리다.

도농 간 교류에 눈뜨다, 팜스테이

민구 씨는 낙담하지 않고 다음 사업으로 넘어갔다. '팜스테이'였다. 민구 씨의 집은 오서산 명대계곡 길목이다. 또 대천 해수욕장이 승용차로 15분 거리다. 관광객들을 끌어들이기 충분한 입지조건이다.

2004년부터는 '팜스테이'를 하기 위해 본격적으로 움직였다. 농협에서 1억 원을 융자받았다. 이전에 살았던 옛집을 두 채로 분리했다. 황토방을 만들고, 벽난로도 넣고, 부엌은 크게 만들어 조리기구까지 마련해 손님들이 직접 밥을 해 먹을 수 있도록 했다.

마당에는 잔디를 깔고 연못도 만들었다. 논에 물을 대 썰매장도 만들었다. 체험학습장 겸 박물관도 한 채 지었다. 이미 많은 곳에서 시행한 체험학습 프로그램을 탈피하기 위해 유산양과 털 깎는 양을 들여왔다. 초등학생들 대상으로 하는 체험학습 프로그램에서 요구르트와 치즈를 만들기 위해서는 유산양이 필요했고, 보는 것만으로도 신기하고 직접 털까지 깎을 수 있는 털북숭이 양이 있으면 좋을 것 같았다.

민구 씨가 직접 짠 팜스테이 체험 프로그램이다. 봄에는 나물 캐기, 자기 나무 심기, 야생화 관찰, 오리농법 농사 체험. 여름에는 천연염색, 명대계곡에서 물놀이, 옥수수, 감자, 마늘, 고추 등 농산물 수확 체험. 가을에는 허수아비 만들기, 은행, 밤, 토란 등 농산물 수확 체험, 겨울에는 아궁이 군불 때기, 황토 도자기 만들기, 썰매 타기 등이다. 연중 가능한 프로그램으로는 유산양 젖 짜고 치즈 만들기, 디딜방아 찧기, 제기차기, 짚신 만들기, 새끼 꼬기, 계란 꾸러미 만들기, 면양 털 깎기 등이다.

팜스테이 사업은 성공적이었다. 하루 이용 가능한 인원을 40명으로 시작한 2004년 첫해 다녀간 인원은 500여 명이지만, 해마다 손님이 20~30% 늘고 있기 때문에 민구 씨는 '성공'이라고 자부한다. 어른들은 체험 프로그램을 그다지 좋아하지 않지만 아이들은 다르다. 교육상 매우 필요하기도 하다. 좀 더 다양화·차별화시킨다면 불황을 타지 않는 사업이 될 것 같다.

농촌체험 프로그램이 정착되어야 농산물 제값 받아

한국농수산대학에 다니기 전, 아버지를 도와 농사지을 때도 억척을 부렸던 민구 씨였다. 농한기 때는 산에 벌목하러 다니고, 우유 배달도 다녔다. 장현리에서 10대째 농사를 짓고 부농이라고 할 수 있는데도 민구 씨는 하루 10시간씩 잠 안 자고 일을 했단다.

"돈이 목적이 아니라 농촌에서 산다고 어영부영 시간을 보내고 싶지 않았어요."

자신의 노동을 잘 조직하는 민구 씨이지만 아직 마을 사람들을 조직하지는 못했다. 민구 씨는 홍성 환경농업마을처럼 자신만 성공하는 것이 아니라 마을의 농가 전체가 성공해야 된다고 보는데 마을 사람들은 쉽게 마음을 열지 않는다.

"우리 집이 팜스테이를 하니까 밤에도 불을 환하게 켜놓잖아요. '니네 집은 왜 환하냐? 너 혼자 잘 사냐?' 이런 식이예요. 아이들이 캠프 와서 플래시를 들고 시골길을 다니면 어르신들이 나와서는 '전쟁 났냐?'고 소리를 치시기도 합니다."

마을 주민들에게 팜스테이에 대해 설명하고, 같이 하자고 설득을 하기도 하지만 당장에 돈이 들기 때문에 망설이시는 것 같다고…….

"앞으로 정부 지원이 따라 주고, 제가 이끌어나간다면 가능할 거예요. 마을 전체가 팜스테이를 하게 되면 점심은 밥을 맛있게 하는 농가에 가서 먹고 오후에는 오리농법으로 농사짓는 논에 가서 체험하고 이런 식으로 마을 전체를 도는 거죠." 잠들기 전 한두 시간은 책상 앞에 앉아 공부하고 기록을 한다는 민구 씨. 최근 적어 놓은 글 가운데 환경 농업에 대한 문제의식이 담긴 글도 있다.

'친환경농법이 널리 보급이 된 것은 다행이지만 유기농 쌀이 포화 상태가 되고 소비자들은 신뢰도를 의심하는 지경이 되어 제값을 받지 못한다.' 이를 해결하는 방안도 민구 씨는 팜스테이라고 생각한다. 놀러 온 손님이 체험 프로그램을 통해서 어떻게 친환경 쌀을 만드는지 직접 보면 신뢰도가 생길 것이고 그 자리에서 구입을 하면 직거래가 된다. 이렇게 되면 그야말로 일석이조, 도시 사람들은 안전한 먹거리 먹어 좋고, 농촌은 수입 올려 좋고. 또 한 가지, 민구 씨가 하고 싶은 사업이 있다. 도 - 농 간 문화센터이다. 학교 다닐 때 동기들과 계획서까지 만들었던 사업인데, 폐교된 초등학교를 임대해 환경농법 연구, 농업 체험을 통한 생태교육, 문학인과 만남, 농업과 철학 강의 등 프로그램을 마련해 도시 사람들도 불러들이고, 마을 사람들도 다양한 교육을 받을 수 있는 기회를 갖게 된다.

돈보다 시간이 더 중요해

아버지가 돌아가시고 홀로된 어머니는 막내 민구 씨가 기특하기도 하고 안쓰럽기도 하다. 민구 씨의 큰형은 현대자동차 노동자, 작은형은 에버랜드 동물조련사, 누나는 미국으로 이민 가서 자리 잡고 잘 살고 있다.

체육대학을 가고 싶어 하던 막내였다. 낙방을 하고는 서울서 몇 달 재수 생활을 하다 아버지 곁에서 농사지었던 막내다. 답답하기도 했으련만 군소리 한 번 하지 않고 농사짓다 공부해서 농사 제대로 지어보겠다던 착한 막내다.

땅 있겠다, 팜스테이 잘 되겠다, 큰 걱정이야 없지만 그래도 추운 날 바깥을 뛰어다니며 일하는 막내를 보면 그냥 안쓰럽다. 어머니는 방 안에 편히 앉아 계시지 못하고 잔디밭에 삐죽이 나온 잡초라도 뽑으며 일을 만들어 하신다.

어머니는 민구 씨가 하는 일에 조금이라도 도움을 주고 싶어 민박 손님들이 식사를 해주기를 원하면 맛깔스러운 시골 밥상을 차려내 주신다. 이때는 민구 씨의 아내 정재경(26) 씨도 거든다. 솜털이 보송한 어린 아내이기에 농사일보다는 각종 서류작업을 도와주는데 이 역시 민구 씨에게는 큰 힘이 된다.

불도저처럼 밀어붙이는 민구 씨는 지구 온난화 현상으로 날씨가 따뜻해져 얼음이 얼지 않는다며 자신의 땅 중에서 가장 응달을 찾아 굴착기를 대동해

썰매장을 만드느라 여념이 없었다. 한시도 일을 하지 않고는 못 배기는 민구
씨다.

김영규[3]

친환경 농업과 팜스테이로 승부

충북 보은군 삼승면에서 쌀농사를 지으며 사과과수원을 운영하는 김영규
(30) 씨와 민해진(29) 씨 부부는 한국농수산대학 동문이다. 영규 씨는 식량
작물과 3회, 해진 씨는 특용작물과 3회생이다. 영규 씨의 막내 동생은 과수
학과에 재학 중이고, 해진 씨의 사촌동생은 올해 특용작물과에 입학했다. 영
규 씨의 첫째 동생은 영규 씨와 같은 해 지원을 했다가 형제 중 한 명만 뽑는
다는 기준이 있어 낙방을 했는데, 만약 합격이 되었다면 3형제가 모두 한국
농수산대학 동문이 될 뻔했다.

농업 외에는 미래 발견할 수 없다

무엇이든지 자신이 만족해야 가까운 사람에게 권할 수 있다. 영규 씨와 해
진 씨는 농사지으며 사는 것에 100퍼센트 만족한다.

"일에는 사람이 할 수 있는 일, 하고 싶은 일, 해야 될 일이 있는데 이 세 가

---

3. 주소 : 충청북도 보은군 삼승면, 특징 : 과수원과 쌀농사로 '부자농민' 꿈꾸는 부부

지에 다 충족되는 것이 농사입니다.”

영규 씨는 아버지가 농사를 짓고 있고, 어려서부터 농사를 종종 거들었지만 자신이 농사를 지을 생각은 없었다. 보은고등학교를 졸업하고 우송정보대학 세무회계과에 진학했다. 학교를 졸업하면 전공을 살려 직장생활을 할 작정이었다.

“학교 다니면서 취업한 선배들 만나 이야기를 듣다 보니까 직장생활이라는 게 미래가 없어 보였어요. 그에 비해 농사짓는 아버지가 훨씬 사는 것처럼 사는 것 같더라구요.”

영규 씨는 심각하게 고민했다. ‘농사지어 살기 힘들다고 다들 농촌을 떠나는데 농사를 짓는다? 특히나 쌀농사는 정부에서도 포기했다고 하지 않는가?’ 농업을 하지 않아야 될 이유에 대해서 반문을 해봤지만 영규 씨의 아버지는 농사지어 그럭저럭 살고 계신다. 아버지보다 젊은 자신이 한국농수산대학에서 공부를 하고 제대로 농사를 지으면 성공하지 못하리라는 법 없다고 결론을 내렸다.

대학을 졸업하고 농사를 짓기 위해 한국농수산대학에 입학한 영규 씨와 달리 해진 씨가 한국농수산대학에 진학하게 된 이유는 ‘농업’보다는 ‘대학’이었다.

전남 해남군이 고향인 해진 씨는 1남 5녀 중 다섯째였다. 농사짓는 아버지는 경제적 어려움을 이유로 해진 씨에게 대학진학 불가 선언을 하셨다. 교사나 간호사가 되고 싶었던 해진 씨는 눈물을 머금고 해남공고로 진학했다.

대학을 갈 수 없다는 현실을 원망하며 학교생활에 적응하지 못하던 해진 씨에게 풍물반 동아리 담당 선생님이 대학에 갈 수 있는 방법이 있다면서 한국농수산대학에 대해 알려주셨다.

귀한 정보였지만 당시만 해도 해진 씨 입장에서 '대학'은 좋지만 '농업'은 싫었다. 아버지는 평생 농사를 지으셨지만 자식 대학도 보내주지 못했다. 아무리 남들보다 자식들이 많다고 하지만. 게다가 농사일 힘든 것을 생각하면 끔찍했다.

고등학교 졸업을 한 뒤 해남 군내에서 직장 생활을 했다. 아침에 출근해서 사장님 커피 타 드리고, 장부 정리하고, 사장님 기분 나쁘면 잔소리 듣고……. 미래가 없었다. 해진 씨는 한국농수산대학에 관해 이것저것 알아보기 시작했다. '졸업을 하면 분명 농사를 지어야 될 텐데 뭘 하지?' 언뜻 버섯 농사를 지으면 재미가 있을 것 같았다. 특용작물과로 진학하기를 결정했다.

사랑하는 사람과 함께해야 농사도 잘되어

인문계 고등학교를 나온 영규 씨는 농업이 생소했기 때문에 1학년 시절 공부를 열심히 했다. 집에서 농사를 짓고 가끔씩 아버지 일을 거들어 드리기는 했지만 '쌀'이라고 하면 한 품종만 있는 줄 알았던 영규 씨였다. 쌀에는 세 계열이 있고 수만 가지 품종이 있다는 것을 알고는 '오! 유레카!'를 외쳤다. 학교에서 배우는 것은 무엇이든지 신기했다.

미질에 대해서 공부하면서는 쌀농사에 대한 확신을 갖게 되었다. 우리나라 사람들이 먹는 자포니카 계열의 쌀을 최근 들어서는 인디카 계열의 쌀을 선호하는 나라에서도 먹는 추세라, 쌀농사도 지어볼 만하다는 생각을 하게 됐단다.

식량작물과인 영규 씨는 실습을 미국의 미네소타 낙농농장으로 갔다. 대개 전공을 살려 실습을 하지만 쌀농사는 우리나라가 기술이 최고이기 때문에 외국으로 나갈 필요가 없다. 해외 실습을 활용하기 위해 쌀농사와 겸업으로 할 수 있는 축산을 알기 위해 낙농농장으로 간 것이다. 이 실습을 통해 축산으로 생기는 퇴비를 과수원에서 활용하는 방안이라든지, 송아지 관리하는 방법을 배우게 된 것은 큰 수확이었다.

영규 씨의 3학년 시절은 좀 엉뚱했다. 미국의 낙농농장에서 낮에는 열심히 일했지만 밤에는 할 일이 없어 외로웠던지라 3학년 시절 목표를 '우리 학교의 여학생들을 다 알아보자'는 계획을 세웠던 것. 연애를 하기 위해서는 준비가 필요한 법이다. 어쨌든 학교의 모든 여학생을 알기 위해 분주히 다니던 중, 1학년 때부터 안면이 있었던 해진 씨가 특별하게 느껴졌다.

버섯에 이끌려 특용작물과를 선택했던 해진 씨는 공부를 하면서 버섯재배를 하기 위해서는 시설 투자가 만만치 않다는 사실을 알고는 포기했다. 공부를 하면 지식으로 무엇을 할 수도 있고, 하지 않을 수도 있기에 좋은 것이다.

약초 특작에 관심을 갖고 집중적으로 공부하기 시작했다. 책 보고, 교수님을 졸졸 따라다니며 이것저것 물어보다 보니 약초박사가 되어 있었다. 당시 해진 씨의 별명은 '민 박사'였다. 요즘도 학교 친구들은 몸이 아프면 해진 씨에게 전화를 해서는 무슨 약초가 좋은지 물어오곤 한다.

경동시장 약재상으로 나간 실습에서 '민 박사'는 우리나라에서 판매되는 약초는 다 알게 되었다. 약초마다 심는 법, 절단하는 법, 포장하는 법이 다른데 그것도 다 익혔다.

3학년 때는 적극적으로 다가와 수작을 거는 영규 씨에게 걸려 연애의 나날을 보내야 했다. 사실 해진 씨는 마음이 복잡했다. 농업을 배울 때는 재미가 있었지만 졸업을 하고 실제 농사를 지을 생각을 하니 걸리는 점이 한두 가지가 아니었다. 농사를 지을 수 있는 기반이 가장 문제였다. 아버지가 쌀농사 짓는 논 1만 평이 전부였다. 또 영규 씨에게 마음이 없는 건 아니지만 자신의 앞날이 불투명했기에 사랑에 대한 확신도 서지 않았다.

처음엔 아들이 농사 망친다고 나무라시던 아버지

충북 보은으로 돌아온 영규 씨는 '농사'보다는 '사랑'에 집중했다. 농사를 잘 짓기 위해서는 사랑하는 사람이 곁에 있어야 했다. 해남에 있는 해진 씨를 1주일에 한 번, 아무리 일이 바빠도 2주일에 한 번은 만나러 갔다. 보은에서 해남까지는 5시간 걸린다. 해진 씨가 몇 달간 서울에 머무는 동안에는 서울로도 쫓아다녔다.

"자신의 생각을 표현할 줄 알고, 어떤 일에 대해서 판단을 내릴 수 있는 여자라고 생각했어요."

머리부터 발끝까지 다 좋은 데다 동반자로서 제 역할을 확실히 할 것 같은 해진 씨였다. 지성이라면 감천이라고 해진 씨는 영규 씨를 선택했다.

"사실 저는 좀 망설였죠. 같이 살아보니까 정말 잘했다 싶어요. 사는 재미를 낼 줄 아는 남자예요."

2002년, 사랑은 이루었지만 농사지어 정착하기는 쉽지 않았다. 영규 씨 부모님은 쌀농사 5만 평을 하고 계셨는데 대부분이 임대다. 임대한 땅의 10

퍼센트만 영규 씨 몫으로 해주셨다. 아버지가 못마땅하게 구신 데는 그럴만한 이유가 있다. 영규 씨의 농법을 인정하지 못하셨기 때문에 '고생 좀 해봐라'는 뜻이셨다.

아버지 입장에서 보면 영규 씨의 농법은 틀려먹었다. 비료도 기준치만 주고, 농약을 거의 쓰지 않고, 모를 심고 나서는 아예 농약은 뿌리지 말자고 하는데 이건 농사의 '농' 자도 모르는 놈이 하는 소리다. 책대로 농사가 된다면야 누가 못 할까. 아버지는 비료도 듬뿍 뿌리고 모를 심고 나서 적어도 농약을 두 번은 뿌렸다.

영규 씨가 '비료 많이 뿌린다고 잘되는 것이 아니다'고 말씀을 드려도 아버님은 '무시'로 일관하셨다. 영규 씨도 만만찮았다. 아버지가 '비료 뿌리라'고 하면 '네' 하고는 제대로 뿌리지 않는 등 은근슬쩍 자신의 농법으로 농사를 지었다. 나중에 알게 된 아버지는 '시키는 대로 하지 않고 뭐 하는 짓이냐'고 소리를 지르셨다.

다른 집과 달리 영규 씨의 어머니는 아들 편을 들지 않으셨다. 어머니는 동네 어귀에서 작은 슈퍼를 운영하시는데 동네 분들이 오다가다 한마디씩 하시는 게다. "오늘 다 농약 뿌렸는데 영규는 안 보이데? 그놈아는 신혼 재미가 좋아서 일도 안 하나?" 이런 말을 듣고 어머니가 어찌 가만히 계실 수 있으리.

엎친 데 덮친 격으로 영규 씨와 해진 씨는 부모로부터 독립적인 수입원을 마련하기 위해 땅을 3,000평을 빌려 사과나무를 심었는데 나무가 자라지를 않는 것이다. 남들은 3년이면 사과를 수확하는데 4년이 되어도 사과가 열리기는 고사하고 나무가 크지도 않는 게 시들시들했다. 아버지는 말씀은 안 하서도 '그 봐라'는 표정이셨다.

그나마 해진 씨가 집안의 평화유지군 역할을 톡톡히 해주어서 그 험난한 시절을 버틸 수 있었다. 점잖고 무뚝뚝한 충청도 분이신 영규 씨 아버지도 약한 고리가 있었으니, 바로 며느리 해진 씨였다. 논에서 일하다 아들에게는 화를 벌컥 내다가도 며느리가 "아버지, 저도 오늘 일 참 많이 했죠? 저녁에 맛있는 거 해 먹어요" 하며 애교를 부리면 "허허, 고생했다" 하시며 입을 다물지 못하시는 게다.

조만간 경영권 넘기겠다

"이제 아버지가 경영권 이양을 하시겠대요. 지금은 30퍼센트인데, 빠른 시일 내에 다 넘기겠다고 하시네요."

드디어 아버지가 영규 씨의 농법을 인정하신 것이다. 영규 씨가 말한 대로 농사를 지어도 수확량이 전혀 줄지 않았기 때문이다. 비료와 농약을 덜 주어도 수확량이 좋으면 비료 값, 농약 값 안 들어 좋은 것 아닌가.

영규 씨와 해진 씨를 매일 밤 잠 못 들게 했던 사과나무에서 사과가 열렸다. 5년 만이다. 350그루에서 20kg짜리 300박스가 나왔다. 게다가 남의 과수원 사과보다 훨씬 맛이 있었다. 영규 씨의 아버지는 '건달마냥 놀고먹으며 농사지어도 되는구나' 하시며 한국농수산대학에서 헛배운 것은 아니라는 결론을 내리신 것.

"사과 때문에 가슴이 미어지는 것 같았어요. 남의 과수원에서는 사과가 주렁주렁 열리는데……. 그냥 확 다 뽑아버릴까 하는 생각까지 했다니까요."

사과 농사가 시행착오를 겪었던 데는 이유가 있다. 영규 씨는 식량작물을 전공했기 때문에 쌀농사에 관한 한 누가 뭐래도 자신이 있었다. 아버지와 갈등을 빚으면서도 자신의 농법을 고집할 수 있었던 것은 확신이 있었기 때문이다.

그러나 사과에 관해서는 영규 씨도 해진 씨도 문외한이었다. 책에 나온 대로 사과나무를 심어놓고는 불안해서 남의 이야기를 많이 들었다. 누군가 와서 한마디 하면 따라 하고, 다른 누군가 와서 조언을 하면 또 따라 하고. 이러다 보니 사과나무가 잘 자라지 않았던 것이다.

마음을 비운 두 사람은 사과 농사도 자신들의 판단대로 하기로 결정을 하고는 좀처럼 부화뇌동하지 않자 사과가 열리기 시작했단다. 2006년에는 사과를 팔아 1천만 원의 수입을 올렸다.

부모님으로부터 인정을 받았을 뿐만 아니라 동네 어르신들도 영규 씨와 해진 씨를 받아들이셨다. 처음에는 시선이 그다지 곱지 않았다. 아무리 농사 공부를 하고 왔다지만 젊은 사람들이 얼마나 버티겠냐는 생각에 '유기농법'이라는 것도 눈에 차지 않았다.

하지만 마침내 영규 씨는 원남 3구 새 동네 반장을 맡게 됐고, 해진 씨는 2004년부터 원남부녀회 총무가 되었다. 마을 사람들이 확실히 인정을 하신 것이다. 가을에는 관광버스 타고 동네 어르신들과 나들이도 다녀왔다.

영규 씨는 쌀농사로 승부를 볼 작정이다. 쌀농사로 성공을 하기 위해서는 많이 짓는 것이 최상이라는 영규 씨는 규모를 늘려 갈 계획이다.

"내 땅에서 5만 평, 임대로 10만 평 농사를 지으면 부자 농민이 될 수 있죠.

아버지는 농기계 위탁사업을 하셨기 때문에 영농자금을 지원받을 수 없어 땅을 늘리기 어려웠어요. 저는 전업농이니까……." 아무리 그래도 임대야 그렇다 치더라도 내 땅 5만 평을 무슨 수로 마련한다는 말인가.

"영농후계자금과 전업농 자금 4천만 원으로 논 2,000평을 구입했어요. 해마다 1천 평씩 늘려나가면 성장 속도가 있으니까 5년 안에 1만 평이 될 겁니다." 듣고 보니 터무니없지만은 않다. 2006년 영규 씨와 부모님이 올린 매출액은 1억 5천만 원이다. 쌀농사로 6천만 원, 영농기계위탁사업으로 4천만 원, 고추로 1천만 원, 사과 1천만 원이다. 임대료 3천만 원과 경영비와 기계 감가상각비까지 제하면 순이익은 5천만~6천만 원이다. 쌀농사에서 영규 씨의 몫은 30퍼센트이지만 차츰 늘어날 것이고 올해보다 내년에는 사과가 더 많이 열릴 것이다.

해진 씨는 과수원에 많은 애정을 갖고 있다. 결혼하고는 전공인 특용작물을 살리기 위해 더덕 농사를 지었지만 토질이 맞지 않아 실패했다. 굳이 전공에 연연해하기보다는 이 지역에 맞는 사과에 주력해볼 생각이다. 한국농수산대학에 새로이 도입된 '3+1 학제'를 활용해 과수과에 가서 다시 공부를 해볼 계획도 갖고 있다.

밝고 경쾌한 농촌을 꿈꾸며

2006년 영규 씨와 해진 씨는 남의 땅 4,000평을 빌려 대추나무를 심었다. 이는 오로지 과수과에 재학 중인 막내 동생을 위해서다. 졸업하고 돌아와서 쌀농사를 짓든 과수원을 크게 하든, 영농 기반을 마련할 수 있을 때까지 생활을 할 수 있도록 한 조처이다.

영규 씨와 해진 씨의 농장 이름은 '부자건달농원'이다. 건달처럼 놀며 설렁설렁 농사지어야 부자 농민이 될 수 있다는 뜻에서 지었단다. 무겁고 진지한 농촌이 밝고 경쾌한 곳이 되었으면 하는 속내도 반영이 된 이름이다. 영규 씨와 해진 씨는 농촌으로 동생들만 끌어들이는 것이 아니라 동네의 모든 젊은이가 한국농수산대학 동문이 될 정도로 젊음이 가득 찬 농촌으로 만들고 싶은 것이다. 논이며 과수원을 분주히 다니는 영규 씨와 해진 씨의 발걸음은 폴짝 폴짝 뛰듯이 가볍다.

지금은 동생이자 후배인 진규 씨까지 농사꾼으로 돌아왔다. 농사가 주는 극한의 육체적 피로도 일에 대한 만족으로 날려 보낸다는 이들 형제에겐 소박하지만 꽤나 원대한 꿈이 있다. 자신들의 아이들 역시 가업을 이어 농사를 지었으면 하는 바람이 있는 것이다. 물론 본인이 하고 싶지 않다고 하면 시키지 않을 것이다. 그러나 영규 씨는 자신 있게 이렇게 이야기한다. "내가 아버지를 보고 자라왔던 것처럼. 그래서 이 일을 선택한 것처럼. 나 역시 아이들에게 좋은 모습을 보여주면 내 아이들 역시 나를 보고 자연스럽게 농사를 선택할 겁니다. 저는 그렇게 믿고 있어요. 제가 잘하면 되는 거라고."

작은 것을 크게 감사할 줄 아는 마음이 있어야 농사를 지을 수 있다는 그들. 겨우 손에 잡힐 듯 말 듯한 씨앗이 성장해 인간의 삶과 생명을 보장하는 한 줌의 낟알이 되는 과정을 지켜보는 그들로선 당연한 이야기일 터. 그들은 하늘을 향해 내뱉는 땅의 숨을 기억하고, 땅을 향해 내리는 하늘의 눈물을 이해하며 겸허하게 받아들인다. 형제는 자연을 이기려고 하지 않는다. 대신 극복하는 방법을 잘 알고 있다. 그래서 더욱 '프로페셔널'하다. 그들은 그것을 '노하우'라 부른다. '땅은 거짓말을 하지 않는다'며 자신 있게 말하는 동생 진규 씨의 말에 기자가 감탄사를 보내자 형 영규 씨가 한마디 한다.

"그렇지만……. 땅은 가끔 배신을 하기도 하죠. 비가 많이 오거나 가뭄이 들거나. 그런 건 사실 어쩔 수 없습니다. 속수무책으로 당할 수밖에 없거든요. 그렇지만 그 피해를 최소화하면서 내 작물을 지키는 방법을 계속해서 고민해야죠. 그게 바로 노하우입니다."

삶과 자연의 모든 것을 수용하면서 자연의 모든 권위와 위압을 평화롭게 지나갈 줄 아는 진정한 인고를 아는 김영규, 진규 형제. '농사는 생명이다'라는 모토로 자신이 심고 가꾸는 작물들이 이 땅, 모든 생명의 근간을 책임지고 있다는 숭고한 책임의식을 갖고 있다. 연한 푸른빛을 띠며 여린 싹을 돋은 보리밭을 꾹꾹 밟으며 "보리는 밟아주면 더 잘 자랍니다"라고 말하는 형제의 얼굴에 달보드레한 웃음이 지나간다. 그래, 이들과 같은 하늘 아래에 살고 있어 참말로 다행이다.

박용[4]

관광농업 새 장 여는 무릉원의 젊은 주인 박용 씨

"서울 생활을 접고 고향에서 터를 잡았습니다. 연인원 3,000명이 다녀가는 농원을 운영하는데 혼자서는 힘에 부칩니다. 또 제가 시골 출신이지만 농사는 지을 줄 모릅니다. 아들이 이 학교에서 농업공부를 하고 오면 큰 도움이 될 것 같습니다."

박용 씨의 아버지가 한국농수산대학 부모 면접 때 하신 말씀이다. 아버지의 말씀이 면접관에게 진실하게 들렸는지, 박용 씨는 특용작물과에 입학을 하게 되었다. 사실이 그랬다. 박용 씨네는 1994년 서울 생활을 정리하고 전북 진안으로 귀농했다. 이때 박용 씨는 중학교 2학년이었다.

귀농을 하는 박용 씨네를 두고 지인들은 '미쳤다'고 했다. 건축업을 해서 잘산다는 소리를 듣던 박용 씨네는 강남에 살았다. 강남 8학군에 입학시키기 위해 위장전입까지 하던 때였다. 자리 잡고 잘 살던 강남에서 나와 시골로 간다니 '아이들 앞길을 망치려 작정을 했다'는 격한 반응도 나왔던 게다.

이런 어른들의 세계와 상관없이 도시의 아이들은 대체로 시골을 좋아하지 않는다. 자연의 품은 탁 트이고 아늑할 것 같지만, 텔레비전과 패스트푸드에 길들여진 아이들은 자연을 지루해한다. 하지만 박용 씨는 시골로 이사 가는 것이 좋았단다. 방학 때 시골에 와서 물놀이며 썰매 탄 즐거운 추억만 가득했기에. '그 재미있는 걸 날마다 할 수 있다니' 침을 꿀꺽 삼키며 부모님을 따라

---

4. 주소 : 전라북도 진안군 주천면, 특징 : 언제나 밝음과 푸름을 함께하는 무릉원

농촌으로 들어온 박용 씨였다.

2002년 한국농수산대학을 졸업한 박용 씨는 부모님과 함께 '무릉원'이라는 관광농장을 운영하는 어엿한 농업인이 되었다.

강남에서 전북 진안으로 귀농한 아버지, 어머니

'무릉원'은 겉모습부터 기존의 농장과는 다르다. '무릉원'임을 알리는 팻말은 서예가인 여태명 원광대학교 교수가 쓴 글씨이다. 마당은 풀밭이 아니라 잔디밭이다. 잔디밭 한구석에서는 중국의 국견이라는 차우차우와 몸집이 거짓말 좀 보태 황소만 한 콜리가 원기왕성하게 짖어댄다.

3,000평에 도시의 잘 꾸며놓은 찻집 같은 퓨전 한옥이 한 채, 하얀색 양옥 한 채, 시골집 한 채, 황토방 두 채, 방갈로 두 채가 있다. 무릉원 바로 위 10만 평의 초지에는 흑염소를 방목하고 있고, 잣나무 숲과 산림욕장, 산나물 채취장, 연못이 있다.

퓨전 한옥에서는 '미학'이라는 식당을 운영한다. 메뉴도 심상치 않다. 삭힌 홍어와 진안 토종 흙돼지, 고랭지 김치로 만든 삼합, 사료를 주지 않고 넓은 초지에서 방목하는 토종 흑염소 수육, 고랭지 표고버섯과 집에서 만든 누룩으로 빚은 술 등이다.

무릉원에 1일 묵을 수 있는 인원은 40명, 연인원 3,000명이 무릉원을 다녀간다. 1년 매출액은 6천만 원 정도다. 이외 보이지 않는 자산이 있다. 한 번 다녀간 뒤 계속 찾아오는 단골 고객 1,000여 명. 이 중에는 피아니스트 임동창, 서예가 여태명 등 문화예술인들이 많다.

박용 씨의 부모님은 귀농을 해서는 흑염소를 키웠다. 관광농장까지 할 생각은 없었다. 다만 보통의 농가와 달리 도회지 친구들이 자주 놀러 왔다. 이먼 곳까지 자신들을 만나기 위해 놀러 온 것이 고마워 성심성의껏 대접을 했더니 사람들의 발길이 끊이지 않았단다. 그런데 문화예술인들과 인연을 어떻게 맺게 됐을까?

박용 씨의 어머니는 수줍어하며 무릉원 이전의 역사를 들려주었다. 1990년 〈예술세계〉에 수필로 등단한 어머니는 귀농을 한 뒤 농림부에서 발간하는 『식생활』이라는 잡지에 수필을 연재하게 되었다. 수필의 소재는 당연히 시골 생활이었다. 박용 씨 어머니의 글을 읽은 문화예술인들이 호기심에서 이곳까지 찾아온 것이 시발이었다. 또 어머니의 문학 친구들도 심심찮게 찾아왔다. 아버지 역시 1997년 〈창조문학〉 신인상을 받아 등단한 시인이라 문우들이 많다.

중국의 무릉도원과 지형이 비슷하다고 해서 무릉리라는 이름으로 불릴 만큼 경치가 좋은 곳이다. 도회지의 문화예술인들의 넋을 쏙 빼놓고도 남았다.

"그때까지만 해도 관광농장 할 생각은 없었어. 우리는 흑염소 키우고 있었는데 97년인가. 진안군에서 운일암 반일암 관광지 찾는 손님들이 근처 묵을 만한 곳이 없다고 우리 마을을 민박마을로 정해서……."

여기에도 사연이 있다. 진안군에서는 무릉리의 강촌 마을을 민박 마을로 정하고 농가를 찾아다니며 민박업을 하기를 권유하였는데 이것이 쉽지가 않았다. 아무리 군청에서 민박시설을 하기 위한 지원을 해준다고 해도 농사짓던 마을 사람들은 결정을 하지 못했다. 차일피일하던 마을 사람들은 "대추나무집 서울사람들이 하면 우리도 한다"고 나왔다. 대추나무집이란 박용 씨네 집. 집 앞에 600년 된 대추나무가 있기 때문에 대추나무집으로 불렸다. 군청의 담당자들은 박용 씨네 집을 뻔질나게 들락거렸고 결국 민박을 하는 관광 농장이 된 것이다.

공업고등학교를 거쳐 한국농수산대학으로

자식이 공부 잘하기보다는 자연을 사랑하기를 원하는 별난 부모님을 둔 덕분에 박용 씨는 꼭 대학을 가야 된다는 생각을 하지 않았다. 산에서 흑염소와 놀다 심심하면 농장 창고에서 연장으로 이것저것 만들며 뚝딱거리던 박용 씨는 전북기계공고로 진학했다. 이때 이미 박용 씨는 농사를 짓기로 마음먹었다. 농장을 운영하려면 농사도 알아야 되지만 기계도 알아야 될 것 같아서 기계공고로 간 것이다.

고등학교를 마치고는 농과 대학에서 공부할 작정이었다. 박용 씨가 고등학교 3학년 때 무릉원으로 수련회를 온 한 청년이 한국농수산대학에 다니고 있다면서 학교에 대해 알려주었다. 1기생인 배광수 선배였다. 박용 씨와 부모님은 그 말을 듣고 무릎을 쳤다. "세상에 그런 학교가 있다니? 바로 이 학교다!" 망설임 없이 진학을 결정했다.

"이건 비밀인데요. 저는 수학능력고사도 안 봤어요. 제가 지원할 때만 해도 수능을 안 봐도 됐거든요. 하하."

초지 10만 평을 이용하기 위해서는 특용작물을 공부하는 것이 도움이 될 것 같아 특용작물과를 선택했다. 앞서 얘기한 것처럼 면접 때 아버지의 열정적인 답변과 박용 씨의 각오 등이 합쳐져 입학을 하게 됐는데 이후가 문제라면 문제였다.

"사실 학교 들어가서 한동안 주눅이 좀 들었습니다. 저야 시골에서 놀기만 했지 농사를 짓지는 않았으니까요. 우리 학교 학생들 대부분이 농사 경험이 있는데."

다행히 1학년 때는 농업 이론을 배운다. 교과과목에 충실히 공부하자 농업에 대한 낯섦은 어느 정도 사라졌다. 실습 시간에 직접 농작물을 키워보면서 자신감을 얻었다.

"싹이 나는 걸 보니까 농사도 지어보면 되겠다는 생각이 들더라구요."

'무슨 농사짓냐'고 물어보다 민박한다고 하면 '쟤가 왜 우리 학교에 왔지?' 하는 의문을 가지던 동기들도 박용 씨네 집으로 수련회를 다녀오고 나서는 이해를 한 것 같아 한결 학교생활이 편해졌다. 무릉원을 직접 보고는 박용 씨가 왜 한국농수산대학을 다니는지 알게 된 것이다.

강원도 영월에 있는 영월 더덕영농조합법인으로 실습을 나가서는 군기 세기로 유명한 전북기계공고 선배를 만나 너무 열심히 일을 하는 바람에 허리디스크가 생겨 고생을 했다. 다행히 학교 측의 배려로 집에서 다닐 수 있는 진안 숙근약초시험장에서 실습을 할 수 있었다. 박용 씨는 여기에서 자신에게 딱 맞는 더덕임간재배법을 배웠다. 초지 10만 평을 활용하기 위해 이 학교를 선택했다고 해도 과언이 아닌데 산에서 더덕이나 인삼을 키울 수 있는 방법을 배우게 된 것이다. 이 경험은 졸업논문격인 사업계획서를 제출하는 데도 많은 도움이 되었다.

관광농업 성공의 비결, 서비스

2002년 졸업을 한 뒤 2008년까지 박용 씨는 독자적인 농사를 짓지 못하고 있었다. 관광농장에서는 서비스가 중요하기 때문에 정신적인 여유가 없었다. 새벽에 일어나 집 주변을 청소하고 손님들이 묵고 있는 방으로 가서 인사를 드린다. 더덕밭을 한번 둘러보고는 손님이 나가시면 방 청소, 오후에는 염소 사료를 준다거나 관리를 한다. 초지에서 방목을 하지만 겨울에는 풀이 너무 없어 사료를 약간은 줘야 된다. 저녁 시간에는 인터넷 홈페이지 관리 등 예약을 확인하고 준비를 해야 된다. 이 외 농원꾸미기에도 많은 시간을 할애해야 된다.

관광농장이다 보니 손님들에게 보이는 것에도 신경을 많이 써야 된다. 집 안의 그림 한 점 걸어놓는 것부터 정원수 심는 것, 연못도 만들어야 하고. 일은 해도 해도 끝이 나지 않는다. 얼마나 세심하게 신경을 쓰는가 하면, 박용 씨의 어머니는 그릇을 구하기 위해 이천도자기 축제를 찾아가 고르고 골라 경주의 어느 공방의 도자기만 식기로 사용하고 있을 정도다.

무릉원을 멋진 쉼터로 가꾸는 일만 해도 끝이 없지만 더 중요한 것은 고객과 관계 맺기이다. 한 번 왔던 손님들이 다시 찾아오게 하기 위해서는 감동을 주는 것이 중요하다.

박용 씨와 부모님은 손님맞이의 세 가지 원칙을 정해놓고 있다. 첫째, 손님이 들어오고 나가실 때 주차장까지 나간다. 둘째, 손님의 차가 마을을 빠져나갈 때까지 주차장에 서 있는다. 손님들 대부분이 마을 어귀를 빠져나갈 때면 고개를 돌려 자신들이 묵었던 무릉원을 바라본다. 이때 손을 흔들어 인사하기 위해서다. 손님이 갔다고 주인이 얼른 돌아서서는 감동을 줄 수 없다는 것이다. 셋째, 먼저 온 손님에게 최선을 다한다. 식당 '미학'의 운영방침은 여러 팀의 손님을 한꺼번에 받지 않는다. 한 번에 한 팀만. 예를 들어 점심시간에 4명이 한 팀이 되어 예약을 한 뒤에 10명이 한 팀이 되어 오시겠다고 하면 정중히 다음에 오시기를 권유한다. 식당은 넓지만 산골짜기 식당을 찾아온 손님에게 도시의 번잡한 식당처럼 모실 수는 없다는 게 식당 '미학'의 원칙이다. 당장에 손해를 보는 것 같아도 이런 점들이 쌓여 결국은 무릉원 마니아들을 만들어낼 정도가 된 것이다.

"제가 가장 크게 신경 쓰는 부분은 부모님의 고객과 관계를 맺는 일입니다. 무릉원 마니아가 생겨날 정도로 부모님은 손님에게 정성을 다하셨어요. 한 번 다녀간 분들이 꾸준히 무릉원을 찾고 또 호평을 해주시기 때문에."

박용 씨의 부모님은 1999년부터 해마다 무릉골 낭만의 밤을 열고 있다. 그동안 무릉원을 찾았던 춤꾼, 국악인, 서예가, 시인, 대중가요 가수 등이 마음껏 즐길 수 있도록 공연의 장을 펼친 것이다. 이날 준비물은 먹거리 한 가지씩 가져오기다.

부모님이 당신들이 좋아했던 문학으로 사람들을 끌어들였다면 박용 씨는 무엇으로 새로운 고객을 찾을 수 있을까? 박용 씨는 2005년과 2006년 산골 체험학교를 열었다. 초등학교 3학년부터 중학생까지 대상으로 해서 썰매타기, 연날리기, 고구마 구워 먹기, 군불 때보기, 야간 산행 등으로 산골 생활을 직접 체험할 수 있는 프로그램을 마련한 것이다. 어릴 때 놀아본 경험을 십분 발휘해서 전문 강사 없이 박용 씨 혼자 운영했다.

"산골체험학교는 앞으로 계속할 예정입니다. 요즘은 체험 교육을 중시하는 추세라 많이 참여할 것 같아요."

관광농업, 작물재배와 병행하기 쉽지는 않아

2008년 1월에는 눈이 많이 오지 않아 체험학교를 운영하지 못했다. 또 창작 활동을 위해 겨울 내내 머물고 있는 손님들에게 행여 방해가 될까 체험학교를 밀어붙이지 못했다. 무릉농장에서 박용 씨가 처음으로 한 독자적인 사업인지라 제 시기에 열지 못한 점은 아쉬움이 많다.

게다가 관공서에서 박용 씨를 독립적이고 주체적인 농업인으로 봐주지 않는 경향이 있다.

"팜스테이 교육 여러 번 다녔어요. 교육 갔다 와서 아이디어를 내놓으면 교육을 또 받고 와서 한 번 더 생각해보라고 하는 거예요."

이 점을 해결하기 위해서는 박용 씨가 당장이라도 특용작물을 재배한다든지 일을 벌이면 될 테지만 이것은 무릉원의 운영 방침인 '여유와 품격'과는 빗나간다. 당시 박용 씨가 무릉원에서 해야 될 구체적인 일은 2008년 완공한 양옥집 거실에 갤러리를 꾸미는 것이다. 이렇게 작은 것, 눈에 보이지 않는 것을 하나하나씩 만들어가는 것이 중요한데 이런 일을 하는 자신이 평가절하되면 순한 박용 씨라도 가끔씩은 의욕이 꺾인다.

"천천히 해야지 뭐. 용이가 너무 바빠. 우리는 초지에 특용작물 하는 것도 서둘지 말라고 해. 빨리하는 것이 중요한 것이 아니라 제대로 하는 것이 중요하니까."

자식이 공부보다 자연 속에서 뛰어놀기를 바랐던 부모님답게, 농장 운영도 돈이 먼저가 아니다.

"우리는 매출액이 성공의 기준이 아니라고 생각해요. 우리 무릉원을 찾아온 사람들이 받은 감동이 성공의 기준이 되어야 하는 것 아닐까요?"

하지만 자식 걱정 없는 부모는 없다. 박용 씨의 어머니는 한국농수산대학 여학생 칭찬을 하며 슬쩍 말을 꺼낸다.

"MT 왔을 때 보니까 한국농수산대학 여학생들은 삽 잡는 것부터가 다르더라고……. 우리 용이도 결혼을 해야 되니까 혹시 시골에 살다 혼기를 놓칠까 그게 걱정이야. 사람들이 시골에 있으면 문화적으로 소외되지 않느냐고 하지만 우리는 안 그래. 문화예술인들을 여기로 불러들이니까. 아들은 운영하고 며느리는 관리하고, 그게 내 꿈이야."

자연을 사랑하고 아끼는 사람들과 오래 같이 살아가고 싶은 마음에서 시작한 무릉원이 한국 관광농업의 새 장을 열기를 기대해본다.

오세철[5]

신세대 인삼 농사꾼 특용작물과 졸업생 오세철 씨

도시의 작은 공장에서 노동자로 일하던 아들이 농사일을 돕기 위해 돌아

---

5. 주소 : 경기도 연천군 장남면, 특징 : 농장혁신과 신기술로 전국 최고가 인삼 생산

오자 아버지는 꾸지람을 하셨다. 벼농사와 인삼 재배로 연 7천만~8천만 원의 수입을 올리는 아버지다. 아들의 월급은 80만 원, 연 1천만 원이 되지 않는다. 아버지는 아들에게 농사짓기를 왜 권하지 않았을까.

당시 경기도 연천군 장남면에서 부모님과 함께 벼농사와 인삼 농사를 짓고 있던 오세철 씨는 고등학교 졸업 후 중장비 기사가 되려 했었다. 하지만 중장비 기사가 넘쳐나 일자리 구하기가 쉽지 않다기에 간이소파를 제작하는 작은 공장에 취직했었다. 아침 9시부터 6시까지 프레스, 용접, 조립 등의 일을 했다. 잔업이 있는 날은 저녁 10시까지. 월급은 80~85만 원이었다. 어딜 가든지 잘 적응하는 세철 씨인지라 나이 든 부모님이 자꾸 눈에 어른거리는 것만 빼면 공장 생활도 괜찮았다.

"아버지 오늘 인삼 심으셨어요?" "어 그래. 다 했다."

전화를 끊고 돌아서면 아버지와 어머니가 끙끙 앓으시는 소리가 들리는 듯했다. 3월이면 인삼 심고, 4월이면 논에 못자리 만들고, 인삼밭에 농약 뿌리고, 5월이면 모내기하고. 다달이 날마다 부모님의 농사 일정을 훤히 아는 세철 씨는 마음이 많이 쓰였다. 특히 어머니는 관절이 좋지 않아 밭에 나가 일하고 돌아오시면 이틀은 앓아누우셨다. 불편한 마음을 가눌 길 없던 세철 씨는 부모님을 돕기 위해 돌아왔다. 농사 돕겠다는 세철 씨에게 아버지는 두 번이나 꾸지람을 내리셨다.

"댁의 아드님, 한국농업대학교 보내시죠?"

농사짓고 있던 세철 씨를 눈여겨보던 연천농업기술센터의 유 계장님이 세철 씨의 아버지에게 학교에 대한 정보를 알려드리고 권유를 했다. 아버지는 농사가 힘들기 때문에 아들은 힘든 일 하지 말고 살기를 바라면서 도시에서 살 방도를 알아서 마련하기를 원하셨다. 농사는 도시에서 못 사는 사람이나 짓는 것으로 당신 스스로도 생각하셨기에……. 주변에서 '이제 농사도 젊은 사람들이 지어볼 만하다. 미래가 있다'고, '농업사관학교는 특혜가 많다'고 자꾸 권하자 아버지의 생각도 바뀌셨다.

"그래, 어차피 농사지을 거라면……."

이렇게 해서 세철 씨는 2001년 한국농수산대학 특용작물과에 입학했다. 세철 씨는 학교에서 공부하는 3년 동안 부모님이 고생하실 것이 마음 쓰였지만, 공부하고 돌아오면 영원히 부모님 곁에서 농사지을 것이니까 당장에 마음 아픈 것은 참기로 했다. 부모님 역시 조금만 참으면 아들이 도와줄 텐데 하는 생각에서 힘이 절로 나신 듯 세철 씨가 공부하는 3년 동안 무사히 지내셨다.

"먹어봐야 작물의 특성도 알 수 있다."

학교생활이 무척 편했다는 세철 씨다. 그럴 것이 중학교 때부터 아침 5시에 일어나 인삼밭에 나가 2시간 30분 정도는 일을 하고 8시 30분에 학교로 갔다. 아침마다 2시간씩 일을 돕다 농사일에서 손 떼고 있으니 몸은 편했다는 것.

"인삼 말고 다른 특용작물도 배워놓으면 좋겠다 싶어서 열심히 했는데 성적은 잘 안 나오더라구요. 공부보다 실습이 훨씬 재미있었어요."

담배인삼공사 수원시험장에서는 인삼의 신품종, 병충해, 해가림시설 개발에 대해서 많이 알게 되었다. 인삼 묘종은 보통 재래종을 사용하는데 여기서 다

수확 품종이라든지 홍삼으로 가공했을 때 잘 나오는 품종에 대해서 배웠다.

병충해를 막기 위해 농가에서는 시기별로 약을 뿌리는데, 시험장에서는 잔류한 농약과 시기 등을 고려해 필요한 약만 뿌렸다. 해가림 시설도 연천군에서는 앞과 뒤의 지주를 연결하는 관행식이었는데, 후주연결식이라든지, 철제로 된 해가림 시설도 보게 되었다.

철제 해가림 시설에 반해 졸업 이후 도입까지 생각했는데 실습기간 동안 태풍에 일제히 쓰러지는 것을 보면서 마음을 바꿨다. 나무로 하면 태풍이 불면 툭툭 부러져 나가니까 일제히 쓰러지지는 않는다. 신기술도 알게 되고, 도입할 때는 여러 가지를 고려해야 된다는 것도 체득한 실습이었다.

연천인삼영농법인에서 홍삼가공기술을 배운 것도 상당히 재미있었다. 인삼재배야 자신 있었지만 홍삼에 대해서는 문외한이었다. 인삼을 가공한 뒤 쪄서 건조해 나오는 것이 홍삼인데, 이 온도를 어떻게 재느냐가 관건이었다.

세철 씨는 역시 실습이 재미있었던가 보다. 3학년 되어 전공수업 대목에서는 색다른 이야기가 나온다.

"밭에서 공부하다 누가 삽질 잘하나 내기해서 유리온실에서 라면 끓여 먹고……."

한국농수산대학 특용작물과 유리온실의 '비사'가 밝혀지는 순간이다. "봄에는 두릅 따서 살짝 데쳐 고추장에 찍어 먹고, 부침개 만들어 먹고. 가을에 마 수확하면 갈아 먹고. 장광진 교수님이 담가놓은 약주 살짝 훔쳐 먹고, 틈틈이 십전대보탕 끓여 먹고."

이것도 다 공부다. 먹어봐야 작물의 특성도 이해되는 법. 게다가 유리온실에서 살다시피 해야 하는 특용작물과의 특성이 반영됐기 때문이란다. '마'만 하더라도 물 줄 때를 놓치면 제대로 재배가 되지 않기 때문에 물 줄 때를 지키고 있다 보면 유리온실에서 즐거운 식생활을 할 수밖에 없다는 게 세철 씨의 변명 아닌 변명이다.

세철 씨는 해외연수를 한 번도 다녀오지 않았다. 해외연수의 장단점이 있는데 세철 씨는 단점이 더 많이 생각되었다. 해외 선진농가를 견학한다고 하더라도 우리 실정과 너무 다르기 때문에 도입할 것이 많지 않을 것이라는 판단을 했다. 선배들은 보고 배울 것이 많다고 '강추'했지만 세철 씨는 학교 다니는 동안 해외에 한 번도 나가지 않았다. 고려인삼을 재배하는 세철 씨의 자존심일까.

신기술 배워온 아들의 농장 혁신

학교생활을 끝내고 농사지으러 돌아온 세철 씨는 할 일이 많았다. 아버지와 함께 인삼 심고 약 뿌리고 수확하는 것은 물론이고, 인삼 농사를 짓기 위한 기초를 다시 잡아나갔다. 이전만 하더라도 토양 관리는 무조건 갈아엎는 것이었으나, 세철 씨는 토양조사를 해서 과도한 성분이나 부족한 성분을 알아낸 뒤 대처했다.

산도가 과도해 호밀이나 수단그라스를 심어 낮추었다. 사실 이전만 하더라도 인삼밭에 호밀을 심어도 거름이라고만 생각했다. 세철 씨가 토양검사를 도입하고 난 다음 해인 2006년에 인삼밭은 의무적으로 토양검사를 하게 되었다.

아버지를 설득해 인삼밭에 관수시설을 했다. 사실 인삼 농사짓는 분들의 고집은 대단하다. 조상 대대로 내려온 집안만의 독특한 방법이 있다. 죽을 잘라 재배하는 분이 있는가 하면 죽을 안 자르는 분, 또 어떤 약을 쓰면 병충해를 이긴다면서 과학적 근거 없이 사용을 한다든지……. 그 누가 뭐래도 대부분이 자신만의 방법을 고수하시는데 세철 씨의 아버지는 공부하고 돌아온 아들을 믿고 관수시설을 했다. 관수시설을 하면 염류가 올라오지 않는데 이것을 부정하는 분들도 많이 계시다. 세철 씨네 주변 인삼밭에서는 관수시설을 하지 않은 곳도 꽤 된다. 또 논에서 인삼을 재배할 경우에는 써레질로 인해 병충이 사라져 연작을 할 수가 있을 것 같아 세철 씨는 이후 활용해볼 계획도 세웠다.

그해 겨울 세철 씨는 아버지와 봄에 농사지을 준비를 꽤 해놓았다. 이식기를 두 대 만들었다. 사람 힘으로만 한다면 하루 100평 걸리는 일을 이식기로는 300평을 할 수 있다. 해가림 시설도 미리 다 해놓았기 때문에 봄에 일이 한층 수월해질 것이다. 아버지는 아들이 곁에 있으니 이것저것 하고 싶은 일이 많으신 게다.

그렇다고 해서 세철 씨와 아버지 사이에 평화만 존재하는 건 아니다. 세철 씨와 아버지는 자금 운용 방법에서 다름을 확실히 확인한 일이 있었다. 세철 씨가 농사를 짓기 시작한 2004년 영농후계자금으로 밭 3,000평을 샀다. 가을에 인삼으로 수입이 생기자 아버지는 이 돈을 갚자고 하시는 것이었다.

세철 씨는 당장에 갚지 않아도 될 돈이라 땅을 좀 더 늘리는 데 투자를 한다든지 시설 보완을 할 요량을 했는데 아버지는 '빚 있으면 못 산다'는 말만

반복하시며 갚으셨다. 세철 씨는 앞으로 뭔가 일을 도모하자면 상당히 험난할 것이라는 걸 예감했다. 그리고 아버지의 잔소리다.

"비 오는 날 좀 쉬고 있으면 아버지는 쉬는 꼴을 못 보시는 거예요. 비가 오면 밭고랑이든지 살펴볼 게 많은데 그렇게 하지 않는다고 막 야단을 치세요. 하지만 아버지 말씀이 옳기 때문에 제가 인내심을 발휘해서 마음을 진정시키죠."

아버지는 이제 세철 씨가 진짜 농사꾼이 되었기 때문에 이전과 달리 엄하게 대하신다. 그 속뜻을 세철 씨는 이해하고도 남기에 아버지의 잔소리는 오히려 약이 된다.

세철 씨는 인삼 농사 잘 짓기로 꽤나 유명해 한국농업대학교 동기나 후배들이 인삼 재배방법을 배우기 위해 찾아오기까지 한다. 보통 인삼 농사꾼들은 재배방법을 기밀로 여기고 가르쳐주지 않는데 세철 씨는 그렇지 않다. 아버지가 하던 방법, 자신이 도입한 방법 등 배경을 설명하면서 자신이 아는 것은 최대한 공개한다. 다른 이들도 아니고 학교 동문들이다. 그들이 성공해야 세철 씨도 좋다.

몸에 좋은 인삼이 잘 재배되어야 국민 건강에도 이바지하는 것이고, 세계 시장에서도 더 독보적인 위치에 오를 것 아닌가. 배운 사람답게 거국적으로 생각하는 세철 씨다.

"통일 되면 고향에서 개성인삼 키웠으면……."

세철 씨 아버지의 고향은 북쪽이다. 동란 이전 경기도 장단군에 사셨다. 개성 인삼 농사를 짓던 곳이다. 전쟁이 나자 일가족과 함께 아버지는 고향과 가까운 연천군으로 피난을 오셨다. 수복되면서 경지 정리할 때 땅 1평에 26원 주고 3천 평을 사셨단다. 지금으로부터 72년 전이다. 5년 전 산 땅은 1평에 5만 6천 원. 격세지감이다. 당시 이 지역 땅값이 들썩이고 있다지만 세철 씨가 농사를 짓기로 한 이상 소용이 없다. 땅 팔고 나면 어디서 농사를 지을 것인가.

아버지는 한동안 인삼 농사를 지을 엄두도 못 내셨다. 북에서 인삼 농사를 지어 개성인삼의 재배방법을 알았지만 시설비가 없어 쌀농사만 짓고 계시다 32년 전 땅 1천 평에 처음으로 인삼을 심었다.

할아버지, 증조할아버지가 재배했던 인삼은 일제에 뺏기고, 전쟁이 앗아가고, 땅 없고 돈이 없어 인삼 농사를 짓지 못하다 드디어……, 감개무량도 잠시 그 인삼을 수확하려던 해인 1996년 물이 다 쓸어가 버렸다. 그해 생긴 빚이 1억이었다.

"그때 이 동네에서도 우리 인삼밭이 피해가 심했어. 내가 뉴스에도 나왔다니까."

빈손으로 시작한 아버지였던지라 훌훌 털고 일어서셨다. 더 힘든 일 겪으면서도 살아오신 아버지였다. 다행히 이후로는 큰 탈 없이 인삼 농사가 잘되었다. 벼농사보다 수익이 훨씬 좋은 인삼을 하면서 살림이 늘기 시작해 이제 논밭 다 합쳐 4만 평. 9천~1만 평에서 인삼을 재배한다. 진 빚도 전혀 없다.

세철 씨는 아버지와 임진강을 따라서 민통선 안의 논으로 나갔다. 봄에 인삼을 심을 논에 보리를 덮어놓았다.

"땅이 얼어야 병충해가 안 생기는데……."

굳이 신경 쓰지 않아도 될 일이지만 세철 씨 몫으로 마련한 이 땅에서 인삼이 잘 나와 주기를 바라는 마음에서다. 고향에서 세철 씨가 3대를 이어 개성 인삼 농사를 지었더라면 더 뿌듯하겠지만……. 아버지는 멀리 북쪽을 쳐다보신다.

마침내 2009년에 직접 정식한 인삼을 처음으로 수확했는데 2,145m^2(650평)에서 약 1억 2,000만 원 수익을 올렸다. 1kg당 4만 6,500원을 받았는데 98년 이후 최고 가격이라고 한다. 첫 수확치고는 매우 좋은 결실이다. 당시 30대 초반의 젊은 나이에도 6년 동안 토양관리부터 병해충 방제까지 정성을 들인 결과 수확물을 얻은 데다 전국에서 최고 가격을 받아 명실상부한 최고 인삼 재배농가로 우뚝 서게 되었다.

이렇게 전국 최고 인삼을 생산한 것은 지리적으로 인삼 재배에 유리한 환경이기도 하지만 자가 육묘로 튼튼한 묘를 생산하고 철저한 예정지 관리까지 이뤄지기 때문이다. 인삼 묘 생산에 도전했던 초기에는 거름을 잘못 사용해 실패도 했지만 지금은 베테랑이 되었다. 덕분에 묘삼을 정식하고 남은 수량을 인근 농가에 판매해 생산비용을 엄청나게 줄였다.

인삼밭에는 1년간 키운 묘삼을 3.3m^2(1평)당 54~60주 정식해 전량 6년근 인삼으로 수확하는데 수확률도 90% 이상이다. 인삼은 한국담배인삼공사(KT&G)와 계약 재배한다.

세철 씨는 현재 인삼밭 확보를 위해 매년 논 3,300~4,000m^2(1,000~1,200평)씩 인삼밭으로 조성하는 일을 하고 있다. 인삼재배에서 가장 중요한 부분 중 하나가 다음에 인삼을 재배할 예정지 관리인데 1년간 인삼이 잘 자라도록 정성스럽게 관리하는 것이다. 고품질 인삼 생산을 위해 토양에 퇴비와 미생물 등을 알맞게 투입하고 경운작업만 10회 이상 실시한다.

세철 씨는 인삼을 수확한 토지는 이듬해부터 벼를 재배하고 논으로 사용했던 토지는 다시 인삼밭으로 전환하는 돌려짓기 농법을 하고 있는데, 이는 인삼 농사에서 토양 관리가 가장 중요한 부분이어서 필요한 영양분 보충 및 경운작업 등에 집중해야 하기 때문이다.

특히 지상부가 피해를 받으면 인삼 수확시기가 늦어질 뿐 아니라 상품성도 떨어뜨릴 수 있어 병해충 관리에 주력한다. 세철 씨는 병해충 방제를 위해 9월 초부터 5월 하순까지 차망지만 씌우고 차광막은 걷어준다. 이렇게 하면 충분한 일조량으로 지상부가 건조해지고 광합성을 하면서 강해지기 때문이다.

앞으로 세철 씨는 다른 지역보다 사포닌 함량이 높아 경쟁력을 갖춘 만큼 우수한 육묘기술을 바탕으로 우량 인삼 생산과 규모 확대에 도전할 계획이다.

채희영[6]

은성농원의 2세 농업경영인, 채희영 씨

우리나라에서 시클라멘을 가장 많이 생산하는 은성농원의 2세 농업인 경영자인 채희영 씨는 얼굴이 동그랗고 귀여움이 가득한 아가씨다. 겉모습은 평범한 아가씨와 다를 바 없지만 희영 씨가 처한 조건은 특별하다. 아들만 2

---

6. 주소 : 경기도 파주시 적성면 마지리 은성농원, 특징 : 꽃 농사, 최고를 향해 달리는 농원

세 농업인 경영자가 되라는 법 없지만 딸이, 그것도 규모가 큰 농원의 2세 경영자가 된다는 건 아직 우리 사회에서는 특별하다.

주위의 특별한 시선을 아는지 모르는지 희영 씨는 유리온실의 환한 햇볕 아래 베고니아, 캄파눌라 속에 흙 묻은 앞치마를 두른 채 일에 빠져 있다. 이제 곧 출하될 화분에 비닐을 씌우는 작업 중이었다. 은성농원의 최대 작목인 시클라멘을 육모 중이다.

꽃 농장 외동딸보다 꽃 농장 2세 경영인이 되고파

은성농원에서 나오는 시클라멘은 1년에 4만 본, 베고니아, 캄파눌라 등이 1만~2만 본 정도가 된다. 연매출액은 2억 원 정도다. 상토 구입, 시설보완, 화분, 인건비 등으로 절반이 나간다.

시클라멘 하면 은성농원을 떠올릴 정도로 꽃 농사로 성공한 희영 씨의 아버지는 고향인 경기도 파주에서 농사를 지어오셨다.

처음에는 소도 키우고, 비닐하우스에 관엽식물을 키우다가 1994년 당시로서는 거금인 6억~7억을 들여 유리온실 1,000평, 비닐하우스 1,000평에 시클라멘, 베고니아 등 화분 채로 생산하는 분화를 본격적으로 시작하셨다.

아파트나 사무실에서 키우기 좋은 분화의 수요가 많아지면서 희영 씨의 아버지 농원도 성공적으로 자리를 잡았다. 이 성공은 요행이 아니다. 시장의 수요를 예상하는 것도 능력이다.

급성장하는 농원에서 꽃 키우느라 바쁘셨던 부모님은 무남독녀 외동딸 희영 씨가 탈 없이 자라주는 게 고마워 공부하라는 잔소리 한번 하지 않으셨다.

온실로 불러들여 일을 시키지 않았음은 물론이다.

아무리 바빠도 일하라고 부모님께서 시키신 적은 없었지만, 바쁠 땐 알아서 친구들을 동원해서라도 일손을 돕는 희영 씨였다. 그때마다 고맙기도 하고 안쓰럽기도 해 아버지는 용돈을 쥐어주셨다.

한국농업대학교 화훼과에 입학하기 전까지 희영 씨는 집에서 키우는 꽃이 시클라멘인 줄도 몰랐다. 하지만 희영 씨가 수학능력고사를 치고 난 뒤 대학 진학을 목전에 앞두고 고민하고 있을 때, 마침 희영 씨 아버지 농원이 한국농업대학교에서 현장실습농장으로 지정되어 있던 터라, 아버지께서는 조심스럽게 딸에게 한국농수산대학 진학을 권유하셨다.

사실 아버지는 희영 씨에게 꽃 농사를 물려줄 것이라고 내심 생각하고 있었지만 평범한 학창시절을 보내라는 깊은 뜻에서 드러내지 않으셨다.

아무리 꽃 농사를 모르는 희영 씨이지만 꽃 농사가 힘든 일인 줄은 안다. 알기에 선뜻 결정을 하지는 못했지만, '서당 개 3년이면 풍월을 읊는다'라는 속담도 있듯이 10년 이상을 아버지 농원을 보아온 희영 씨였다. 희영 씨는 아버지의 권유를 따라 한국농수산대학에 발을 들여놓기로 마음먹었다.

부모님께서는 온실 바로 옆에 방을 꾸며놓고 기거하실 정도로, 24시간 365일 꽃밖에 생각하지 않으시는 분이다. 한국농수산대학으로 진학한다는 것은 희영 씨도 이제 그렇게 살아야 한다는 뜻이나.

희영 씨는 자신의 결정이 '결단'으로 비치는 것을 부담스럽게 생각하는 듯했다. 그러나 희영 씨는 꽃 농장의 따님이다.

화훼 기술자로 변신한 희영 씨

2002년 한국농수산대학 화훼과에 입학하면서 희영 씨는 각오를 단단히 했다. '이제부터 시작이다. 지금부터 잘하면 된다. 열심히 공부하자'고 했지만, 쉽지 않은 공부였다. 어깨너머로 보아온 꽃 농장과 실제 이론은 달랐다. 용어들도 너무 어려웠고, 생각한 것같이 쉽지가 않았지만, 희영 씨는 주저앉지 않고 천천히 배워나갔다.

1학년 때 배우는 '원예학 개론', '재배학' 이런 과목들이 희영 씨에게는 좀 어려웠다. 농업 이론 과목은 물리, 화학, 수학이 다 포함되어 있는데 이런 것에 약한 희영 씨인지라, 공부가 어렵지만 하나하나씩 익히고 직접 해보면서 부담을 덜어나갔다. 희영 씨가 이름을 모를 때는 의미가 없던 꽃들도 이름을 알게 되자 차차 눈에 들어왔다. 꽃의 특성에 따라 키우는 방법, 꽃의 색깔 시약 시험, 빛이나 광합성 실험 등을 직접 해보자 거리감이 상당히 좁혀졌다.

또 공부를 하면서 아버지가 공을 들여 지었던 유리온실에 대해서도 제대로 알게 되었다. 큰 비바람 불면 맥없이 무너지는 비닐하우스에 비해, 홍수나 태풍의 피해를 거의 입지 않고 햇볕을 풍부하게 받아들일 수 있는 유리온실은 아버지에게 하나의 꿈이었다. 유리온실을 짓기 위해 수차례 일본을 다녀오고, 책 보고 공부하고, 농업기술센터로 찾아다니며 자문을 구해가며 갖은 노력을 하셨던 것이다.

지금만 하더라도 유리온실 설치비용이 과거에 비해 20% 정도 낮아졌지만, 당시는 설치비용이 굉장히 많이 들었다. 모험이자 도전이었다. 하지만 아버지는 결단을 내려 추진했다. 어마어마한 돈을 들여 유리 온실을 지어놓고는 초기에는 사소한 기술상의 문제로도 늘 조마조마하게 지내셔야 했다.

이전에는 무심히 보아온 부모님의 생활이 이해가 되었다. 그리고 아버지의 꿈이 희영 씨의 꿈으로 다가왔다. '아버지는 꿈이었던 유리온실을 지었고, 꽃 농사를 지어 성공하셨다. 이것을 내가 포기할 수는 없다. 아버지의 꿈을 이어나가야 한다.'

목표가 정해지면 학구열은 높아지기 마련이다. 강원도 고랭지농업시험장에서 보낸 실습기간 동안 전문적인 지식도 익히게 되고, 실제 꽃을 키우는 과정을 거치면서 화훼기술자로 변신하게 되었다.

"실습하는 동안 다들 워낙 잘해주셔서요. 많이 가르쳐주어서 공부가 많이 됐습니다. 실습하면서 몰랐던 새로운 것들도 많이 접하게 됐고, 막상 그때는 몸에 와 닿지 않았던 것들이 지나고 나니 나도 모르게 무의식중으로 도움이 되더라고요."

젊은 처녀가 꽃 농사를 짓겠다고 하는데 어찌 어여쁘지 않으리.

"아직 아빠 따라가려면 멀었어요."

희영 씨는 졸업을 한 뒤 바로 은성농원으로 출근했다. 희영 씨의 일과는 농원에서 일하는 다른 분들과 똑같다. 한 달 150만 원의 월급도 받고 있다.

아침 8시 출근이다. 앞치마부터 두르고 지난밤 별일 없었는지 온실을 쭉 살펴보고는 그날의 작업에 대해서 아버지와 의논을 한다. 할 일이 결정되면 꽃에 따라, 날씨에 따라, 출하시기에 따라 파종, 이식, 삽식, 물 주기, 비료 주기를 하다 보면 하루해가 훌쩍 넘어간다. 저녁 다섯 시면 퇴근 시간이다.

함께 일하던 분들은 돌아가지만 희영 씨는 일이 남아 있다. 기록을 한다든지, 정리 정돈을 한다든지 농원의 주인으로서 소소하게 해야 할 일들이 많다.

희영 씨의 아버지는 성실하게 일하는 딸이 자랑스러워 자랑이 대단하다. "지금 당장 딸에게 꽃 농사를 다 넘겨주어도 걱정이 없다"면서 "기술력, 직원 통솔력, 영농의욕 어느 것 하나 모자라는 것이 없다"고 평가하신다.

"아니에요. 온실 기록하는 것만 해도 아버지가 하는 것과 제가 하는 것이 달라요. 아마 제가 지금 바로 온실을 맡는다면 얼마 안 되어 망가질 것 같아요. 제일 중요한 물 주는 기술이 아직 모자랄 뿐 아니라 제때 비료 주는 시기와 비율을 아직 모르는 걸요. 이런 거나 기계 다루는 기술이나 온도설정 기준이나, 아직 모르는 게 많아, 아버지께 배울 게 많아요."

자신감이 없는 것도, 정말 모르는 것도 아니다. 희영 씨는 농사는 욕심을 낸다고 해서 한 번에 다 배울 수 있는 것이 아니라고 생각한다. 꽃 키우는 방법이야 지금도 훤하지만 항상 예상대로 되는 건 아니라는 걸 희영 씨는 실제 꽃을 키워보면서 터득하게 된 것이다.

희영 씨의 겸손과 달리 세심한 손길은 농원에 빛을 발한다. 산목을 해도 일정한 크기로 정확하게 잘라내는가 하면, 희영 씨가 꽃에 손을 대면 신기하게도 모양이 살아나는 것이다. "재배 기술이라는 건, 우선 정성껏 하는 거예요. 육모할 때 저는 아무래도 손이 작고 빠르니까 가운데 정확하게 씨를 넣거든요. 이런 걸 보고 그렇게 말씀하시는데, 그래도 아직 멀었죠." 희영 씨는 적어도 10년 이상은 지금처럼 아버지를 앞서지 않고 아버지에게 일을 배울 작정이다. 아버지와 아들이 함께 일을 할 때보다, 아버지와 딸이 함께 일을 하면 갈등이 적다. 아들은 아버지를 빨리 넘어서고 싶어 하지만 딸은 신중하다.

"아버지는 저에게 빨리 농원을 맡기고 싶어 다 가르쳐주고 싶어 하지만, 저는 천천히 제대로 배우고 싶어요."

꽃은 빨리 피면 빨리 진다. 천천히 꽃을 피우겠다는 희영 씨다. 그래서 일본의 화훼농장으로 유학할 계획도 갖고 있다.

학구파인 희영 씨의 아버지는 1991년 농림부 주선으로 일본 지바현 사쿠라시의 화훼농가에서 기술연수를 하게 된 이후 일본의 화훼 기술을 배우는 데 적극적이셨다. 아버지가 그랬듯이 희영 씨도 공부하는 농사꾼이 되고자 한다. 아버지가 오늘의 성공을 이룬 것은 '연구'였다는 것을 희영 씨는 알고 있다.

365일, 오로지 꽃 생각만

사실 희영 씨가 꽃 농사를 짓기로 결정하고 농원에서 일을 하는 것이 쉽지만은 않았다. 아니 결정은 했지만 한편으로는 하기 싫었다. 꽃 키우는 아가씨, 예뻐 보이지만 실제 일은 힘들다. 삽으로 흙 퍼 나르는 것은 예사이고, 온실을 유지하기 위한 복잡한 기계며, 화분 수천 개씩을 옮겨야 하고, 허리 펴기가 힘들 정도로 일이 고되다.

또래 동료들과 함께 일을 할 수 있는 것도 아니다. 하루 종일 가야 아버지와 이것저것 의논하는 것 말고는 말할 상대가 없을 때도 있다. 같이 일하는 분들이 계시지만 나이 많은 분들이라 조심스럽다.

명랑 쾌활한 아가씨가 하기에는 보통 고역이 아닌 일이다. 이 나이 또래 아가씨들이 그렇듯이 친구들과 어울려 놀러 다니고 싶고, 남자 친구도 사귀고 싶고……. 굳이 하려면 못할 건 없지만 꽃 농사를 지으면 아버지와 어머니가 그랬듯이 24시간 365일 모든 시간과 마음을 꽃에 바쳐야 한다.

게다가 꽃만 잘 키운다고 되는 것만도 아니다. 판로 개척이 중요하다. 아버지는 일본으로 꽃을 수출하느라 화훼조합을 결성하고 백방으로 뛰어다니신다. 2001년부터 시작한 일본 수출은 차츰 늘어 지난해는 5차례 3만 본을 수출했다. 이후에는 이런 일도 희영 씨의 몫으로 돌아올 것이다. "솔직히 부담도 되고 하기 싫기도 했죠. 농사짓는 것을 사회적으로 인정하는 분위기도 아니고요. 그런데 제가 꽃 농사를 지으니까 주위에서 많은 분이 관심을 가져주고 격려를 해주십니다. 이런 것들이 많이 도움이 됩니다."

'해야 된다'와 '하고 싶다'는 다르다. 하지만 희영 씨는 주위의 격려에 힘입어 자신을 추스르며 '해야 된다'를 '하고 싶다'로 바꿔나가는 중이다. 희영 씨가 농원에 합류한 이래로 온실은 별 탈 없이 잘되고 있다. 게다가 희영 씨의 세심한 손길로 꽃들이 잘 자라고 더 예쁘게 핀단다.

"좀 빈약해 보이는 꽃은 위의 순을 따주면 가지가 더 많이 나오니까……."

농원에서 일을 해본 사람이면 모를 리 없는 지식이지만, 밤사이 자라난 꽃이 예쁘고 신기한 희영 씨는 순을 따주는 작은 것이라도 대충 하지 않고 정성을 다한다. 아직 부족한 점이 많다면서, 자라면 잎이 아래로 향하는 시클라멘처럼 겸손을 떠는 희영 씨에게 아버지는 온실의 웬만한 일은 다 맡기고 판로에 집중하고 계신다.

주변에서는 딸 혼자 농원을 운영할 수 있겠냐며, 함께 농원을 운영할 사위를 구해야 되는 것 아니냐는 편견이 섞인 농담도 나오지만 희영 씨의 아버지는 전혀 꿈쩍도 않는다. 이제까지 희영 씨가 찬찬히 온실을 꾸려온 것을 보면 그런 말은 귀에도 들리지 않는 것이 당연하다.

최고가 되면 농업도 희망 생겨

물론 온실을 지키기만 해서는 아버지의 꿈을 이을 수 없다. 아버지가 그리스나 지중해에서 자라는 시클라멘을 품종 개량해 대히트를 쳤듯이 언젠가는 희영 씨도 새로운 작목을 선택하고, 새로운 판로를 개척해서 농원의 규모를 더 늘려나가야 한다.

"그 점에 대해서는 정답이 있습니다. 최고가 되면 되니까요. 아버지는 꽃 농사를 짓는 데 최고가 되셨어요. 저는 이제 최고가 되기 위한 3분의 1지점에 서 있다고나 할까요. 최고가 되면 작목 선택도 판매도 절로 풀릴 것이라고 생각합니다. 그렇게 되면 농원도 미래도, 농업의 희망도 생긴다고 확신합니다." 똑 부러지게 말하는 모양이 아주 당차다.

"왜 꽃 농사짓는 농부가 되었냐고 물어보시면 음…… 꽃이 좋고, 농사짓는 게 행복하고……, 농부가 천직인 것 같아요" 처녀농부 채희영 씨는 농부가 된 이유가 그저 가장 행복한 일을 찾다 보니 그렇게 되었다고 말한다. 젊은 처녀가 하루 종일 흙과 씨름해 온몸이 흙투성이가 되어도 살아 숨 쉬는 것만 같아 기쁘다는 그녀는 꽃띠 처녀답게 얼굴이 웃음으로 가득하다.

현재 그녀는 아버지 채원병 씨와 함께 유리온실과 비닐온실을 모두 합쳐 약 1만㎡(3천 평)가 넘는 농장에서 시클라멘, 운간초, 보르니아, 캄파눌라 등 20여 종의 꽃들과 크리스마스로즈, 클레마티스 등 일본에서 들여온 야생화 등을 재배하고 있다.

"영농을 하는데 여자라서 힘든 것은 거의 없어요. 무거운 건 둘이나 몇이 함께 들면 되니까요. 오히려 화훼는 심기나 삽목 등 섬세함이 필요하기 때문에 여성에게 적합한 농사죠."

현재 은성농장에서 일하는 인부 가운데 부친만 빼놓고는 모두 여성이라고 한다. 하지만 전기나 화학재료 등을 만지는 일에는 조금 겁이 나기도 한단다.

"한번은 이웃농장이 벼락에 맞아 정전이 된 적이 있었어요. 곧 복구되기는 했지만 이런 일을 겪을까 봐 늘 조바심이 나죠. 지금은 아버지가 비료를 주는 일이나 기계를 만지는 일을 해주시지만 경험이 쌓이면 모두 잘할 수 있을 것 같아요."

농사를 짓고 있는 대부분의 2세들이 도시로 떠났거나 다른 직업을 찾고 있는 마당에 나이 어린 처녀가 농촌에 뼈를 묻겠다고 나선 점이, 그 열정 또한 대단하다.

"어려운 농업 현실이지만 이 분야에서 최고가 된다면 능히 극복할 수 있다고 봅니다. 이 분야에서 '채희영'이라는 제 이름 석자를 남기기 위해 전문성을 키우고 더욱 노력할 생각이에요." 희영 씨는 자신의 영농에 대한 자부심도 크다. 직장 다니는 친구들보다 시간이나 금전적으로 여유를 가질 수 있어 좋고, 노력한 성과를 확인할 수 있어 뿌듯하다고 말한다.

유리온실·비닐하우스·노지 등을 합해 전부 약 1만m^2(3,000여 평) 규모의 농장에서 부친은 물·퇴비관리를 맡고, 그녀는 화분작업, 어머니는 블루베리 농사를 전담하고 있다. "말이 좋아 작은 사장이지, 10년은 더 지어야 꽃에 대해 조금 안다고 할 수 있지 않을까요?”

그렇지만 희영 씨는 자가채종 번식법, 저온성 화훼 연구 등 나름대로 다양한 실험도 진행하며 해마다 일본 등 선진국의 꽃시장을 둘러보고 신기술에도 관심을 두고 있다. 또한 화훼 농사에 쓰이는 흙이나 거름을 나르는 것도 희영 씨의 몫이다. 농사를 시작한 뒤로 숨겨져 있던 힘의 원천을 발견했다는 그녀는 양손 가득 상토 자루를 들고도 거뜬한 ‘원더우먼’이 되었다.

“여자는 농사짓기 힘들다고요? 그거 다 옛말이에요. 여자라고 못 하는 게 어딨어요? 여자도 무슨 일이든 다 할 수 있는 경쟁력을 길러야죠.” 요즘엔 겨울 출하를 위해 두 번의 옮겨심기 후 큰 화분에 마지막으로 심어주는 시클라멘 정식 작업까지 해야 하는 시기라 허리 한번 펼 틈이 없다. 이렇게 희영 씨가 9년간 젊음을 바친 은성농장은 연 억 단위의 소득을 올리고 있다. 하지만 여기서 하루가 멀다 하고 오르는 기름 값이나 부수적으로 들어가는 이것저것 빼고 나면 사실 손에 쥘 수 있는 것은 얼마 되지 않는다고 한다. 그렇지만 희영 씨에게 꽃과 함께하는 것은 30억과도 바꿀 수 없는 소중한 시간이다.

9년간 아버지 밑에서 화훼기술을 배워온 그녀는 내년에 유리온실을 제외한 비닐하우스와 노지의 화훼를 맡게 되었다. 생산에서부터 출하까지 전적으로 그녀의 몫이 되었다.

“부담감이 크죠. 아직 배울 게 많은데 이제 혼자서 해내야 하니…… 걱정이 커요. 하지만 아버지가 믿고 맡겨주시는 거니 용기 내서 도전해봐야죠. 농장을 찾는 후배들에게 저 역시도 그래요. 도전에 두려워하지 말고, 실패를 무서워하지 말라고요. 이렇게 말해놓고 제가 두려워하면 안 되겠죠?” 시클라멘 겨울출하를 끝내고 봄에 출하할 꽃들을 관리하느라 희영 씨는 바쁘다. 최근에는 화훼 농업도 일반 기업과 마찬가지로 하나의 '경영' 개념이 필요하다는 사실도 깨우쳤다. 몸이 힘들면 힘들지, 다른 걱정은 없을 줄 알았던 희영 씨였다.

"변화하는 소비자의 취향을 재빠르게 파악해 외국에서 들여올 품종과 새로 개발할 품종을 기획해야 하는 스트레스가 만만치 않아요." 하지만 정성들여 키운 꽃을 출하할 때는 아직 시집도 안 간 처녀가 딸 시집보내는 엄마의 심정을 느낀다는 희영 씨는 자신의 일이 자랑스럽다고 했다. 결혼을 하게 되더라도 은성농장을 떠날 수 없기에 결혼 상대자를 찾는 일도 녹록치 않단다. 결혼은 포기할 수 있지만 은성농상반은 포기할 수 없다는 것이 그의 신조다.

최영수[7]

요즘 최고의 직업으로 꼽히는 교사의 꿈과 공무원을 접고 농부가 된 부자가 있다. 한국 정서상 말이 안 되는 믿을 수 없는 일이다.

안성농업기술센터에 근무하던 최종헌 씨는 42세가 되던 1999년에 사표를 내고 화훼 농사에 뛰어들었다. 최 대표는 단순한 생산판매에서 벗어나 생산과 유통, 제품세트화 판매까지 입체적인 관리가 필요하며 이를 위해 농업

---

7. 주소 : 경기도 안성시 공도읍 용두리, 특징 : 돈 버는 농업, 식물원 같은 '성창농원'

은 1차 산업에서 3차 서비스산업까지 범위를 확대하는 것이 바람직하다고 주장한다.

그가 그 당시 편안한 공무원의 길을 버리고 힘든 길을 가려는 것에 대해 주변에서는 모두 반대했다. 하지만 농진청 경기도 농업기술센터에서 화훼담당 공무원으로 근무하는 동안 기술적인 노하우를 찾았고, 농민들이 돈 벌 수 있는 방법을 찾아 이를 직접 전수해주고 싶었다.

하지만 최 대표는 99년 공직을 물러난 후 고향인 경기도 안성시 공도읍 용두리에 12,000㎡의 농장을 구입해 거베라를 심었으나 시장가격 하락과 안정적인 판로를 찾지 못해 첫 3년 동안 적자를 면치 못했다.

우선 무조건적인 출하보다는 상품의 희소성을 감안하고 다양한 판로도 개척하는 한편 1회 판매에 그치는 것이 아니고, 판매 후 관리까지 하는 토털 서비스 개념을 도입했다. 여기에 관공서 실내 조경설계 시공과 일정기간 동안 대형 실내조경화분을 대여해주는 등 다각적인 판로확대에 주력했다. 또한 매월 필요한 꽃을 정기적으로 생산하고 조경용 꽃인 팬지, 비올라, 매리골드, 베고니아는 물론 국화 등 30여 가지 다양한 조경용 꽃을 만들어 수요자의 욕구를 충족시켰다.

아들인 영수 씨는 국립사범대학으로 진학해 선생님이 되려고 하던 차 아버지의 강력한 권유로 한국농수산대학에 입학했다. '농업사랑'이 유별난 부자는 경기도 안성시 공도읍 용두리에서 비닐하우스 1,500평과 노지 4,500평에 1천여 종이 넘는 나무와 꽃을 키우고 있다. 선택에 후회는 없다. 100% '대만족'이다.

사범대보다 한국농수산대학을 가라

안성시 공도읍 용두리에 자리한 성창농원의 비닐하우스 안은 식물원 같다. 메리골드, 임파첸스, 고니아, 피튜니아 같은 작은 화분에 심어진 꽃들에 분재, 분경 등 작품들, 그리고 소나무류, 철쭉, 사철 등등, 거기에 바나나나무까지 있다.

영수 씨에게 농원 안의 꽃과 나무 이름을 다 아냐고 물었더니 "제가 아는 건 100개도 안 되어요"라고 답하더니, 곧이어 "아버지가 아는 식물은 몇만 개 될 거예요"라고 자랑한다. 영수 씨는 '농업사관학교', 한국농수산대학 화훼과 졸업생이다.

"꽃과 나무 이름도 알아야 하지만요. 이름을 몰라도 적 보면 어느 종류의 식물이다, 초본, 목본 식물, 구근 식물, 1년생 혹은 다년생인 것을 구별하고 그 특징을 아는 것이 중요합니다. 특징을 알면 재배방법도 나오고 실내 조경에 적당한지 아닌지도 알게 되거든요. 이게 무늬산호수인데요. 다년생 숙근초예요. 숙근초라고 인식이 되면 줄줄 나오는 거죠. 꽃은 없고 열매가 예쁘고, 실내조경에 적합하다……."

영수 씨에게 농원에서 주로 무슨 일을 하는지를 질문했다. "음……, 아버지가 시키는 일을 해요. 시키지 않은 일을 하면 야단맞아요. 한번은 퇴비를 주어야 될 것에 열심히 퇴비를 주었는데 혼이 났죠."

스물아홉 살 영수 씨의 하루 일과는 상당한 체력을 요하는 '노가다'다. 아침에 출근하면 먼저 아버지의 지시를 받는다. 육모를 한다거나 퇴비를 준다거나 나무를 옮긴다거나, 또 주문 들어온 꽃이나 나무를 신고 배달을 나간다.

조경공사를 맡은 곳으로 나가 삽질하고 나무 옮기고 심는 작업을 한다. 이때도 아버지의 작업지시에 따른다.

영수 씨는 교사가 되려고 했고, 사범대학에 지원을 하면 합격이 가능한 수능점수를 받았다. 아무리 아버지가 강력히 권유했다고 하지만 농사를 짓기 위해 한국농수산대학을 다니고 아버지 밑에서 도제수업을 받고 있을까.

"아버지의 이야기를 듣고 보니까 교사보다 농업인으로 사는 것이 더 좋은 길일 수도 있다는 생각이 들었어요. 수익 많이 나오죠. 구조조정에 의한 정리해고나 정년퇴직 없는 평생직장이죠. 조직이나 윗사람 눈치 안 봐도 되죠. 물론 잘 안 되면 망하지만요."

영수 씨의 아버지도 이런 이유로 잘 다니던 농업기술센터 공무원을 그만두셨다. 아버지는 또 다른 이유가 있었다. 1977년 농촌지도소 시절 공직에 입문해 20년 넘게 원예 파트에서 근무하셨던 아버지는 공직생활에서 갈증을 느끼셨다. 담당자에게 책임과 권한이 있는 게 아니다 보니 조직 안에서는 윗사람의 의중을 생각하게 되고, 현장으로 나와 지도를 할 때는 책임감을 갖고 분명한 태도를 취하지 못하는 점들이 있었다. 열정 많은 아버지는 직접 '선수'로 뛰기로 결정하셨던 것이다.

실습 나간 호주에서 얻은 기회

대학 생활하면 '자유'를 떠올렸던 영수 씨에게 한국농수산대학은 '군대'였다. 아침 점호, 강의, 기숙사로 이어지는 대학생활은 학교, 독서실, 집을 돌던 고등학교 생활과 다를 바 없었다.

“으아~” 하고, 비명을 지르던 영수 씨는 궁즉통, 궁하면 통한다고 기숙사에서 노는 법을 터득했다. 그러나 '기숙사 생활 100배 즐기기'는 재학생이나 이후 입학생을 위해 대외비로 부치는 것이 좋을 것 같다.

그렇다고 영수 씨가 학과 공부에 소홀했는가 하면 결코 그렇지 않다. 결강 한 번 하지 않은 영수 씨다. 평소 수업 빠지지 않고 듣고, 시험 때 정신 바짝 차려 준비하고, 과제는 꼬박꼬박 제출했단다. 2년 동안 스스로와 한 약속을 한 번도 어긴 적이 없다. 말과 달리 모범생이었다.

암기보다 원리가 중요하다고 생각하는 영수 씨지만 '식물의 생리'나 '조경학 대계' 과목은 상당히 어려웠다고.

“가장 중요한 것인데 기장 어려워요. 하지만 원리를 알아야 하니까 어려워도 한번은 넘어야 할 산이죠.”

붙임성 좋은 영수 씨는 호주로 실습 나간 11개월 동안 세 곳의 꽃 농장에서 일을 했는데, 처음 갔던 농장주인 스티븐과 리사 부부와 좋은 관계를 맺게 됐단다. 친하게 된 계기는 수경재배였다.

호주의 꽃 농장은 '농장'이라기보다는 '공장'처럼 보일 정도로 거대했다. 꽃이 10만 평 이상의 넓은 땅에 심어져 있다. 우리나라는 국화를 1년에 2~3작 하는데, 호주는 국화를 4작 할 수 있다. 1작기를 하는 3개월 동안 한 달 내내 꽃만 심고 한 달 내내 꽃을 기르고 한 달 내내 꽃을 잘라냈다.

잘라낸 꽃의 밑동을 치우는데 지친 영수 씨가 스티븐에게 짧은 영어로 “밑동 치우는 것도 큰일”이라며, “인건비 절감 차원에서 수경재배를 해보는 건 어떻겠냐”고 제안하자, 스티븐은 “Oh! That's good idea~”를 외치더니 자기도 그런 생각했다면서 바로 "OK" 했다. 그때부터 연장 갖다 놓고 자르고, 붙이고, 뚫고 수경재배에 매달렸다.

3개월 이후에는 다른 농장으로 옮겨야 했는데 스티븐과 리사 부부가 아는 사람을 소개해주어 별 무리 없이 일을 했다. 이후로도 주말에는 스티븐네 농장에 가서 아르바이트를 하며 돈독한 관계를 쌓았는데 이후 영수 씨가 일을 해나가는 데 있어 큰 밑천이 되었다.

호주에 실습 가면서 영수 씨가 했던 다짐은 '집에서 용돈 타서 쓰지 말자'였다. 주급 200달러를 받는데 주거비, 생활비, 세금 제하면 수중에 들어오는 건 15달러. 이후에는 조금씩 올랐지만 객지 생활하기에는 턱없이 부족한 돈인데도 영수 씨는 용돈 부쳐 달라는 소리 한 번 하지 않았다.

3학년 때는 학교에서 공부할 때 말고는 집에 와서 일을 많이 했다. 당시 아버지의 농원은 나무를 옮겨 심어야 될 때여서 삽질과 곡괭이질을 엄청나게 했다고 회상하는 영수 씨. 낭만스럽게 말하는 영수 씨지만 한국농수산대학을 다니는 동안 전공과목에 대한 이해와 원리, 꽃과 나무를 기르는 방법, 농사일하기 위한 체력과 인내심까지 길렀다. 배워야 할 것을 다 배운 셈이다.

농업 예술은 끝이 없어

농원으로 돌아온 영수 씨는 우선 안성에 있는 힌경대 조경학과 3학년에 편입했다. 영수 씨가 졸업을 하면서 낸 사업계획서는 소나무조경 사업이었다. 조경 사업을 하기 위해서는 조경기사자격증, 산업기사자격증 등 몇몇 자격증이 필요하다. 사업계획서대로 일을 추진하기 위한 준비과정이다.

한국농수산대학의 교육 내용은 '재배'가 주를 이루지만 한경대 조경학과는 '설계' 중심이라 영수 씨는 도면 베끼고 답사 다니는 또 다른 공부를 한다.

"자격증 시험 준비도 해야 되고, 과제도 많고, 한 학기에 20번은 답사를 다니니까, 휴우……."

공부를 한다고 해서 농원 일이 면제되는 건 아니다. '아버지의 지시'에 따라 꼼짝없이 육모하고 퇴비 주고 배달 다니고, 조경해야 되는 곳으로 나가 나무 옮겨 심고. 손에 흙 마를 때가 없다.

가끔은 영수 씨도 작은 가위 들고 심지어는 톱까지 들고 나무 앞에 설 때가 있다. 가지를 유인하고 또 잘라 내거나 아예 없애는 전정 작업을 한다. 농원에 아주 큰 나무는 없고 대체로 분재라 그다지 어렵지 않은 수준의 작업이라 가능하단다. 학교에서 배웠기 때문에 가능한 것이다.

아버지의 지시에 철저히 따라야 하지만 아버지가 답을 내놓기 이전에 영수 씨가 답을 먼저 제시하는 경우가 가끔 있어 눈이 높은 아버지에게 후한 점수를 얻기도 한다. 이 역시 공부의 힘이다.

어떤 사무실에 조경시설을 하기 위해 아버지와 나가면, 사무실의 환경부터 파악해야 된다. 햇볕이 잘 드는 곳인지 아닌지, 바람이 잘 통하는 곳인지 아닌지 등 조건을 파악해 식물을 선택하는데 이때 영수 씨가 "아버지 이곳에는 어떤 나무가 좋을 것 같은데요"라고 선수를 친다. 정답이 나오면 아버지는 흡족해하신다.

2005년 가을, 아버지의 감독 아래 일을 하던 영수 씨가 뜻하지 않게 홀로 조경시설을 하게 되었다. 안성농산물유통센터 준공식 무대의 조경이 일거리로 들어왔는데, 아버지는 업무차 일본으로 가셔야 했다. 꼼꼼하신 아버지는 출장 가시기 전 영수 씨에게 세세하게 알려주었다. "무대 테두리는 국화로 장식하고, 무대에 오르는 길은 꽃길을 만들고, 무대 근처에는 작은 화단을 만드는데 물을 이용해 조경을 해라."

조경 계획이 나오면 나머지야 치수 재고 힘쓰는 일 아닌가. 아버지가 계시지 않아도 마음 푹 놓고 있었는데 아니 웬걸, 작업에 들어가려는데 무대의 위치가 바뀐 것이다. 조경의 규모가 애당초 생각했던 것의 반 이상이 커져버렸다.

"꽃길은 6미터에서 10미터로 늘어나고…… 디자인을 다시 해야 됐으니까 암담했죠. 아버지가 제 실력을 믿고 맡긴 것이 아니라 돌발 상황에서 저 혼자 하게 된 거잖아요?"

무대의 규모는 커졌지만 준공식 날짜는 그대로다. 일은 많아지고 시간은 없다. 영수 씨는 실습 나온 학생 2명과 새벽별 보기 운동에 들어갔다. 일주일 동안 새벽 5시에 나와 밤 12시까지 작업을 해서 준공식 날 무대조경을 완성시켰다.

영수 씨가 디자인한 무대의 조경은 이랬다. 무대 테두리는 국화로 장식했다. 꽃길은 가을에 나오는 꽃들인 공작초, 베고니아, 피튜니아로 장식했는데 농원에 있는 꽃이 모자라 사오기까지 했다. 무대 근처의 화단은 물레방아와 보조식을 갖다 놓고 그 주변에 산호수와 백양금을 갖다 놓았다.

준공식이 끝난 뒤 일본에서 돌아온 아버지에게 검사를 맡기 위해 하루 늦게 무대에서 조경시설을 걷어냈는데, 무대 조경을 보신 아버지는 "수고했다"고 해주셨다. 평소 칭찬에 인색한 아버지이신데 인정하신 것이다.

조경은 식물 선택도 중요하지만 기술이 필요하다. 영수 씨는 이 부분과 관련해서는 아버지에게 많이 배운다.

농업기술센터에서 퇴직한 뒤 아버지는 거베라 절화를 하셨다. 첫 사업이었다. 얼마나 예쁘게 잘 키웠던지 양재동 화훼시장에 내놓으면 전국에서 최고가를 받아 다른 농원의 거베라보다 30퍼센트 이상 비싸게 팔렸다.

"그때 제 기술력에 대해 확신을 가지게 됐죠. 우리나라 사람들이 손끝이 섬세해서 조경 기술도 세계 최고예요. 외국 사람들이 배우러 온다니까요."

영수 씨의 기술은 아버지가 보시기에 어떨까

"농업 관련한 책을 보면 시스템으로 접근하는 것이 부족해요. 그러다 보니 아직 경험이 중요하다는 얘기를 할 수밖에 없습니다. 예를 들어 학교에서 하우스 짓는 것을 가르칠 때 남북 방향, 32m 파이프……. 이렇게 나오는데 학교에서 배운 공식대로 하면 하우스 짓는 데 한 달 걸려요. 보름이면 되는데. 왜 그러냐 하면 일을 하다 보면 물 파야 되고, 배수로 만들어야 되고, 전봇대가 걸리고 생각지도 않은 상황이 생깁니다. 이게 시스템으로 정리가 되어 있지 않기 때문이죠. 또 생명력이 있는 식물로 작품을 만드는 건 기술을 넘어 예술의 경지인데 영수는 아직 멀었죠."

아버지의 말씀을 듣던 영수 씨는 고개를 끄덕인다. 농업 예술의 세계는 멀고도 험하다.

조경 사업은 농산물 개방에도 끄떡없어

공무원을 때려치우고 농원 문을 연 영수 씨 아버지의 수입은 공무원 시절만 할까. 농원을 연 2년 동안은 적자를 봤다. 아버지가 공직 생활을 접고 농원을 하겠다고 했을 때 반대했던 할머니와 어머니의 표정이 더 굳어지셨음은 물론이다. 다행이 3년째 적자를 면하고 2006년 매출액은 2억 4천만 원이었다. 당시는 사업 초기단계인데다 농원에 재투자를 해야 되기 때문에 순수입은 25~30%였다.

"그 이전만 하더라도 안성시에 꽃 심는 예산이 2천만 원밖에 안 됐어요. 관공서다 골프장이다 쫓아가서 꽃 심으라고 권유를 하죠. 안성은 과수와 축산이 중심이라 화훼 하는 농가가 많이 없어 농원을 할 만한 지리적 조건은 괜찮은 편입니다. 어쨌든 꽃이나 나무 심는 문화가 확산되는 추세이니까 전망이 있다고 봅니다."

영수 씨의 아버지는 농산물 개방에도 끄떡없다고 강한 자신감을 내보이셨다.

"우리 농업 분야 중에서 외국에 수출할 수 있는 건 송백류예요. 외국 사람들이 아주 탐을 내거든요. 수입 개방이 되어서 외국에서 나무들이 들어와도 그건 조경에서 '구색 맞추기'용으로 쓰입니다."

영수 씨의 아버지는 꿈을 이루셨다. 영수 씨의 꿈은 식물원이다.

"최종목표가 식물원이에요. 산 하나를 사서 식물원을 차리는 거죠. 돈도 많이 필요하고 지식도 필요하겠죠. 그래서 한국농수산대학 화훼과 졸업 동기들과 조경회사를 차릴까 생각 중입니다."

윤여창[8]

"윤여창 어르신이라고, 저희는 할아버지라고 부르는데요, 할아버지께서 농사지으려면 농업사관학교인 한국농수산대학으로 가야 된다고 설득 하셨습니다."

과수과 1회생인 서충원 씨와 축산과 2회생인 전영석 씨를 한국농수산대학으로 보낸 윤여창 전 한국농수산대학 운영위원장은 서울대 농대 출신으로 1963년부터 안양시 모락산에서 창령원(목장)을 운영한 농업인이다. 농업인 최고 영예의 상이라 할 수 있는 농협중앙회의 '새농민상'을 1966년 수상한 윤여창 전 위원장은 농업인들의 지도자로서 한국농업의 발전을 위해 다양한 활동을 펼쳐왔다.

"새농민상 수상자 모임이 도 단위로도 결성이 되어 있어요. 각 도의 새농민회 총회에 가서는 한국농수산대학을 알리고, 자식들이 농업을 계승하고 발전시켜야 된다고 설득을 했습니다. 기회 되면 외국에 연수도 보낸다고도 하구요."

서충원 씨와 전영석 씨의 아버지는 '새농민회' 회원이다. 윤여창 전 위원장은 4년제 대학 진학을 하려던 서충원 씨에게는 "나를 봐라, 서울대 나와서 농사짓고 있다, 어느 대학을 가는 것이 중요한 것이 아니다"라며 설득했고, 장학금을 받고 천안 연암대학을 다니던 전영석 씨를 한국농수산대학에 보내기 위해서는 전영석 씨의 부모님을 꾸짖기까지 했다. 윤여창 전 위원장을 통

---

8. 주소 : 경기도 안양시 모락산 창령원 농장리, 특징 : 한국농수산대학의 영원한 산파

해 한국농수산대학에 입학한 새농민상 회원의 자녀는 60여 명, 새농민상 회원이 추천한 학생이 60여 명에 이른다.

학부모 면접을 성사시키기까지

한국농수산대학의 10년 역사에서 윤여창 전 위원장의 눈부신 활약을 빼놓을 수 없다. 윤 전 위원장은 '3년제 농업학교'에 큰 의미를 두고 학교 설립 이전부터 적극적으로 관여했다. 1969년부터 4-H 연수 농장으로 국내외 학생들에게 현장 교육을 하면서 이것이 3개월 코스인 점을 항상 안타깝게 여겨왔다. 농촌진흥청에 현장교육은 적어도 사계절은 겪어봐야 된다고 기간을 늘릴 것을 요구하기도 했을 정도였다.

최민호 초대 학장과의 인연으로 학교 설립 이전부터 운영위원을 맡게 된 윤여창 전 위원장은 대한민국 어느 대학에도 없는 '학부모 면접'을 제안했다.

"운영위원들 대부분 학자였는데 나는 현장에서 일을 해왔으니까 실정을 잘 알잖아요? 농업이라는 게 1~2년으로 되는 것이 아니기 때문에 부모의 의지가 중요하거든요."

'학부모 면접'을 실시하는 것으로 결정이 되자 윤여창 전 위원장은 "한편으로는 걱정도 되었다"고 회상한다. '면접순서가 맨 끝이면 하루 종일 기다려야 되는데 학부모들이 과연······.' 1회생 면접을 실시할 때는 학교 건물이 완공되기 전이었다. 눈보라가 치는 날인데도 학부모들은 끝까지 기다려 학생보다 더 적극적으로 면접에 임했다고 한다.

윤여창 전 위원장의 현장 감각은 여학생 기숙사를 늘리는 데도 기여했다.

기숙사를 지을 때의 계획은 4분의 3가량을 남학생용으로, 나머지를 여학생용으로 하는 것이었다. 윤 전 위원장은 "농업이 발전을 하기 위해서는 여학생들이 학교에 많이 들어와야 되므로 우선은 남학생 기숙사로 이용을 하더라도 남녀 절반의 비율로 기숙사를 지어야 된다"고 주장을 했던 것이다.

"농촌에 뿌리를 내리려면 짝이 있어야 해요. 우리 학교에 여학생들이 많이 오면 아무래도……. 여학생들이 선호하는 과도 늘려야 된다고 이야기를 많이 합니다."

개교를 하고 난 뒤에도 윤여창 전 위원장은 학교 운영에 많은 도움을 주었는데 그중에서도 특히 첫해 해외실습을 성사시키고 미국 실습의 길을 뚫었다. 1회생이 2학년이 되어 실습을 나가야 되는데 외환 위기로 학교 예산이 넉넉하지 못했다. 학교 측은 어쩔 수 없이 포기를 하려는데 윤 전 위원장이 "내가 보내마"하며 앞장을 섰다.

당시 한국종축개량협의회에서는 낙농회원의 자녀 중 한 명을 일본의 홋카이도 낙농농가로 보내 연수를 받도록 하고 있었는데, 윤 전 위원장이 한국종축개량협회가 결성되는 데 주도적인 역할을 했기 때문에 이 제도를 한국농수산대학에서 활용하도록 했다.

이것으로 해결이 된 것이 아니었다. 일본으로 실습은 갈 수 있게 됐는데 군대를 다녀오지 않은 학생은 일본 체류기간이 3개월을 넘길 수 없는 문제에 부딪혀 군대를 다녀온 1회생 2명을 선발해 홋카이도 농가로 실습을 보낼 수 있었다.

이후 학생들의 해외 실습에 걸림돌이 되는 해외체류기간 문제를 해결하기 위해 병무청에 수차례 요청하고 설득을 해서 '군 미필자 해외 1년 체류'라는 전무후무한 특례를 얻어냈다.

일본 실습이 성사가 되면서 1970년대 이후 불법체류 문제로 막혀 있던 미국 농업 연수도 이루어지게 되었다. 미국 샌프란시스코에 본부를 두고 있는 IFEA(국제농업자본원조협회)는 일본인들이 주축이 되어 있다. IFEA가 일본 홋카이도와 교류를 하면서 실습 나온 한국농수산대학의 성실성을 알게 되어 실습생들을 받아들였다.

학교 출신 학장이 나오기를 기원

윤여창 전 위원장과의 인연으로 한국농수산대학에 진학한 학생들은 졸업 이후에도 "할아버지"라면서 곧잘 도움을 요청한다.

도움의 내용도 다양하다. "도청에 누구 아세요? 할아버지가 전화 한 통 해 주시면 좋을 것 같은데요"부터 "우리 집에 자꾸만 설사를 하는 송아지가 있어요." 그리고 "일본 4-H와 교류를 하고 싶은데요"를 거쳐 "주례 좀 서주세요"까지.

부탁을 받은 윤 전 위원장은 넓은 인맥을 이용해 관공서에 전화를 넣고, 일본에서 한 번 먹이면 설사를 하지 않는 약을 구해주고, 발 벗고 나서 일본 4-H와의 교류 방법도 찾아 가르쳐준다. 윤 전 위원장은 전영석 씨와 염영주 씨 부부의 결혼식 주례를 섰다.

"불모지를 개척하면서 생긴 노하우를 한국농업을 지켜갈 젊은이들에게 하나라도 더 알려주고, 남김없이 도움을 주고 싶습니다."

무슨 문제든지 어려워 말고 도움을 요청하면 최대한 돕겠다는 윤 전 위원
장은 "10대 후반부터 20~30대 손자 손녀들을 친구로 두게 되어 참으로 행
복하다"고 말한다. 윤여창 전 위원장은 한국농업수산대학교에 바라는 세 가
지를 부탁하신다.

"학교가 개교 이후 10년 동안 여러 사람과 인연을 맺었는데 그 인연을 소
중하게 여겨주기를 바랍니다. 우리 학교는 졸업생 사후 관리가 참 중요한데
10년이 되면서 제자들이 많이 나와 교수진들이 힘이 많이 들 텐데 너무 욕심
부리지 말고 학내에서 좀 더 많은 일을 해주었으면 합니다. 그리고 우리 학교
출신의 학장이 나오기를 기원합니다."

김민중[9]

한국농수산대학 화훼과 졸업생인 김민중 씨의 어릴 적 꿈은 연예인이었
다. 한때의 바람이 아니었다. 학교 공부와 일찍 담을 쌓은 그는, 강남과 이태
원을 무대로 그야말로 '질풍노도'와 같은 십대를 보냈다. 삐끼로 시작해, 웨
이터, DJ를 거쳐, 당시 잘 나가던 힙합 그룹 NRG의 매니저로 연예계에 입성
하기까지, 그는 농업의 '농' 자도 모르는 젊은이였다.

그랬던 그가, 한국농수산대학에 입학해 코피 쏟으며 공부했다. 이제 그는

---

9. 주소 : 경기도 화성시 봉담읍 상리, 특징 : 한국 최고의 상추농장 CEO

어엿한 농부다. 그것도 유명한 농부다. 김민중 씨가 지은 자신의 상추 브랜드 '다솜추'는 텔레비전에도 소개되었다. 그것도 한 번이 아니다. 지금은 방송국에서 섭외가 들어오면 농사일 때문에 정중히 거절해야 할 정도가 되었다.

아마추어 농부 아버지, 연예인 지망생 아들

민중 씨의 고향은 서울이다. 아버지는 건축업을 하셨고, 어머니는 초등학교 교사를 하셨다. 농사와는 거리가 먼 집안이었고, 민중 씨는 쌀이 나무에서 나는 줄 아는 도회지의 아이였다. 아무튼 남부럽지 않을 가정이었고, 민중 씨는 공부만 잘하면 되었다. 하지만 세상일이 어디 그런가. 연예인이 되고 싶었던 민중 씨는 예술고등학교로 가기를 원했다. 생각대로 부모님은 완강하게 반대를 하셨고 공업고등학교로 진학했다. 이때부터는 강남과 이태원의 밤무대가 민중 씨의 학교가 되었다.

휘황찬란한 거리를 쏘다니던 아들과 달리 건축업을 하시던 민중 씨의 아버지는 1990년 귀농을 하셨다. 경기도 화성시 봉담읍 상리에 땅 1만 평을 구입해서 하우스를 짓고, 오이, 토마토 농사를 지었다. 그러나 당초 농사 경험이 없었던 데다 준비를 특별히 한 것도 아니었기 때문에 농사가 잘될 리 만무했다. 이래저래 속 썩는 분은 어머니셨다. 하지만 집안 사정은 민중 씨의 소관이 아니었다.

노는 것도 질리자 민중 씨는 군대를 다녀왔다. 철이 들 법한데, 집념의 사나이인 민중 씨는 연예계 진출을 포기하지 못하고 아는 '형'이 하는 기획사에 들어가 신인가수 발굴 작업에 들어갔다. 1년의 공을 들였지만 결국 뜨지 못했다.

기획사가 내리막길을 걷자 민중 씨는 이전과 달리 가끔씩 화성 집으로 와서 며칠씩 머물곤 했다. 십대도 아니고 군대까지 다녀와서 밥거리를 집으로 삼을 수도 없었다. 할 일 없이 방구석에서 코를 빠뜨리고 있는 아들에게 아버지는 한국농수산대학 진학을 권유했다. 들은 척 마는 척하는 아들에게 아버지는 급기야 근거 없는 '거짓말 작전'까지 펼쳤다. "학교만 졸업하면 2억을 준다더라. 그 돈으로 다시 음반작업을 해도 되지 않겠냐?" 방황하는 아들을 농업의 길로 인도하기 위한 아버지의 최선의 선택이었다.

하지만 아버지의 권유가 민중 씨에게 먹히지 않았던 데는 나름대로 이유가 있었다. 집에 있으면 밥값이라도 할 요량으로 농사일을 거들어 드리는데 아버지와 같이 밭에 나가면 부아가 치밀었다. 이것 시켰다 저것 시켰다 하시는데, 민중 씨가 보기에도 아버지는 아마추어인 게다. 참을 수가 없어 보름을 넘기지 못하고 서울로 나가버렸다.

뉴질랜드 실습에서 얻은 아이디어 '롤로 상추'

우연이었다. 아버지 곁에서 눈치보다 신문을 펼쳤는데 관광농업에 관한 기획기사가 눈에 들어왔다. 다 읽고 나자 민중 씨가 한때 잘 썼던 말, '필이 왔다.' 자신의 길은 '연예계가 아니라 관광농업'이라는 생각이 전광석화처럼 들었다. 스물여섯 살 되던 해, 2001년도에 한국농수산대학 화훼과에 입학했다. 관광농업을 하기 위해서는 기술집약적인 화훼를 배워야 한다는 판단으로 선택했다.

"공부 열심히 했어요. 중학교 1학년 이후로 공부라고는 해본 적이 없었는데 제 스스로 놀랄 정도였다니까요. 놀면서가 아니라 공부를 하면서 밤을 새우다니……."

수업시간에 두 눈 반짝이며 교수님 말씀 열심히 듣고 필기하고, 시험 때면 나이 어린 동료와 밤새워가며 공부했다. 이뿐만이 아니다. 농촌경제연구원에서 주최하는 각종 세미나를 찾아다니며 듣고, 농업 관련 박람회나 농장 견학 등 부지런히 쫓아다녔다. 민중 씨는 시험 성적에 반영되지 않는 공부까지 하는 학구파 학생으로 거듭났다.

뉴질랜드 오클랜드로 나간 실습은 민중 씨에게 아주 특별한 결과를 가져다주었다. 실습은 꽃 농장과 상추 농장에서 이루어졌는데, 바로 이 상추 농장에서 민중 씨가 지금 재배하고 있는 롤로와 롤로로사라는 상추 품종을 알게 되었다. 우리나라 상추보다 크고 주름이 많아 꽃처럼 보이기도 하는데 유럽에서는 롤로와 롤로로사 품종으로 재배한 상추를 일반적으로 먹는다.

"실습할 때는 롤로 상추를 재배할 생각은 없었다. 상추를 좀 우습게 봤다고나 할까요. 또 하우스 시설비, 종자 값, 재배하는 데 드는 재료비가 만만치 않더라구요."

3학년이 되어서는 하루 4시간 이상 잔 날이 거의 없을 정도로 정신없이 보냈다. 1학년 때 맡았던 학보사의 편집장으로 복귀했다. 일간지 크기로 8면을 인쇄하는 학보의 기사는 편집장인 민중 씨 혼자 다 썼다고 해도 과언이 아니다. 농촌사랑국토대장정 대장이 되어 여름방학 동안 전국의 농가를 찾아다녔다. 학교를 다니면서 민중 씨는 농업 이론과 실제 농사짓는 법을 배운 것만

이 아니라 건실하게 대학 생활도 확실히 했다.

한국농업경영인중앙연합회의 이경해 씨가 멕시코 칸쿤에서 WTO 반대 시위 중 자결을 했다는 소식을 접한 민중 씨는 급히 학교 내에서 열사추모위원회를 조직해 성명서 발표와 집회에 참여했다. 한국농수산대학 학생으로서 당연한 행동이기도 했고, 더욱이 열사의 셋째 딸과는 한국농수산대학의 학생으로 뉴질랜드에서 실습을 같이 한 사이였다. 남의 일이 아니었다.

눈코 뜰 새 없이 바쁘게 지내다 보니 작목을 선택해야 될 시간이 다가왔다. 사업계획서 제출이 그것이다. 부모가 영농기반을 확실히 다져놓은 동료들의 경우, 부모가 성공한 작목에 자신의 아이디어를 덧붙이거나 좀 더 확대하는 것으로도 훌륭한 사업계획이 되지만, 민중 씨는 작목 선택부터 해야 했다. 아버지가 재미를 보지 못했던 오이, 토마토를 할 수는 없었다.

"농산물 수입의 영향을 덜 받는 신선채소로 방향을 좁혔어요. 하지만 저처럼 생각하고 신선채소를 재배하는 농가가 많기 때문에 남들이 쉽게 접근할 수 없는 신선 채소를 선택해야 되는데……."

뉴질랜드에서 실습했던 상추 농장이 떠올랐다. 롤로와 롤로로사 상추를 해보면 어떨까? 씨앗은 수입하고 하우스에서 수경 재배를 하는 것이다. 재배 방법이야 훤하다. 성장 기간은 7~8주로 육모에서 1개월, 본 벤치에서 1개월. 우리나라 상추보다 아삭한 맛이 많이 난다……. 이거 괜찮을 수 있겠다 싶었다.

시장조사에 들어갔다. 우리나라 신선채소 시장 규모는 1조 원. 그중 상추가 6천억 원을 차지했다. 가락동 농산물시장과 백화점을 다녀보니 값비싼 상추도 생각했던 것보다 많이 팔리고 있었다. 롤로와 롤로로사 상추 250g짜리

1포기에 1천 원씩 받을 수 있다면 승산이 있다고 판단했다. 국내에 알려지지 않았기 때문에 당분간은 다른 농가에서 쉽사리 덤벼들지도 않을 것 같았다.

당장 뉴질랜드로 날아갔다. 롤로와 롤로로사 품종을 키우기 위한 시설이 국내에는 없어 시설 시공을 직접 해야 되므로 면밀한 시설 분석이 필요했다.

상추에 힙합 들려주며 키우는 신세대 농부

민중 씨가 한국농수산대학에서 농사를 제대로 배워와 같이 농사짓기를 원하셨던 아버지는 꿈을 이루지 못하셨다. 민중 씨가 졸업하는 것도 보지 못하고 2003년 간암(간경화)으로 돌아가셨다.

한때 아버지를 미워하기도 했다. 귀농한답시고 식구들을 끌고 서울에서 화성으로 옮겨와서는 성공하지 못하셨다. 아버지가 귀농만 하지 않았더라면 중병에 걸리지도, 돌아가시지 않았을지도 모른다. 아버지는 농사에 대해서 알지도 못하면서…….

왜 아버지를 도와드리려는 생각은 하지 못했을까. 오죽 답답했으면 연예계 진출에 목매달고 있는 아들에게 밑도 끝도 없이 대학교 가서 농사 좀 배워오라고 자꾸만 종용을 하셨을까. 진짜 초보 농사꾼이었던 아버지…….농사 짓기를 위해서는 도움이 절실히 필요했던 아버지……. 이제 아버지가 바라던 대로 농사공부를 하고 아버지의 땅으로 돌아왔지만 아버지는 계시지 않는다.

2004년 졸업을 하자 민중 씨는 폐허가 된 아버지의 땅으로 갔다. 아버지가 만들어놓은 400평짜리 비닐하우스 1동을 고쳐 롤로와 롤로로사 상추를 재배하기 위한 수경재배시설을 했다. 비용은 1억 3천만 원. 1억 원은 영농후계자자금, 3천만 원은 어머니가 주셨다. 말썽꾸러기 아들이 농사를 짓는다는데 어머니는 기특해하시며 거금을 쾌척하셨다.

재배는 성공적이었다. 실습한 농장에서 나온 상추와 맛도 크기도 같았다. 날씨나 하우스의 환경에 따라 양액(비료)의 농도를 달리하고, 진딧물을 없애기 위해 여러 종류의 친환경제재를 써보면서 적당한 것을 찾아냈다. 육모 하는 한 달은 다른 공간에서 키우므로 1년에 12번을 생산할 수 있다. 1평에서 대략 1년에 30~40kg을 생산할 수 있었다.

롤로와 롤로로사의 품종으로 재배한 상추의 이름도 정했다. '다솜추.' 이 이름을 짓기 위해 미니홈페이지를 통해 공모도 했다. '럭셔리 상추', '김민중 상추' 등 고민을 거듭하다. 다솜추라 정했다. 다솜은 우리말로 애틋한 사랑이라는 뜻이다.

이제 남은 것은 파는 것. 판로를 개척하는 데 약간의 시행착오가 있었다. 처음에는 백화점을 노렸다. 서울과 경기도 내 백화점의 문턱이 닳도록 다녔지만 납품은 어림도 없었다. 유럽 사람들은 다들 이런 상추를 먹는다고 해도, 백화점의 담당자들은 힙합 바지를 입은 젊은이가 꽃처럼 생긴 상추를 들고 나타나서는 일반적인 상추의 서너 배 가격에 팔겠다고 하니 그저 "안녕히 가십시오"라고만 할 뿐이었다. 이유는 힙합 바지에 있던 게 아니었다. 하우스 규모가 작았던 것이다. 백화점이 보기에 400평짜리 비닐하우스 1동은 시험재배나 마찬가지 아니냐는 것이다.

백화점 납품은 포기하고 가락동 시장에 내놓았다. 여기서도 쉽지는 않았다.

상추 생긴 것도 낯설고, 생산자도 낯설다. 며칠 동안은 250g 1포기를 일반 상추와 비슷한 가격인 500원에 팔아야 했다. 우리나라 상추보다 아삭아삭한 맛에 중간상인들과 중형마트 유통 담당자들이 구입을 하기 시작했고, 곧이어 정상적인 가격인 1,500원에 팔 수 있게 되었다. 2005년 한 해 매출액은 7~8천만 원, 여기에서 경비를 50~60퍼센트 제하고 난 게 민중 씨의 몫이다.

드디어 방송사에서 민중 씨를 찾기 시작했다. 젊은 농사꾼이 색다른 상추를 재배하는 것도 이야깃거리지만, 재배 방법도 독특하기 짝이 없었기 때문이다. 독특한 재배방법이란 상추에 힙합을 들려주는 것이었다. 젖소에게 클래식 음악을 들려주는 경우는 있어도, 상추에 힙합을 틀어준다는 색다른 소식에 공중파 3사의 여러 정보 프로그램에서 경쟁하듯이 카메라를 들고 민중 씨의 하우스로 달려왔다.

상추에 힙합을 들려주면 잘 클까? 과학적 근거는 그다지 중요하지 않다. 힙합을 좋아하는 민중 씨가 힙합을 틀어놓고 즐겁게 일하면 상추도 예쁘고 크게 쑥쑥 자라는 것이다. 민중 씨의 입은 다물어지지가 않았다. 롤로와 롤로로사가 우리나라에서 상품이 된 것만 해도 기쁜데 원하던 방송 출연까지 하게 되다니. 세상일이란 알 수가 없다.

"농사지으니까 좋죠. 사람들한테 사랑받는 게 기뻐요. 제 별명이 상추총각, 상추오빠, 상추형이에요."

민중 씨가 연예인이 되고 싶어 했던 것도 많은 사람에게 사랑받고 싶었기 때문이었을 것이다. 민중 씨는 농사를 지어 정말 원하는 것을 이루게 되었다. 이에 고무된 민중 씨가 지금 구상하는 것은 농업과 엔터테인먼트의 결합이다. 아직은 막연하지만 한 가지 예를 들자면 상추를 위한 방송이다. 비닐하우스 안에 DJ 박스를 차려놓고 상추가 좋아할 만한 음악을 틀고 상추에게 이야기를 들려주는 방송을 인터넷으로 중계를 하겠다는 것이다. 이것이 당장 하우스 운영에 도움이 될까 싶지만 나쁠 것도 없다. 오히려 도시의 젊은이들이 농업에 관심을 갖게 하고 하우스로 끌어들일 수 있지도 않은가.

시행착오 딛고 관광농업의 꿈을 키운다

호사다마랄까. 2006년은 악재가 잇따랐다. 시장의 호평에 힘입은 민중 씨는 1억 3천만 원을 들여 500평짜리 하우스 1동을 더 지었다. 그런데 이 공사가 여름에야 끝이 났다. 공사를 빨리 끝내고 생산에 들어가야 되는데 하우스 시설 공사는 더뎠다. 게다가 공사를 하다 보니 기존의 하우스에서 생산을 하는 것도 차질을 빚게 되었다.

비 피해까지 입게 되었다. 옆의 밭이 고랑 관리를 잘못해 큰비가 오자 물이 민중 씨의 하우스로 흘러 들어와 하우스가 물에 잠겨버렸다. 상추가 물에 젖은 것은 물론 시설의 시스템까지도 엉망이 되었다. 옛날 어른들이 논에 물 대는 문제로 멱살 잡고 싸웠던 데는 이유가 있었다. 경험 많은 농부라면 오다가다 내 밭에 영향을 미칠 수 있는 옆의 밭도 유심히 보고 밭주인에게 물길을 잘 내어야 된다고 훈수도 두겠지만 민중 씨는 아직은 어린 농사꾼이다. 공사가 늦어진 것도 민중 씨가 젊다 보니 공사하는 나이 많은 분들에게 정확하게 지시하고 요구하지 못한 탓도 있다. 농업 CEO라고 명함에 새겼지만 스스로도 어색했기 때문이다.

"2006년 여름은 흑자도산이 날 수도 있는 상황이었어요. 물량이 없어 수입은 들어오지 않는데, 법인 설립하고 사무실을 운영하면서 고정비까지 나갔기 때문에 위기였죠."

시행착오를 겪은 민중 씨는 고정비가 나가는 사무실의 인력을 구조조정하고 인터넷 홈페이지 운영도 중단했다. 긴축하면서 생산에 전력투구하기로 한 것이다.

생산량을 늘리고 품질을 높이기 위해 2004년 농사를 시작하면서부터 함께해온 한국농수산대학 후배 김관일(28) 씨와의 관계도 새롭게 정립했다. 5년 동안 화장실 가는 시간 말고는 늘 함께해서 한 몸이나 다름없는 동업자였지만 관일 씨는 투자를 하지 않았기 때문에 민중 씨보다는 일에 임하는 열의가 떨어지는 건 사실이었다. 서로 터놓고 얘기를 나눈 결과 관일 씨도 5,500만 원을 투자하기로 결정했다.

가을 들어서 제자리가 잡히자 바로 600평짜리 하우스 1동 공사에 착수했다. 공사를 일찍 시작해서 2007년 봄부터는 안정적으로 생산해내기 위해서다. 이제 민중 씨의 하우스는 1,500평, 여기서 생산해낼 수 있는 상추는 연 4.5~6톤. 매출액은 2억~3억 원가량 될 것이다.

"올해는 공사가 빨리 끝났으니까 상추를 더 예쁘고 맛있게 키우는 데 주력해야죠."

민중 씨의 장기적인 계획은 아직 구체적으로 정해지지 않았다. 먹거리를 생산하는 농민이 국민에게 즐거움을 선사하는 것. 다시 말해 농업과 엔터테이너의 결합, 이것이야말로 관광농업의 본질이라는 생각을 민중 씨는 하고 있는데 그림이 정확하게 그려지지는 않는다. 민중 씨도 잘 알고 있다. 이제 시작일 뿐이고 앞으로 많은 과정을 거쳐야 한다는 것을. 그 속에서 민중 씨의 그림도 완성될 것이라는 것을.

그 순간 민중 씨의 휴대폰이 계속 울린다. 그중 한 통은 어느 특급호텔에서 양식요리에 쓸 요량으로 롤로 품종과 비슷한 상추를 재배할 수 있는지를 물어오는 내용이다. "지금은 상추가 없어서 못 팔 지경이에요"라며 활짝 웃는 그의 모습이 꼭 꽃다발같이 생긴 상추를 닮았다. 신나는 힙합으로 상추는 물론 자신에게도 기쁨을 줬기 때문이리라. 그의 상추가 유명세를 탄 것은 힙합음악 덕분이지만, 그것은 그가 밤늦도록 마케팅 공부하며 홍보 방법으로 택한 스토리텔링 마케팅의 일환이었다. 또한 김민중 씨는 소식지를 구상하고 있다고 한다.

상추를 산 소비자가 소식지를 읽은 뒤 "이 상추가 자랄 때 연예인 누가 상추 방송국에서 음악 방송을 했대"라며 밥상에 이야깃거리를 제공하고 싶어서다.

농촌생활을 담은 음반 출시와 책 출판도 준비 중인 김민중 씨! 당찬 그 걸음이 그의 바람대로 농촌에 힘찬 기운을 불어넣을 것이다. '다솜추'가 뜬 것은 확실하다. 당분간은 '다솜추'가 온 국민에게 사랑받는 그날이 목표다.

박세우[10]

사실 졸업 후 바로 고향인 경북 예천군으로 돌아온 그는 부모님이 소유한 논밭 1만 3천 평으로 논 8,000평, 과수원 2,400평, 밭 2,000평에 쌀과 배 농사를 짓고 있다. 졸업할 당시 세우 씨를 비롯한 화훼과 졸업생들에게는 두려움이 있었다. 부모님이 화훼로 성공해서 이미 기반을 잡고 있다면 모를까, 화훼를 시작하기에는 경기가 좋지 않았다.

"학교 다닐 때 화훼과에서는 최악의 97학번이라는 말도 있었다니까요. 사실 저도 많이 흔들렸습니다."

세우 씨는 경기가 어려울 때 꽃이 잘 팔릴 리 없다고 생각하고 화훼는 5년 뒤에나 할 생각이었다. 아버지는 과수원 2,400평과 논 3,200평에서 배 농사를 짓고 있어 세우 씨는 배 농사에 주력했다. 한 2~3년 동안 꽃 생각은 하지 않고 있었는데, 경기가 좋지 않아도 꽃은 팔리고 있다는 걸 알게 되었다. 팬지나 철쭉은 경기를 타지 않고 꾸준히 나가고 있다고 했다.

세상이 바뀌어 경기가 좋지 않으면 먹고살기 더 어려워지는 사람들이 있는가 하면, 경기와 무관한 사람들이 있었다. 경기가 어려워도 꽃을 사는 사람들이 있다는 것이다. 계획을 수정해 2003년 겨울부터 세우 씨는 꽃 농사 준비에 들어갔다.

세우 씨는 2학년 때 실습 나가 본 칼랑코에를 키우고 싶었다. 딱히 이유는 없었다. 칼랑코에에 반했다고 할까. 칼랑코에는 돌나물과로 크기는 15센티

---

10. 주소 : 경북 예천군 예천읍 고평리, 특징 : 일본으로 꽃 수출하는 최고의 벤처농업인

미터, 꽃의 지름은 2센티미터 미만으로 빨간색이나 노란색 꽃을 피운다.

세우 씨는 꽃을 좋아한다. 아버지가 배 농사를 하는데도 화훼과를 선택한 이유는 예천농고 다닐 때부터 꽃이 좋았기 때문이다. 분재 당번을 할 때도 유난히 정성스레 키웠다. 덩치 큰 남학생이 꽃을 예뻐하며 세심하게 키우는 모습을 보고는 최호열 선생님께서 한국농수산대학 입학을 권유했을 정도다.

홀딱 반한 칼랑코에 얘기를 슬쩍 꺼냈더니 아버지는 난색을 표하셨다. 하우스 시설비가 1천 평에 1억 3천만 원이나 들었다. 게다가 요즘 화훼농장 규모로 1천 평은 어림도 없었다. 세우 씨도 칼랑코에가 좋기는 했지만 남들이 많이 하는 작목이라는 점, 하우스 시설비 등으로 망설여졌다. 자신이 각별히 좋아하는 꽃이라고 해서 직접 키워야 되는 것은 아니다.

마음을 정리하고 나니 머리가 한층 맑아졌다. 초기 자본이 많이 드는 하우스에서 꽃을 키우기보다는 노지에서 키우는 방향으로 가닥을 잡았다. 우선, 꽃을 키울 밭을 마련했다. 영농후계자금 5천만 원 융자, 벤처농업인자금 3천만 원 보조 등으로 종자돈 8천만 원을 구해 밭 3,600평을 구입했다. 6,000평은 빌렸다. 800평에는 육모를 할 비가림 하우스를 지었다. 경기도 여주 덕민원이라는 화훼농장에서 실습을 하는 동안 500평짜리 연동 하우스를 지어봤기 때문에 남의 손을 빌리지 않고 지을 수 있었다. 이렇게 해도 밭에 들어간 시설비며 종자 값 등으로 2억 원이 더 들어갔다. 벤처농업인으로 1억을 융자받고, 농협 대출에 부모님의 도움까지 받았다.

한 작목을 선택하기보다는 남천, 피라칸타, 홍자단, 백일홍, 무궁화, 해송 등 주로 조경에 필요한 꽃을 다양하게 심었다.

"솔직히 말해서 어떤 것이 잘될지 확신을 못 하니까 다양하게 심은 거죠. 잘되는 것이 있으면 늘리고요……."

사실 과수원 일을 하면서 시험 재배할 시간이 없었다. 당장 배를 내면 돈이 들어오니까 시험 재배하는 건 항상 차후로 미뤄지게 된다. 이론과 현실의 차이다.

꽃 농사는 일본 수출이 관건, 남천으로 문 열다

어쨌든 용감한 세우 씨는 시작했다. '남천'을 심는다고 하자 다들 고개를 갸웃거렸다. 남천은 중국이 원산지로 일본에서는 명절 때 귀신 쫓는 나무라고 해서 명절 특수를 누리고 있는데, 문제는 이 남천이 따뜻한 곳에서 자라기 때문이다.

세우 씨가 모험인 줄 알면서도 남천을 심은 데는 이유가 있다. 일본 수출을 염두에 두었기 때문이다. 꽃 농사는 일본 수출이 관건이라는 판단이었다. 일본에서 유행한 꽃은 한국으로 들어오고, 한국에서 유행한 꽃은 중국으로 넘어간다. 일본에서 팔리는 꽃을 해야 내수도 무리가 없고, 차후에는 중국으로도 수출을 할 수 있을 것 같았다.

벤처농업인으로 지정이 된 것도 예천군 내에 꽃을 키우는 농가가 거의 없는데 세우 씨가 화훼로 수출을 하겠다고 한 점을 높이 산 것이다. 그야말로 '하이 리스크 하이 리턴'이다.

3,600평에 심어놓은 남천은 잘 자라주었다. 남천이 밭에서 크는 동안 세우 씨는 일본으로 수출할 수 있는 길을 백방으로 알아보았다.

농민신문을 보고 알게 된 절화를 일본으로 수출하는 경남의 대동농협으로 찾아가 남천을 일본으로 수출하겠다며 호기를 부렸다. 대동농협을 여러 번 찾아다니다가 바이어 한 사람을 만나게 되었다. 우선, 소량이라도 시작해보자는 얘기가 나왔다. 세우 씨는 거래를 성사시키기 위해 일본에서 유학 중인 형을 동원했다. 대동농협은 절화를 수출하기 때문에 분화 수출은 경험이 거의 없어 일본의 큰형과 연결시켜 동경의 오타 공판장에 세우 씨의 남천이 들어갈 수 있게 했다.

월드컵과 영종도 개발 사업으로 국내에서도 남천의 수요가 크게 늘어났다. 2006년에는 한국화훼농협을 통해 양재동 화훼공판장에 내놓아 매출 5천만 원을 올렸다. 2007년에는 남천 모종을 사겠다고 하는 이와 계약을 해 4천만 원의 수입을 올릴 수 있게 되었다.

남천이 일본으로 수출되고 국내에서도 팔리기 시작하자 주변에서는 난리가 났다. '젊은 농부가 남천을 키워 일본으로 수출까지 했다'고 지역 언론사에서 대대적으로 보도를 했고 중앙의 언론사에서도 취재를 나왔다.

사실 남천의 일본 수출 물량은 적은 편이다. 컨테이너 한 박스(5,000주)를 수출해 번 돈은 6백만 원, 물류비 제하면 3백만 원을 번 셈이다. 첫술부터 배부를 수는 없지만 주변에서 치켜세우는 것만큼 큰 성과를 이룬 것은 아니라는 것이 세우 씨의 생각이다.

게임은 이제부터다. 세우 씨는 동경에서 열리는 국제꽃박람회에 부스를 열 계획이다. 남천은 일교차가 큰 지역에서 자라면 꽃잎이 더 빨갛게 되어 예쁘다. 예천의 세우 씨 남천이 그렇다. 일본 남천에 승부수를 띄울 만하다.

실패는 더 큰 실패를 막는 예방주사

세우 씨네 거실 구석에 서류들이 널려 있다. 슬쩍 들쳐보니 소송장이다. 목단이 문제였다.

"제가 몇 번 방송에 나가자 어떤 분이 중국의 목단을 키워 남천처럼 수출을 할 수 있을 것이라고 하는 겁니다. 계약을 하고는 목단을 심었는데 100% 다 죽어버렸어요. 이쪽저쪽을 통해 알아보니까 요즘 중국에서 꽃이나 나무가 들어오는데 이게 우리나라에서는 다 죽어버린대요."

성공담만큼이나 실패담도 풍부한 세우 씨다. 처음 남천을 시작할 때 중국에서 씨를 수입했다. 육모를 하는 동안 씨가 썩어버렸다. 씨가 얼어 있었던 것이 문제였다. 씨를 수입한 업체에 문제 제기를 하자 업체에서는 잘못을 인정하고 이탈리아산 남천 씨를 구해주어 겨우 성공한 것이다.

제주도와 경남에서만 자랄 수 있는 꽝꽝나무를 들여와 실패, 또 피라칸타도 망쳤다. 종자를 가져오는 시기가 부적절했다. 봄에 가져와야 되는데 가을에 가져와서 심은 데다 가식을 해놓은 상태에서 물 관리까지 잘못해 망쳐버렸다. 이런 건 학교에서 배우지 않을까?

"대부분 종자는 봄에 가져와야 한다는 건 배워 알지만 가식을 해서 물 관리를 잘못했어요. 가을에 들여온 종자는 가식을 하지 않았어야 했는데……. 그게 좀 복잡해요."

맞다. 생명이 있는 것은 복잡하다. 이 생명의 신비함에 매료되어 세우 씨가 농사를 짓는 이유이기도 하지만, 세우 씨는 실패를 했다고 해서 좀처럼 낙담하지 않았다. 오히려 더 큰 실패를 하지 않은 것을 다행으로 삼는 낙천가였다.

“중국에서 들여온 목단이 금방 죽지 않아서 일본으로 수출을 했더라면 완전히 국제 망신 아닙니까? 일본에서 분명히 다 죽었을 텐데. 만약 그렇게 되었다면 저는 앞으로 일본 수출은 영원히 못 하게 되는 거죠.”

낙천적인 세우 씨인지라 영농자금 마련을 위해 관공서나 농협으로 뛰어다니다 보면, ‘욱’ 하고 치밀어 오를 때도 많았지만 ‘잘 풀리겠지’ 하는 마음으로 참았단다. 세우 씨가 후배들에게 하는 당부는 관공서를 멀리하지 말라는 거다.

“보통 기분을 억누르지 못해 대판 싸우고는 발길을 끊는 사람들도 있는데 결국은 자기 손해인 것 같아요.”

실패를 통해 어른스러워진 세우 씨가 정말 하고 싶은 일은 수목원이다. 군 유지를 임대하고 운영비를 보조받으면 안 될 것도 없다는 생각이다. 이렇게 되기 위해서는 땅을 늘려 나무를 많이 심어야 한다. 지금 남천이 심어져 있는 3,600평을 바탕으로 해서 계속 땅을 늘려갈 예정이다.

수목원을 만들기 위해서 준비해야 할 것으로 세우 씨는 한 가지를 더 짚었다. 실력을 쌓아야 한다는 것이다. 예천군 내 젊은 농부 5~6명과 스터디 모임을 만들었다. 한국농수산대학에서 세우 씨가 배운 것은 많다. 식물의 생리, 토양이나 병해충 관리, 비료 농약 사용법 등 현장에서 일을 하는 데 직접적인 도움이 되는 것이 일일이 헤아릴 수 없을 정도로 많지만 더 크게 배운 것은 공부하면서 농사지어야 한다는 진리다.

아들의 꽃밭에서 희망 찾는 부모님

세우 씨의 아버지는 빈농이었다. 논 600평, 밭 1,800평으로 농사를 시작했다. 한눈팔지 않고 3형제 키우면서 농사지어 조금씩 땅을 늘려와 1만 3천 평을 만들어놓았다. 아버지는 돈 된다고 하는 소도 키우지 않았고, 시설 농사도 짓지 않았다. 오로지 부지런을 떨어 논을 이용해 쌀농사, 배 농사만 하신 분이다.

"학교에서 배워왔다고 해도 혼자 뇌두면 못 해. 비닐하우스에 육모만 해도 얼마나 손이 많이 가는데, 젊은 애들이야 밤에 나갔다 들어와서는 챙겨보나?"

옆에서 어머니도 "모종 키우는 것이 애기 키우는 것보다 더 힘든데. 혼자는 못 해. 어른들이 도와줘야지"라며 한마디 거드신다. 그런데 가만히 보니 세우 씨를 애기 취급하는 부모님의 표정이 아주 밝으시다. 두 분 다 아들에게 잔소리하는 것을 큰 즐거움으로 삼는 듯하다.

아버지와 어머니는 실은 세우 씨를 의지하고 계시는 것이다. 배 농사만 해도 두 분만으로는 힘에 부치는데 세우 씨가 공부하고 돌아와 힘든 일은 다 하고 있는 데다, 꽃을 키워 일본으로 수출까지 해서는 돈까지 벌어들이고 있으니 든든한 것이다. 또 유명해진 세우 씨 덕분에 배까지 잘 나가고 있다.

평생 농사를 지어오면서 자부심보다는 상대적인 박탈감을 안고 계시는 부모님은 세우 씨의 꽃밭에서 농업의 희망을 찾는다. 이보다 큰 효도가 어디 있을까. 사실, 2003년 중국에서 '남천' 종자를 구입, 재배를 시도했으나 실패를 거듭하며 모진 고생을 겪었으나 이듬해 이탈리아에서 구입한 종묘는 재배에 성공하여 당시 9월부터 서울 양재동 농산물 공사와 경기도 일산 한국화훼농협에 2년생 "남천" 12만 주를 판매해 3천만 원의 소득을 올렸다.

중국이 원산인 '남천'은 매자나무과의 상록관목으로 6~7월에 흰색의 꽃이 원추모양으로 피고 10월에 빨갛게 익어 관상용과 실내조경용으로 많이 심고 있다. 세우 씨의 농장 7,800평에 남천 13만 주를 비롯해, 백일홍, 영산홍, 무궁화, 해송 등 조경수 30만 주를 재배하고 있다.

세우 씨는 "남천은 일교차가 큰 지역에서 재배하면 나무 전체가 붉고 곱게 단풍이 들기 때문에 우리 지역이 재배하기에 적합하며 일본은 기후조건이 좋지 않아 품질 면에서 우리 남천이 훨씬 경쟁력이 있다"고 설명하고 "앞으로 국내 판매보다 일본 수출에 중점을 두고 재배면적을 확대 하겠다"는 포부를 밝히고 있는 중이다.

서충원[11]

감악산 산머루농원 인근에 있는 근사한 캠핑장과 체험장이 입소문을 타고 있다. 이 시설을 만들어놓은 이는 서충원 씨다. 파주에서 염소를 기르던 아버지는 1979년 산에서 야생으로 자라던 산머루를 길러보면 어떨까 하는 생각을 한다. 어렵게 일군 머루 농원을 아들 서충원 씨가 이어받아 캠프장, 체험

---

11. 주소 : 경기도 파주시 적성면 산머루농장, 특징 : 글로벌을 지향하는 머루와인 명가

장, 와인공장과 와인저장고까지 갖춘 사업체로 일궈냈다. 농장에서 일을 하려면 한국농수산대학으로 가라

산에서나 따 먹는 머루가 어떻게 와인이 될까. 산머루가 와인이 되기까지는 30여 년이라는 긴 세월이 있었다. 충원 씨의 아버지가 머루를 과수원에서 키우기 시작한 것은 1979년. 흑염소를 키우던 충원 씨의 아버지는 평소 존경하던 김홍집 어르신이 산머루를 재배할 수 있는 방법을 찾아내자 과수원에 머루나무를 심으셨다.

머루는 포도보다 알이 작지만 단맛과 신맛이 강하다. 산머루를 한 번이라도 따 먹어본 사람은 안다. 코끝을 찌르는 새콤달콤함. 그 머루를 산에서만이 아니라 일상적으로 먹을 수 있다면……. 이렇게 해서 머루 재배는 시작됐지만 쉽지 않았다. 머루나무는 심은 지 3년이 되면 수확을 할 수 있는데 한두 해 열매를 맺다가, 5년째 되던 해 1983년 한파로 머루나무 1,500그루가 전멸했다. 겨우 세 그루만 살아남았다.

"아버지는 고생을 많이 하셨대요. 재배 방법을 배워왔지만 산머루를 과수원에서 재배하다 보니 어려운 점이 있었고 또 과잉 생산되어……."

머루를 생 열매로 경동시장에 내놓던 충원 씨의 아버지는 가공을 해서 판매를 하는 쪽으로 방향을 선회했다. 머루는 알이 작아 신선도가 떨어지면 포도보다 빨리 짓물러진다. 또 한 알 한 알씩 손질하는 것도 만만치 않은 작업이었다.

허가도 없이 가내수공업이 시작되었다. 아버지와 어머니 두 분이 팔을 걷어붙여 즙을 내고 증류를 해 술을 만들었다. 당시만 해도 머루즙과 머루주는

벤처였다. 10여 년 넘게 고생을 한 끝에 1995년 농림부 전통식품개발 승인 업체로 지정되고, 1997년에는 시제품 머루주를 생산하게 되었다.

부모님의 사업이 차차 커지자 충원 씨에게는 선택의 순간이 생각보다 빨리 다가왔다. 막연히 언젠가는 부모님의 농장을 물려받아 운영을 할 것이라고 생각했지만 그것은 대학을 다니고 군대를 다녀온 뒤라고만 여겼다. 인문계 고등학교를 졸업한 충원 씨는 경영학을 전공하려 했다.

농장에서 일을 하려면 한국농수산대학으로 가라. 부모님과 잘 아시던 윤여창 어르신이 강력하게 말씀하셨다.

"고민 많이 했죠. 4년제 대학 경영학과 2~3곳에 합격을 해놓은 상태였어요. 한국농수산대학이니까, 1회생이 되면 선배가 없어 학교생활도 막막할 것 같았고요."

결정을 내렸다. 경영학과를 나와 직장생활을 하고 싶어진다면 안 될 일이다. "아버지는 '무'에서 '유'를 창조하신 분이다. 농장을 아버지 대에서 끝낼 수는 없다." 충원 씨는 한국농수산대학 과수과 진학을 선택해, 농사 이외의 길을 스스로 막아버렸다.

농산물 가공의 모든 것을 배우다

1회생이라서 학교생활은 솔직히 좀 삭막했다. 학교는 공사 중이었고, 학생들은 1회생 240명이 전부였다. 하지만 이런 점에 마음 두지 않고 열심히 공부만 했단다. 어렵사리 한 선택인 만큼 공부에 소홀할 수 없었다.

교육 내용이 대체로 재배기술에 치중해 있어 머루 가공을 해야 될 충원 씨에게는 약간의 아쉬움이 있었는데, 이 점은 이내 농산물 가공전공인 이병영 교수님과 관계를 맺게 되면서 채워졌다.

"수확후처리과목에서 실험기구 만지는 것부터 배웠어요. 1차 발효, 2차 발효, 증류, 레시피 조정 등 머루주 발효 기술에 대한 도움도 많이 주셨구요. 교수님이 직접 농장으로 찾아와 부모님과 만나서 머루주 가공에 대한 이야기도 나누고요."

충원 씨는 이병영 교수님과 머루음료를 개발해 상품화시키기까지 했다. 머루즙을 희석시켜 만든 머루주스였는데 1캔당 2천 원을 받아야 했기 때문에 시장에서는 실패했지만. 또 교수님은 머루주 맛을 개선하는데도 조언과 도움을 주셨다.

충북 영동의 성심농원이라는 포도농장에서 일하고 배운 실습기간 동안 충원 씨는 재배기술도 익혔지만 농장주의 농업 철학과 경영기법을 눈여겨봤다. 성심농원에서는 고품질 포도를 생산해 주로 직거래로 판매했는데, 졸업 이후 산머루농원을 이끌어나갈 충원 씨에게는 경영기법이 예사롭게 보이지 않았던 것.

"솔직히 인내심을 키우는 기간이기도 했습니다. 농장 일은 거의 하지 않고 자랐기 때문에, 몸이 힘들었죠."

졸업논문 대신인 사업계획서야 일사천리로 써내려갔다. 산머루농원에서야 이미 머루주와 머루즙이 사업화되어 있었기 때문에 그 사업 중 하나를 선택해 수치만 정리해 기록하면 되었다. 사업계획서를 쓰면서 농장으로 돌아가 첫 번째로 해야 될 일까지 정했다.

'1인 10역' 해내는 서충원 씨

제가 한 일은 농장의 일을 매뉴얼화하는 것이었습니다. 모든 일이 주먹구구식이었습니다. 예를 들어서 머루주를 제조하는 방법도 정리되어 있지 않아요. 단맛을 어느 정도 내야 되는지, 그렇게 하기 위해서는 어떻게 해야 되는지를 제조하는 사람 말고는 모르는 거예요. 그리하여 충원 씨는 산머루 재배서부터 산머루 술을 만드는 모든 과정을 매뉴얼로 만들었다. ISO 9001과 ISO 22000 인증도 땄다. 이 같은 기반은 이후 서 씨가 정부 지원을 받아 와인공장과 저장고를 만들고 체험장 사업까지 시작하는 데 큰 도움이 되었다. 2009년 정부지원금 4억 원을 무상으로 받아 체험장과 캠핑장을 지었다.

머루주는 창작품이 아니라 가공품인데 가공 방법이 사람 머릿속에만 있어서는 안 될 일이다. 머릿속에 있는 가공방법을 끌어내 수치화, 언어화시키는 것이 보통 일이 아니었을 텐데, 충원 씨는 힘들었다는 표현을 하지 않는다. 산머루농원의 대리이지만 사장님의 아들로, 농원을 이끌어나가기 위해서는 자신을 내세우기보다는 죽여야 된다는 것을 체득한 충원 씨다.

"상시적으로 같이 일하는 분이 7명입니다. 이분들에게 대체로 부탁하듯이 이야기를 합니다. 저도 사람이라 일을 하다 보면 가끔은 지시를 하고 싶을 때도 있습니다. 사장님의 아들이어서가 아니라 대리라는 직책으로도 지시를 할 수 있는데 행여나 싶어 그런 식으로는 하지 않죠."

부모님과의 갈등은 그다지 크지 않다. 세대 차이 정도이다. 상품 디자인을 선택할 때 어르신들이 보기 좋은 것, 충원 씨 세대가 보기 좋은 것이 달라 다른 의견을 내놓지만 대체로 충원 씨는 부모님의 뜻에 따른다. 아들이든 대리든 최고경영자의 의견을 따르는 것이 정석이라는 충원 씨다.

2세 경영자들이 겪는 일반적인 어려움을 충원 씨도 겪고 있지만, 차분한 성격이기도 하고 사업이 날로 번창하기에 이런 점에 마음 쓸 시간이 없다.

산머루 농원의 2006년 매출액은 15억 원이다. 연간 10만 병(6종)의 머루즙과 20만 병(9종)의 머루주를 생산한다.

충원 씨네 머루 과수원은 7,500평으로, 여기에서 나오는 머루로는 어림도 없다. 주변 농가 15만 평에서 머루를 공급받는다. 충원 씨 아버지는 생산보다 가공에 집중하면서 과수원을 늘리지 않고 주변 농가에 재배를 권유해 전량 수매를 하는 방법을 택했다.

2005년과 2006년 두 해 동안 경기도 맞춤 농정사업으로 20억 원을 들여 가공시설을 신설했다. 머루즙 공장 60평, 술 공장 60평, 머루 발효실 60평, 저온저장고 83평, 지하저장터널 60평, 창고 180평, 홍보관 30평. 한 농가가 이룬 것으로는 어마어마한 규모다.

판로도 다양하다. 대형할인점, 유기농매장, 육·해·공 군납에, 싱가포르, 홍콩, 일본, 미국으로도 수출한다. 판로를 뚫는 것이야 아버지, 어머니, 충원 씨가 다 같이 움직이지만 전문영업 직원 2명을 두어 판로를 개척해나가고 있다.

이 엄청난 일들은 부모님의 성과이지만 충원 씨가 학교를 졸업하고 합류하면서 좀 더 공격적인 경영을 펼칠 수 있었기 때문이다. 주변에서는 충원 씨가 마케팅에 탁월한 능력을 보인다고 인정한다.

충원 씨는 산머루농장에서 '1인 10역'을 한다고 보면 정확하다. 업무가 정해져 있지 않아 과수원에서 머루를 따다 농장에 거름을 주고, 배달도 하다가 영업도 한다. 그야말로 동분서주하게 움직여야 된다.

"머루와인과 머루전통주가 주요 제품인데 이들 제품은 명절 전후에 많이 팔립니다. 유통업체는 명절 전에 제품을 왕창 주문해 가져가곤 명절 후엔 안 팔린 제품을 모두 반품하곤 했어요. 계속 이런 식으로는 안 되겠다 싶더라고요. 그뿐인가요. 대형 유통채널에 납품하면 좋긴 하지만 제품가가 2만 원이면 출고가는 1만 원 조금 넘는 수준입니다. 팔아도 남는 게 없는 거예요. 소비자가 아예 산머루농원을 찾아오게 해 그들이 직접 구매할 수 있게 할 수 없을까 고민하다 체험장을 떠올렸습니다."

아내 지희 씨도 한국농수산대학 동창생

충원 씨의 아내 신지희 씨도 한국농수산대학 축산학과 4회 출신이다. 일찍이 홀로되신 어머니가 축산을 하셨다. 소 50두와 돼지 2,000두를 키워 지희 씨와 여동생, 두 딸을 키우셨다. 지희 씨는 어린 시절부터 어머니를 도와 가축들을 키웠기 때문에 축산이 낯설지는 않았다.

그렇다고 해서 지희 씨까지 대를 이어 축산을 하고 싶은 생각은 없었다. 고등학교를 졸업하고는 공무원시험 준비를 했다. 그런데 어머니의 양돈업 친구 분들이 한국농수산대학 진학을 권유했다.

"기숙사 생활이 재미있었죠. 남녀 구분 없이 잘 지내고……."

공부도 했지만 대학 공부가 현실로 이어지지 않으면 잊어버리게 되는 법. 게다가 지희 씨는 당시 사랑에 빠져버렸다. 지희 씨는 캐나다로 간 실습에서 체계적으로 돼지 키우는 법을 잘 알게도 됐지만 영어 공부를 많이 하게 되었다. 그리고 인생 공부도 많이 했다.

"우여곡절을 겪었어요. 하숙집에서 문화적 차이로 생긴 오해로 어쩔 수 없이 나가야 했어요. 다른 집에서는 좋은 친구도 많이 사귀었어요. 넓은 세계도 보고 또 가족에 대한 사랑도 새삼 깨닫게 되고……."

졸업할 무렵, 지희 씨는 학교 동아리에서 이곳 산머루 농원으로 MT를 오게 됐는데 충원 씨를 알게 되어 2004년 결혼했다. 2006년에 딸을 낳은 지희 씨는 남편이 있어, 예쁜 딸이 있어 그저 행복하다. 아직은 농장 일을 하고 싶어도 여건이 되지 않는다.

"동희가 좀 크면 본격적으로 일을 거들어야죠. 할 일이 많아요. 공장에 일손도 많이 딸리고, 외국 손님들 오는 경우가 종종 있어 통역도 해야 되고. 지금도 다른 일은 아이 보느라 엄두를 못 내도 영어 공부는 틈틈이 하고 있습니다."

지희 씨는 아직 산머루농장의 '예비군'이지만 남편과 아이에 대한 사랑이 산머루농장에 대한 사랑으로 연결되면, 지희 씨는 산머루농장의 큰 일꾼이 될 것이다.

앞으로 점점 더 익어가는 머루와인 명가의 꿈

와인공장과 저장고를 돈 후 직접 와인을 병에 담아 자신의 사진이 들어 있는 개인 라벨까지 붙이는 체험이 기본. 이 외에 산머루 샘 만들기, 산머루 천연비누 만들기, 산머루 푸딩과 산머루 초콜릿 만들기 등 다양한 체험도 할 수 있다. 요즘은 1분기 평균 대략 1만 명이 체험장을 찾는다고 한다. 체험 콘텐츠만 만들어놓은 때문이 아니다. 직접 인바운드 여행사를 대상으로 체험장을 소개하고 영업을 다닌 끝에 몇 개 여행사와 제휴해 여행상품의 한 코너로 들어가는 결실도 얻어냈다. 덕분에 주중에는 텅 빈 체험장을 외국인이 채워준다. 50동이 들어가는 캠핑장은 매 주말 한 동도 빈 곳이 없을 정도로 성황이다. 가족 단위 캠핑족은 캠핑을 하면서 중간 중간 체험장을 찾아 다양한 체험을 한다. 덕분에 감악산 산머루농원 매출의 20%를 체험 관련 매출이 차지하는 수준이 되었다. 지난해 이런 과정을 거쳐 올린 전체 매출은 15억 원이 넘는다. "저는 산머루농원 직원으로 매달 300만 원 월급을 받습니다. 월급 외에 연매출액의 15% 이상이 순수익으로 남으니 제 나이에 비해 적지 않은 돈을 버는 거지요."

사실 국내 최초로 머루를 가공해 즙과 술을 만든 건 아버지시다. 처음에는 아버지 혼자였지만 이제 머루를 재배하는 농가와 머루 가공업체가 꽤 생겨났다. 이는 머루주가 가능성이 있기 때문이다. 충원 씨의 산머루농장의 매출액도 한 해 1억~2억 원씩 쑥쑥 오르고 있다. 소비자들이 찾는다.

아버지의 산머루농장이 전통술이 거의 사라진 한국 주류업계에 머루 와인으로 활약을 불어넣었다면, 충원 씨는 세계 시장을 상대하고 싶다.

프랑스의 포도주가 유명하지만 우리나라에서 재배한 포도로 세계에서 인정받는 포도주를 만들어내기란 쉬운 일이 아니다. 축적된 제조기술의 차이도 있겠지만 그보다 더 큰 것은 토질, 햇볕, 바람 등 자연 조건의 차이다. 하지만 머루 와인이라면 세계를 상대로 한 승부에서 유리한 고지에 서 있다. 우리 땅에서 나는 머루로 만든 머루 와인이 '원조'이다.

"아직 부족한 점이 많죠. 포도주를 오크통에 넣잖아요? 이제까지 우리는 일명 '숨 쉬는 항아리'에 넣어 저장을 했어요. 다른 건 크게 문제없는데 오크통에 저장을 하지 않으니까 향기가 문제되는 겁니다. 이번에 가공시설을 하면서 오크통을 수입하기는 했는데 너무 비싸요. 하나에 180만 원 하니까……."

세계를 상대하기 위해서는 충원 씨가 넘어야 할 험한 산이 많다. 몇백 년씩 가업으로 포도주를 생산하는 프랑스의 포도주 명가처럼 되기 위해서는 술맛을 제대로 내는 것이 관건이다. 주류회사 출신의 전문컨설턴트와 다각도로 연구하고 있지만 부단히 노력해야 된다는 것이 충원 씨의 생각이다.

최고의 맛을 찾는 건 어쩌면 충원 씨가 이루지 못할 수도 있다. 오랜 세월에 쌓이고 쌓여야 가능한 일이기에 아버지에 이어 충원 씨, 다음은 동희, 징검다리처럼 이어갈 계획이다. 산머루농장에서는 머루가 익어가듯이 머루 와인 명가의 꿈이 익어간다.

장귀환[12]

귀환 씨가 사는 인제군 남면 정자리는 대한민국에서노 열 손가락 안에 드는 오지 마을이다. 5년 전에 겨우 마을 앞까지 도로가 포장되었다. 길이 닦이기 전에는 비포장 길을 승용차로 40여 분 달려야 했다. 아직 휴대폰은

---

12. 주소 : 강원도 인제군 남면 정자리, 특징 : 평지의 부농도 부러워하는 고랭지농업 '선수'

불통 지역이다.

2001년 한국농수산대학 특용작물과에 입학한 귀환 씨는 3년 공부를 마치고 2004년부터 아버지와 함께 동일농장을 운영하고 있다.

졸업생 동문모임에 빠지지 않고 참여

동일농장에서는 산 8ha와 밭 2만 2천 평에 고랭지 배추, 산채, 더덕, 장뇌삼, 오미자를 재배한다. 1년 매출액은 2억 원, 순수입은 7천만~8천만 원 정도이다. 산골 오지마을이지만 수입은 평지의 부농도 부러워할 정도다.

귀환 씨는 초등학교 때부터 농사일을 도왔고 커가면서는 농장을 물려받아야 한다는 부모님의 말씀을 늘 들었기 때문에 진로 선택에 있어 농업 말고 다른 일은 생각해보지 않았다. 1남 1녀를 둔 부모님이 하나뿐인 아들에게 농장을 물려주겠다는 건 당연하다.

"한국농수산대학을 알게 된 건 고등학교 2학년 때 충남에서 표고버섯을 재배하기 위해 우리 동네로 온 분에게서 학교에 대한 이야기를 들은 뒤였죠. 저도 농사를 지을 것이라고 생각하고 있었기 때문에 다른 대학을 가는 것보다 낫겠다고 판단했죠."

학교생활에 대해서는 약간 더듬거리는 귀환 씨다.

"약 작물에 대해서는 관심이 있었어요. 우리 집에서 하는 작물과는 시기가 달라서 해볼 수 있을 것 같고 또 대부분 고가이니까……."

한참 뜸을 들이더니 귀환 씨가 민망한 표정으로 하는 말,

"솔직히요. 집에서 만날 듣던 이야기, 하던 일을 학교에서 또 하니까 싫었

습니다. 기숙사 생활은 재미가 좋았죠."

귀환 씨의 아버지는 강원도에서 알아주는 산채 농사꾼이다. 인제군 농업기술센터, 강원대학교 산림과 등 여러 곳에서 귀환 씨 아버지를 찾아와 한 수 배우고 정보를 얻어가는 형국이다. 산채 농사에 관련한 발표회를 열고, 농사 지도까지 하시는 분이다. 귀환 씨의 농장이 곧 학교였던 셈이다.

귀환 씨는 한국농수산대학 시절의 가장 큰 수확은 "농사를 짓겠다는 각오를 더 굳건히 해준 것"이란다.

전국에서 몰려든, 다양한 영농기반을 가진 또래들과 어울리면서 귀환 씨는 자연스레 '혼자 농사짓는 것이 아니다'고 느끼게 되었다. 하늘 아래 첫 동네서 농사짓는 부모님과 단출하게 농사짓는 귀환 씨에게 '혼자'가 아니라는 느낌은 참으로 중요했고 용기를 북돋워주었다.

졸업한 이후에는 한국농수산대학 강원도 동문모임에 빠지지 않고 참여한다. 현재 동문모임의 회원은 116명이다. 이 동문모임은 친목 도모만이 아니라 정보 공유를 하고 연구하는 성격의 모임이지만 귀환 씨에게 이 모임이 중요한 것은 소속감 때문이다.

한국농수산대학을 다니지 않았더라면 아버지의 농장을 물려받아야 한다는 명분만으로는 휴대폰도 터지지 않는 이 산골에서 농사짓기란 힘들었을 것이란 생각 때문이다.

"사실 우리는 귀환이 의무복무기간이 끝났을 때 도시로 가겠다고 해도 말리지는 않을 작정이었어. 여기가 너무 오지니까. 계속 농사짓겠다고 하더라고."

"농업도 앞서야 성공할 수 있어"

　그런데 대체 산골에서 무슨 농사를 얼마나 잘 짓기에 연매출 2억 원이 나올까? 의문을 가질 만하다.

　귀환 씨의 아버지는 작목선택에 탁월한 능력을 발휘해오셨다. 아버지가 할아버지로부터 독립할 때 받은 것은 밭 800평과 8만 원의 빚이 전부였다. 당시 밭 값이 3만 원이었다. 아버지는 농사지어 겨우 논 2,000평을 장만하셨는데, 그래도 살림이 펴지지 않았단다.

　"벼농사를 해도 쌀밥을 못 먹는 거야. 논만 있으면 쌀밥 먹을 줄 알았는데. 가만 생각을 해보니 여기는 산골이니까 쌀이 잘 안 되는 거지. 그래서 고랭지 배추와 무를 시작했다고. 동네 사람들이 나보러 정신 나갔다고 했어. 논을 밭으로 만든다고."

　고랭지 배추와 무가 큰 수익을 올렸던 해는 1991년, 귀환 씨 아버지는 이전부터 재배를 시작하셨던 것이다. 고랭지 배추와 무가 시장에서 선풍적인 인기를 얻었을 때 귀환 씨 아버지는 이미 선두주자였다.

　고랭지 채소로 농장의 기반을 마련한 아버지는 산채를 시작하셨다. 우연이라고 하시지만 농산물을 살 도시 사람들의 마음을 잘 읽은 결과다.

　"산에 있는 나물이 좋잖아. 그걸 날마다 캐러 갈 수 없으니까 밭에다 좀 심어놨다고. 그런데 등산객들이 오다가다 그걸 보고는 좋다고 난리야. 처음에는 그냥 줬다니까."

　아직도 산채 시장은 호황이다. 귀환 씨의 아버지가 산채를 시작할 때는 정부의 지원도 없었고, 산채 재배 방법도 제대로 알려지지 않았다. 산의 나물을 밭에 옮겨 심으면서 스스로 재배 방법을 찾아내신 것이다. 산채 농사로 유명하다는 말씀이 괜한 말씀이 아니시다.

남면 정자리에 산채작목반이 생길 정도로 산채 농사를 짓는 농가가 많아지자, 아버지는 귀환 씨와 함께 장뇌삼을 심으셨다. 장뇌삼은 10년은 키워야 되기 때문에 아직은 알 수 없지만 장뇌삼의 수요가 계속 늘어날 전망이라고 한다. 귀환 씨 아버지는 아들이 꼭 들어야 된다는 듯이 귀환 씨를 보며 얘기를 하신다.

"책에 나오는 작목, 농업기술센터에서 권장하는 작목을 선택하면 늦어. 항상 그보다 앞서 나가야 되는 거지."

백 번 천 번 지당한 말씀이지만 그게 어디 쉬운 일일까. '시장의 추세를 잘 봐야 된다'고 일갈하신다. '이제 산채도 고급화되어 산으로 가는 추세'라는 전망도 덧붙였다. 그러자 어머니께서도 한 말씀 거드신다.

"우리는 앉아서 팔아. 중간상인 안 거치니까 우리도 좋고 손님도 좋고. 한번 우리 농산물을 사 간 손님은 우리 집 것을 찾더라고. 고객관리? 잘해 드리는 거 말고 있나?"

농사 잘 짓는 부모님 덕분에 귀환 씨의 하루는 바쁘다. 5월부터 10월까지는 아침 5시에 일어나 저녁 5시까지 하루 12시간을 꼬박 고랭지 채소밭과 산채밭에서 일한다. 10월부터는 좀 한가해지지만 산에 심어놓은 장뇌삼을 눌러보러 다녀야 한다. 한 뿌리에 10만 원이 나갈 장뇌삼인데 쥐가 갉아먹기 때문에 관리를 잘해야 된다.

도시의 손님들이 농장으로 직접 찾아와 식사를 하시고 간다든지, 전화로 생산물을 주문하면 귀환 씨가 나서서 거들어야 한다.

아버지는 '확장', 아들은 '수성'

농사에 관한 한 자신만만한 아버지이시지만 귀환 씨의 고개를 갸웃거리게 하신다. 여러 작목을 할 것이 아니라 이제는 한두 작목으로 전문화, 고급화 전략으로 나가는 것이 더 많은 수익을 올릴 수 있지 않겠냐는 것이 귀환 씨의 생각이다.

또 농사지을 땅을 늘리기보다 있는 땅을 어떻게 활용할 것인가에 대해 집중하셔야 될 텐데, 몇 년 전에도 밭 3,000평을 구입하시려고 해서 귀환 씨는 말렸다.

아버지는 '확장', 아들은 '수성'을 하고 싶은 것이다. 밭 구입 문제로는 부자지간에 약간의 갈등이 있었는데 자식 이기는 부모 없다고 아버지가 지는 것으로 끝을 맺기는 맺었다. 중간에서 어머니가 이러지도 저러지도 못하셨다고. 어쨌든 밭 구입 문제는 귀환 씨의 승리였지만, 패배로 끝난 사건도 있었다.

"아버지, 아스파라거스 재배해보면 어떨까요?"

집에서도 똑같이 하던 일을 실습기간에도 했다지만 졸업 이후 아버지가 하지 않았던 작물에 도전해보고 싶었던 귀환 씨는 일본 홋카이도 한 농장에서 배운 아스파라거스 재배를 아버지에게 제안했다. 아스파라거스는 일본에서 몸에 좋은 채소로 알려져 꽤 고가에 팔린다.

아버지가 아시기에 아스파라거스는 국내 수요가 아직 많지 않았다. 도시의 백화점에서나 팔릴 만한데 백화점에 공급하려면 1년 내내 생산할 수 있어야 한다. 이곳에서는 봄 한철만 재배가 가능하다. 작목 선택에 탁월한 능력을 가진 아버지는 귀환 씨에게 밭 한 귀퉁이(300평)에 심어보라고 하신 것이다.

"아스파라거스로 1년에 100만 원 들어올라나요? 그래도 우리 농장에 식사하러 오시는 분들에게는 제가 키운 아스파라거스를 내놓기도 해요. 아는 분들은 귀한 것 나왔다고 좋아하시죠."

귀환 씨 역시 몰랐던 것은 아니고 그야말로 시험재배였기에 완전한 패배라고 보기는 어렵지만 아버지와 아들, 각각 1승씩 나눠 가졌다. 앞으로 얼마나 많은 승부가 남아 있을까? 귀환 씨의 계획은 안정성에 맞추어져 있다.

"작목에 대해서는 고민을 많이 하는데 아직 이렇다 할 만한 것을 찾지 못했어요. 아버지가 일하시는 것 보면서 커서 그런지 모험은 피하고 싶습니다. 여유를 갖고 천천히 선택해도 늦지 않을 거라고 생각합니다."

아버지의 계획은 여전히 '확장'이다

"생산도 중요하지만 판매도 중요하니까. 도시에 판매점을 하나 내볼까 싶기도 해. 귀환이가 유통 쪽 공부를 해서 맡으면 되잖아?"

이 건에 대해서 어머니는 아버지 편이다.

"그러면 귀환이 장가가기도 쉽고 좋지."

얼굴에 아직 소년티가 남아 있는 귀환 씨를 바라보는 아버지의 표정은 흐뭇하다. '저놈이 언제 커서 내 일에 배 놔라 감 놔라 할 정도가 됐지?' 아버지는 귀환 씨의 조언이 실은 무조건 반갑고 좋다. 공부시켜 놓은 덕을 톡톡히 본다는 생각을 하신다.

"나야 일자무식으로 농사지으며 살았지만 귀환이야 농업 공부를 확실히 했으니까 뭐가 달라도 다르지."

귀환 씨가 최근 심혈을 기울이는 일이 부모님에게 컴퓨터 사용법을 가르쳐 드리는 일이다. 두 분 다 시간이 날 때마다 학구열에 불타 귀환 씨를 붙들고 이것저것 물어보신다. 귀환 씨가 농장을 알리는 홈페이지를 만들겠다고 해서 기쁘기 한량없다.

또 아버지는 귀환 씨가 해줬으면 하는 게 있다. 농장 운영에 대해서 기록하는 것. 작물이 다양하고, 판로도 여러 경로이기 때문에 매출과 수입이 제대로 잡히지 않는다. 이것을 귀환 씨가 제대로 정리를 해주었으면 한다.

점심시간, 세 식구가 동그란 밥상 앞에 둘러앉았다. 자식 입에 밥 들어가는 것만 봐도 기분이 좋은 게 부모다. 귀환 씨의 밥공기가 수북하다. 농장으로 식사하러 오는 손님에게 내놓기 위해 가져다 놓은 빙어도 상 위에 올랐다.

아버지는 반주를 찾으신다. 아들에게 한 잔 따라주고는 당신께서도 한 잔 죽 들이키며, "좋다~" 하신다. 하늘보다 든든한 아들이 곁에 있으니 세상 부러울 것이 없다.

밥을 빨리 먹고는 오는 손님을 맞이하러 나간 귀환 씨는 앞산을 올려본다. 인내는 쓰나 그 결과는 달다는 말이 있다. 마침내 귀환 씨가 2010년 제30회 강원도와 강원일보가 주관하는 강원도 농어업인 대상(자영학습부문)을 받았다.

최시훈[13]

바다가 보이는 언덕이 과수원이다. 부산시 기장군의 일광해수욕장과 직선 거리로 1km도 채 떨어지지 않은 야트막한 산에 최시훈(34) 씨와 신현아(34) 씨의 배 과수원 8,000평이 비스듬히 펼쳐져 있다.

전망 좋은 과수원에서 바닷바람에 배를 키우는 시훈 씨와 현아 씨는 한국 농수산대학 동문이다. 시훈 씨는 과수과 3회, 현아 씨는 채소과 4회생으로 2003년 결혼해 시훈 씨의 고향에서 배 농사를 짓고 있다.

시훈 씨와 현아 씨는 인터넷을 잘 활용하는 농민 부부로 유명하다. 수확한 배의 50%를 인터넷 직거래로 판매한다. 이들 부부의 '목곡농장' 홈페이지는 몇 년 전에 농업인 홈페이지 경진대회에서 우수상을 수상한 적도 있다.

젊은 농업인 네트워크의 허브, 한국농수산대학

시훈 씨는 청소년들 하는 말로 좀 '깬다.' 어디서 주워 입은 것 같은 낡은 잠바를 걸친 시훈 씨는 무뚝뚝한 경상도 사나이 그 자체다. 현아 씨와 네 살 된 진희가 있기에 사람 소리가 나지, 그렇지 않다면 과수원에서는 배 떨어지는 소리밖에 나지 않을 것 같다.

과묵한 시훈 씨도 밤이면 수다쟁이로 변신한다. 바다로 난 창 앞에 앉아 배 농사짓는 이야기를 미주알고주알 영농일기에 풀어놓는다.

"계란 노른자위 15개와 식용유 1.8리터를 넣어서 SS기로 7차를 살포했답

---

13. 주소 : 부산시 기장군 목곡농원, 특징 : 최고의 배를 키우는 캠퍼스 커플

니다. 식용유가 기름이라 마르면 충이 쪼여서 죽지 않을까 생각을 합니다. 배나무 이가 좀 보여서 농약 살포를 하려다가 이것을 살포를 합니다. 장십랑은 봉지를 씌우지 않아서 얼룩이 남지 않을까 걱정이지만 오늘 보니 얼룩이 남지는 않을 것 같네요."(2006년 8월 6일)

"유박퇴비를 일단 운반기에 싣고 나무 사이사이에 쫙 깔아놓고 포대를 뜯어가면서 살포를 했답니다. 25일 퇴비 살포를 완료했답니다. 이제 가지유인도 하고 동계약제인 기계유 유제도 살포를 해야겠네요."(2007년 2월 27일)

시훈 씨는 2002년 학교를 졸업하고 아버지와 함께 배 농사를 하면서부터 영농일기를 적고 있다. 그래야 다음 해에 전년도와 비교해볼 수 있다.

역시 현실에서는 무뚝뚝한 시훈 씨다. 학교에서 공부할 때 영농일기를 적어야 된다고 배웠기 때문에 영농일기를 쓰는 건 아니지만 '농업 경영' 강의는 영농일기의 중요성을 강조했다.

3대째 배 과수원을 해왔기 때문에 시훈 씨는 어려서 할아버지, 아버지를 따라 과수원 일을 곧잘 했다. 고등학교 때부터는 농대에서 공부를 한 뒤 농사를 짓는 것으로 진로를 결정했다.

그런데 웬걸, 원광대학교 원예학과에 지원을 했지만 낙방했다. 시훈 씨가 지원했던 그해는 학력고사가 있던 마지막 해로 농대든 어디든 경쟁률이 높았다. 집과 가까운 양산전문대학 사무자동과를 다녔다. 졸업하고는 아버지를 도와 과수원에서 일을 했다. 주로 힘쓰는 일이었다. 약 치고 배 따고……. '농사를 지으려면 농대를 가야 되는데, 어떻게 수학능력고사를 쳐야 되나' 하면서 궁리를 대고 있을 무렵이었다. 1999년, 농민신문에서 한국농수산대학을 알게 되어 입학했다.

'드디어 배우는구나.' 사실 시훈 씨는 과수원에서 일을 했어도 가지치기 한번 해본 적 없었다. 배의 품종에 대해서도 몰랐다.

전공 강의를 통해서 과수 전반에 대한 이해, 수십 가지 배 품종과 특성, 병충해의 문제 등을 배웠다. 앎은 기쁨이다. 배나무 꽃눈만 봐도 배 품종을 척하니 알아맞히게 되었다. 실습을 통해 가지치기 '선수'가 되었다.

"몇 품종만 알지 모든 품종을 다 아는 건 아닙니다. 가지치기는 품종마다 다르게 해야 되고. 정답이 없는데 잘한다고 할 수 없죠. 아직도 많이 배워야 합니다."

학교에서 전국 각지에서 온 학생들을 통해 과수만이 아니라 농축산의 다른 분야까지 알게 된 것도 큰 수확이었다.

사랑엔 이유 없지만, 농사짓는 남편이 멋있더라

현아 씨의 고향은 전라남도 장성이다. 조선대학교 유전공학과를 졸업하고, 서울에 있는 폐수처리 약품회사에서 연구원으로 일했다. 요즘 여성들이 선망하는 전문직에 종사하고 있던 현아 씨였다.

대체 무슨 일이 있었기에 농사를 짓기 위해 한국농수산대학에 입학한 것일까. 무슨 일이 있었기 때문이 아니라 아무 일도 일어나지 않았기 때문일지도 모른다.

직장에서 살아남기 위해서나 승진하기 위해서 복닥거리다, 나이 차면 현아 씨 같은 샐러리맨과 결혼해서 아이 낳고, 맞벌이하느라 이리 뛰고 저리 뛰고……. 잘해봤자 서울에서 집 한 칸 마련하고, 아이들 일류대학 보내는 것이다. 물론 이렇게 되기 위해서는 한눈 안 팔고 살아야 된다. 아무튼 '뻔'한 그림은 재미없을 것 같았다.

"어머니를 떠올렸어요. 우리 집은 쌀농사와 축산을 했는데 어머니는 시골 살아도 도시 생활하는 것처럼 사셨어요."

현아 씨는 농사지으며 농촌에서 사는 것이 고생만은 아닐 거라는 생각을 했다. 그리고 서울 생활을 하면서 보게 된 도시의 빈민들이 현아 씨에게는 충격으로 다가왔다. '도시든 농촌이든 돈이 없으면 살기 힘들지만 그래도 농촌에서는 돈이 없어도 비인간적이지는 않은데, 왜 도시에서 살까? 직장 하나 믿고 가진 것 없이 도시에서 아등바등 거리며 살아야 될 이유가 뭐가 있을까?' 정작 어머니는 현아 씨의 결정에 우려를 했지만 아버지는 '생각 잘했다'며 격려해주셨다. 아버지는 딸과 함께 농사짓는다는 생각만 해도 기뻤다. 사위 때문에 아버지의 꿈은 이루어지지 못했지만.

현아 씨는 학교에서 '농사짓는 법'만이 아니라 새로운 사람, 새로운 세상을 알게 되었다. 현아 씨가 생각하던 농촌, 농촌 사람들이 아니었다. 현아 씨처럼 농업으로 승부를 내보겠다는 도전 정신으로 똘똘 뭉친 젊은이들이 가득했다.

1학년 때는 공부했고 2학년 때는 실습했고, 3학년이 되어 졸업 이후 벌일 사업에 대해서 구체적인 고민을 해보려던 때였다.

한 해 선배인 시훈 씨가 졸업하던 날, 두 사람은 좋아졌다. 과묵한 시훈 씨가 말을 하기 위해 노력하던 걸 생각하면 지금도 우습다는 현아 씨다. 졸업을 하고 부산에서 농사짓던 시훈 씨는 현아 씨를 만나기 위해 학교를 뻔질나게 드나들었다. 현아 씨의 사업계획서는 시훈 씨와 결혼해서 배 농사짓는 것이 되어야 했다.

"부지런하고 책임감 강하고……."

사랑에는 이유가 없지만, 농사짓는 시훈 씨는 멋있다.

한국농수산대학 졸업 후 모든 것을 맡기신 아버지

졸업을 하자 시훈 씨의 아버지는 시훈 씨에게 전적으로 과수원을 맡기셨다. 평생 배 농사를 지어온 시훈 씨의 아버지는 '사람'보다 '배'를 중요하게 여기는 분이다. 시훈 씨가 한국농수산대학을 다니기 전 과수원 일을 하고 있을 때, 가지치기 한번 못 하게 하고 힘쓰는 일만 맡기셨던 분 아닌가. 배나무 망친다고 과수원에 사람들이 찾아오는 것도 반기지 않으셨다.

하지만 시훈 씨에게 과수원 일을 전적으로 맡긴 이후로는 일절 간섭을 하지 않으셨다. 제초제를 뿌리지 않고 호밀을 심어도, 살충제를 쓰지 않고 달걀노른자와 식용유를 섞어 뿌려도……. 까다로운 아버지께서 시훈 씨에게 맡기신 이유는 무엇일까. 시훈 씨의 답은 싱겁게도 "제가 나이가 있다 보니까……"였다. 아버지는 달라진 아들을 알아보신 게다. 연장 잡는 것만 봐도 이전의 시훈 씨가 아니다.

농약 사용을 최대한 절제하며 배 농사를 짓는 시훈 씨와 현아 씨다. '저농약 배' 인증을 받을 계획이고, 농업진흥청의 생산이력제도는 이미 받았다.

이 모든 게 한국농수산대학을 다녔기 때문에 가능한 일이다. 최근 들어 저농약 농사에 대한 정보가 인터넷에서도 넘쳐나지만 과수 전반에 대한 이해와 지식 없이는 친환경농법을 직접 실행에 옮기고 성과를 보기란 그다지 쉽지 않다.

"초생재배도 여러 가지예요. 겨울에는 과수원이 삭막하니까 자운영을 심어볼까도 생각해요. 병충해도 영농일기에 적힌 난황유 말고도 목초액과 생선 아미노산, 배 식초, EM, 천혜 녹즙 등을 뿌릴 수 있고요."

시훈 씨는 과수원을 전적으로 맡게 되면서 '한아름'이라는 신품종의 배나무를 늘려갈 계획이다. 소비자들에게 많이 알려져 있는 '신고'는 수확 시기가 9월 말부터다. 배의 수요가 가장 많을 때는 추석 때다. 추석이 빨리 드는 해이면 신고가 80~90% 심어져 있는 일부 과수원에서는 빨리 따는 경우가 왕왕 있다. 익지 않은 배가 맛이 좋을 리 없다.

시훈 씨가 실습 나간 농장에서는 하우스에 '신고'를 심어 일찍 수확해 큰 소득을 올리고 있었는데, 시설비가 만만찮은 데다 바닷바람이 세찬 시훈 씨 과수원에는 적합하지 않아 포기했다.

배 농사를 철저하게 지어온 시훈 씨의 아버지는 8월 초에도 수확할 수 있는 '장수'와 '장십랑' 품종을 꽤 심어놓았는데, '장수'와 '장십랑'이 오래된 품종이라 시훈 씨는 이것을 신품종인 '한아름'으로 바꾸고 있다.

한 품종을 심어 일시에 수확하느냐, 여러 품종을 심어 8월부터 10월까지 꾸준히 수확하느냐는 장단점이 있지만, 시훈 씨의 과수원이 있는 기장군은 미역과 다시마가 유명한데 미역 수확 시기와 배적과 시기가 겹치면 일손 구하는 것이 어렵다. 여러 품종을 심은 것이 이때는 단점이 된다.

체험농장으로 도시 소비자를 불러들이자

"배 값이 계속 떨어져요" 달걀노른자와 식용유까지 뿌려대며 정성스레 배를 키워 제값을 받지 못하면 무슨 소용 있으리. 대처 방안으로 시훈 씨와 현아 씨는 인터넷 직거래를 활용키로 했다. 2004년 부산농업기술센터의 추천으로 '부산농산물 전자상거래몰'에 입점을 시작으로 자체 홈페이지도 만들었다.

인터넷 직거래는 시작은 쉽지만 꾸준한 관리가 관건이다. 시훈 씨는 일을 마치고 난 뒤 두어 시간은 투자한다. 고객들의 반응에 일일이 답글을 달고, 손으로 공책에 쓰던 영농일기를 올렸다.

시훈 씨의 꼼꼼한 영농일기를 본 소비자라면 주문을 하고 싶어지지 않겠는가! 시훈 씨의 과수원에서 생산하는 배는 연 40톤. 이 가운데 50%가 직거래로 나간다. 도매시장에 내놓는 것보다 15%가량 더 이익이다. 연 6,000만~7,000만 원의 매출을 올리는 것도 직거래가 반 정도 되기 때문이다.

시훈 씨와 현아 씨는 직거래를 늘리기 위해 농협 행사나 지역 축제에 배를 들고 나가 판매를 하고 홍보도 한다. 이것이 이후 인터넷 직거래로 이어지기도 한다. 이때는 현아 씨가 큰 역할을 한다.

인터넷 직거래에 있어서 중요한 것은 품질보장이다. 소비자가 '배'의 품질에 만족을 하지 못하면 환불을 해주어야 되는데, 이 점이 오히려 시훈 씨와 잘 맞아떨어진다. 시훈 씨는 선과를 까다롭게 한다. 남들은 내다 팔 때도 시훈 씨는 가차 없다. 덕분에 현아 씨의 일이 늘었다. 시훈 씨에게 버림받아 상품이 되지 못한 배를 모아서 오가피 등 한방재료와 함께 즙을 내 배를 사는 고객에게 선물로 보낸다.

선심이 아니라, 농산물 가공 허가를 받은 것이 아니기 때문에 배즙을 판매할 수는 없다. 가공 허가 조건이 까다로워 당장 시행하기는 어려운데, 그렇다고 해서 상품이 되지 않는 배를 썩히기에는 너무 아까워 고객들에게 서비스하고 있는 것이다.

인터넷 직거래로 부산 지역에서는 꽤 유명한 과수원이 됐는데 이를 바탕으로 시훈 씨와 현아 씨는 과수원으로 소비자들을 불러들일 계획이다. 체험농장이 바로 그것이다. 2008년 배나무를 한 주에 10만 원을 받고 7가족에 분양했다. 분양받은 가족은 배 봉지 씌울 때, 배꽃 필 때 과수원에 와서 자신들의 배나무에 봉지를 씌워보기고 하고, 배꽃 구경을 하며 즐기다 간다. 수확할 때는 4상자(7.5kg)를 가져간다.

아울러 배 봉지 씌울 때와 수확할 때는 농장 무료체험 프로그램을 운영했다. 이런 것들이 직거래로 이어지기 때문이다.

농업도 사업, 마케팅 소홀히 하지 말아야

"결혼한 첫해에 태풍 매미로 배가 그때 수확할 것의 80%가 떨어졌습니다. 우리 과수원이 바닷가에 있어도 산이 감싸주고 있기 때문에 대개 태풍이 와도 피해를 입지 않는데. 그때는 바람 방향이 생각대로 움직여주지 않았다."

과수원의 규모가 커 정부의 보상도 제대로 받지 못했다. 시훈 씨와 현아 씨는 속을 끓이기보다는 당장 배 보험을 드는 것으로 문제를 해결했다.

"그때만 하더라도 배 보험이 생긴 지 얼마 안 되어 들지 않았는데……."

시훈 씨와 현아 씨는 과수원을 늘리거나 다른 작목을 한다든지 해서 농사 규모를 좀 더 키우고 싶지만 걸려 있는 문제가 있다.

"과수원의 30퍼센트 이상이 길로 들어간다고 해요. 이 지역이 관광지로 개발이 된다고 해서 이러지도 못하고 저러지도 못하고 있어요."

관광지로 개발이 되면 땅값은 천정부지로 오를 텐데, 개발되기 전까지 농사 짓는 흉내만 내다 그 이후로는 농사 안 지어도 그만 아닌가. 이미 부자이다.

"우리는 꼭 이 자리가 아니더라도 배 과수원을 할 겁니다. 농사지어서 성공하고 싶어요."

시훈 씨와 현아 씨가 가장 잘하는 일이, 어울리는 일이 농사란다. 말이 없던 시훈 씨가 한마디 했다.

"근교 농업의 이점을 최대한 살려 체험교육이 가능한 농장으로 만들고 싶어요. 또 펜션도 만들고……."

농사로 성공하고 싶은 시훈 씨와 현아 씨는 이제 농업도 사업이기 때문에 경영이나 마케팅에 소홀해서는 안 된다고 생각한다.

시훈 씨와 현아 씨는 교육 프로그램이 있다면 빠지지 않고 다닌다. 2008년만 해도 시훈 씨는 농식품부 주관 농업인재개발원에서 실시한 '농업정보화과정'을 이수했고, 현아 씨는 한여농에서 주최한 '비즈니스 아카데미'를 다녀왔다. 현아 씨는 '비즈니스 아카데미'에 참가하기 위해 3일 동안 집을 비워야 했는데 본인도, 시훈 씨도 개의치 않았다.

사람들과의 만남에도 각별한 의미를 둔다. '정보 네트워크' 역시 '경영마인드'만큼이나 농사꾼에게 필요하다는 것이다.

시훈 씨는 한국농수산대학 동문회장을, 현아 씨는 동문회 내 커플 모임 회장을 맡고 있다. 한국농수산대학 동문회를 통해 '친목'도 도모하지만 그보다 더 중요한 것은 젊은 농업인들의 '정보 공유'다.

시훈 씨와 현아 씨의 과수원은 여느 과수원보다 배나무의 가지를 받치고 있는 철사의 대가 촘촘하다. 바다에서 불어오는 바람을 고려한 것이다. 농산물 수입개방이라는 거센 바람도 이처럼 대책 마련을 미리 하면 헤쳐 나갈 수 있다고 시훈 씨와 현아 씨는 크게 걱정하지 않는 눈치다. 준비하는 자는 두렵지 않기 때문이다.

중국 저가농산물 걱정만 말고, 우리가 중국 시장 공략해야

배 시세가 계속 하향세인 요즘 신현아 씨 부부의 고민은 역시 매출 끌어올리기다. 신현아 씨는 "수요보다 공급이 많아져 값이 떨어지고 있지만, 유통구조만 개선해도 농가소득을 조금 더 올릴 수 있을 것"이라고 말한다.

목곡농원이 출하하는 배의 50%는 전자상거래, 즉 직거래로 유통된다. 처음엔 부산농업인기술센터 추천으로 '부산농산물 전자상거래몰' 입점이 시작이었지만 최근에는 자체 홈페이지도 열었다. 〈목곡농원〉 홈페이지(www.h2b.co.kr)는 2006년 농림부 주최 농업인 홈페이지 대회에서 우수상을 받기도 했다. 요즘엔 정부가 나서서 생산자 직접 판매를 권하는 분위기다. 〈목곡농원〉 홈페이지는 관리가 잘되는 것이 큰 장점이다.

"만약 인터넷이 발전하지 않았다면 농촌살이를 쉽게 결정하지 못했을 거예요."

신현아 씨는 농촌살이를 시작한 후 오히려 더 많은 친구, 선·후배를 만났다. 미니홈피, 블로그, 포털사이트 동호회 활동 등 신현아 씨의 친목활동은 '전국구'다.

"도시에서 직장 다닐 때도 서로 바쁘다 보니 메일이나 메신저, 미니홈피를 통해 만났어요. 인터넷만 된다면 어디에 있든 어려움은 없을 거라고 믿었죠."

물론 가끔 직접 만나 쇼핑하거나, 수다 떠는 즐거움이 그립기는 하지만 대신 다양한 사람을 만나게 되었다. 인터넷 아줌마 동호회에서는 고부갈등, 부부싸움, 아이 키우기에 대한 어려움을 토로하자마자 아낌없는 조언들이 쏟아지고, 이렇게 가까워진 사람들은 매월 정기적으로 모임을 갖는다. 농사를 짓는다는 공통점 때문일까, 얘기도 잘 통하기 때문에 '외로움'이란 것은 느끼기 어렵다.

최근 젊은 농업인들 중에는 읍내나 주변 도시에 살면서 '농촌'으로 출퇴근하는 사례도 늘고 있다. 대도시가 아니더라도 문화, 교육환경이 많이 좋아졌기에 가능한 일이다. 신현아 씨는 "물론 이런 환경조차 어려운 농촌이 아직 많다는 걸 안다"며 "농촌에서 살수록 인터넷을 효과적으로 활용할 것"을 권한다. 신현아 씨는 인터넷을 통해 '경제 공부'도 한다. 농촌에 살면서 가장 걱정되는 것 중 하나가 바로 '경제 감각'을 잃어가는 것이다.

"펀드나 주식, 각종 금융상품 등 일반 경제 정보에서부터 경제의 흐름 등 모든 것을 인터넷을 통해 배워요. 농촌에서는 노력하지 않으면 이런 정보를 등한시하게 되어요."

매주 재테크 사이트에 들어가 다른 사람들의 가계부 샘플을 보며 경각심을 갖도록 스스로 다그치기도 한다.

신현아 씨가 또 하나 주력하는 것은 바로 '배즙' 생산이다.

"남편이 선과에 워낙 까다롭다 보니 다른 농원 같으면 내다 팔았을 것도 '불량' 판정을 내버려요."

그러니 가격을 조금 높여 받는다고 해도 수익이 늘 수가 없다. 그래서 '못생겨서 탈락한' 배들을 모아 농장 한편에서 가꾸고 있는 오가피 등 한방재료와 함께 '배즙'을 만들었다. 지난해 이 배즙만으로 1천만 원의 매출을 올렸다.

"여러 가지 가공식품을 개발해서 온라인을 통해 판매하고 싶은데 식품허가 등 관련 기준이 까다로워 아직은 지역에서 입소문 듣고 오신 분이나 직거래로만 판매해요."

농가소득을 올리기 위해 부가가치형 가공식품 개발이 필수라면 보다 세심한 관련 지원이 필요하다는 게 신현아 씨의 주문이다.

목곡농원은 얼마 전부터 '배나무 분양'을 시작했다. 부근 도시 사람들에게 한 그루당 10만 원에 분양하는데, 봉지 씌울 때, 배꽃 필 때, 수확할 때 찾아와 일손도 돕고 하루 놀다 가면 된다. 한 그루당 수확 후 4상자(7.5kg)를 주는데 솔직히 이익은 없다. 그러나 장기적으로 볼 때 '홍보' 효과는 크다는 것이 그의 판단이다. 신현아 씨는 "이렇게 오시는 분들이 직거래 고객이 되고, 또 체험농원으로 사업을 확대할 수 있는 기반이 될 것"이라고 말한다. 이를 위해〈목곡농원〉만의 독특한 이벤트 프로그램도 구상 중이다.

FTA를 앞두고 생산이력제도 실시 중이다. 지난해 도전했다가 중도에 포기했던 '무농약 배' 생산도 다시 한 번 도전해볼 참이다.

"무농약 배가 시장성이 있기는 하지만 적절한 마케팅 전략이 뒷받침되어야만 노력만큼 대가를 인정받을 수 있다"는 신현아 씨는 "인증제에 대한 소비자의 신뢰가 가장 큰 마케팅 전략이 되는 만큼 정부의 까다롭고 정확한 관리가 필요하다"고 덧붙였다.

신현아 씨는 한국농수산대학 2학년 필수 교과과정인 해외현장실습을 중국에서 마친 경험이 있다. "중국이 현재 우리보다 농업기술은 떨어지지만 시장성과 미래 발전 가능성 등에서 우리 농업에 큰 영향을 미치게 될 것"이라는 교수의 권유로 선택했었다. 생각대로 농법에서는 그다지 배울 게 많지 않았다. 하지만 그는 중국 시장에서 우리 농산물이 충분히 경쟁력을 확보할 수 있다는 확신을 갖게 되었다. 수입 중국 농산물의 피해만 생각할 것이 아니라 중국 시장을 공략하는 방법을 찾아야 한다는 게 그의 지론이다.

"중국은 땅만 넓은 게 아니에요. 그만큼 다양한 수준의 사람들이 살고 있어요. 고급 농산물 수요가 뚜렷하고 그 시장도 매우 큽니다."

신현아 씨는 특히 국내산 '배'는 가능성이 높다고 말한다. '달고 물이 많아 시원한' 배 품종의 우수성에 우리 농가의 재배기술이라면 중국 내수시장을 공략하는 것이 어렵지 않을 것으로 보고 있다. 이 같은 신현아 씨의 생각대로 당시 중국을 함께 다녀온 그의 동기 중 몇 명은 중국 산동에서 '배 농사'를 짓고 있다. 현지에서 생산되는 배는 전량 중국 시장에서 판매되고 있으니 일단 시작은 '청신호'인 셈이다.

신현아 씨도 중국진출에 마음을 두고 있다. 그러나 시부모님과 함께 과수농사를 짓고 있고, 무엇보다 남편이 아직은 마음을 정하지 않고 있어 구체적

계획을 세우지 못한 상태. 하지만 어차피 시장이 개방된다면 '넓은 시장'에서 승부해야 한다는 게 그의 확고한 생각이다.

"흙을 밟게 해주고 자연을 느낄 수 있는 것이 우리 아이에게 가장 큰 축복이라고 믿어요."

요즘 도시 아이들이 다 가지고 있다는 병 '아토피'는 물론이고, 그 흔한 감기조차 크게 걸리지 않는 딸 진희를 볼 때마다 자신의 선택이 옳았다는 것을 깨닫는다는 신현아 씨. 다만 동네에 아이들이 없어 함께 놀 친구가 없는 것이 마음에 걸려 조금 이르긴 하지만 얼마 전부터 '어린이집'에 보낸다.

남들은 농촌에서 시부모 모시고 사는 삶이 얼마나 힘드냐고 안쓰러워하지만 정작 그는 시부모님과 함께 사는 것도 아이에게 좋은 환경이라고 말한다.

"세 살밖에 안 된 아이가 과일을 집어 할머니 할아버지 드시라고 권하고 먹어요. 어른 공경하는 법을 야단치며 가르치지 않아도 몸으로 체득하는 거죠."

게다가 어른들이 아이를 잘 돌봐주시니 그의 육아부담도 훨씬 줄었다. 고부갈등에 대해서도 그는 크게 개의치 않는다. 신현아 씨는 "워낙 완벽한 현모양처형 시어머니를 보면서 처음부터 '난 똑같이 할 수 없으니 내 식대로 하자'고 눈높이를 낮췄다"며 "다행스럽게도 시부모님과 남편 모두 '강요'가 아닌 '이해'의 태도를 보여주신 것에 감사하다"고 말한다.

농업인 스스로의 노력도 반드시 필요

"농가지원책 중 가장 중요한 것은 바로 '교육'입니다. 신현아 씨는 "최근 100% 지원금도 많아졌는데 이럴수록 제대로 된 사업계획서를 쓰게 하고,

'경영'의 개념을 인식하도록 가르친 후 자금 지원을 해야 한다"고 주장한다. 지금까지 농업인을 상대로 한 교육이 없었던 것은 아니지만 이 역시 '하향평준화'된 교육이었다는 게 신현아 씨의 생각이다.

"천차만별의 지식과 능력을 가진 사람들을 한자리에 모아놓고 교육을 한다고 생각해보세요. 누군가는 배우는 게 있겠지만, 상·하위 그룹의 사람들에게는 시간낭비일 뿐이죠."

물론 농업인 한 사람 한 사람을 찾아다니며 과외를 할 수는 없는 만큼 농업인들 스스로 교육의 필요성을 깨닫고 찾아다니는 노력이 필요하다는 점을 그는 거듭 강조했다.

하나. 공부해야 길이 보인다.

농업은 사업이며, 그래서 경영 지식은 필수다. 농업은 매출발생 시기도 일정치 않고, 자연재해, 시장의 흐름에 따라 가격 편차도 심하다. 미리 예측하고, 규모 있게 경영하지 않으면 버는 것보다 새는 돈이 더 많다.

둘. 도전을 두려워하지 말자. 답습된 농법으로 발전을 기대할 순 없다. 새로운 상품과 유통구조를 개발하지 않으면 안 된다. 어렵다고 위축되지 말자. 도전하지 않으면 성과도 없다.

셋. 만족하라. 얻는 것이 있으면 잃는 것이 있다. 주위와 비교하고 힘들어하기보다는 자신이 정한 목표에 다가가기 위해 자신의 속도대로 걸어가는 것이다.

전영석[14]

강원도 정선군 남면 낙동리 제일농장. 15만여 평이 넘는 밭에 고랭지채소, 더덕, 오가피를 키우고, 이름도 희한한 민둥산 자락 60만 평에 잣나무와 산채, 약초가 자란다. 여기에, 1,200여 평 규모의 축사와 퇴비공장. 걸어서 둘러보는 것은 애당초 꿈도 꿀 수 없다. 차를 타고 주마간산 식으로 훑어봐도 반나절은 족히 걸린다.

연간 15억 원의 매출을 올리는 이 큰 농장을 경영하는 전영석, 염영주 부부는 동갑내기이다. 한국농수산대학에서 영석 씨는 축산, 영주 씨는 채소를 공부한 뒤, 영석 씨 부모님의 도움을 1~2년 받았다고는 하지만, 젊은 부부가 운영하기에는 버거워 보일 법하다. 그런데 부부는 늠름하다.

농업사관학교 생도가 되다

2007년 2월 14일 강원도 산간지방에는 눈이 내렸고, 바람이 강하게 불었다. 제일농장에도 눈이 푹푹 쌓이자 영주 씨는 일기예보를 다시 한 번 확인한다. 오후에는 눈이 오지 않는다는 예보가 나오자, 영석 씨는 굴착기를 동원해 눈을 치우고 퇴비공장의 진입로를 닦아놓고 축사로 향한다.

소의 상태를 점검하기 위해서다. 눈이 오면 농장의 시설물 관리며 신경을 곤두세워 해야 할 일이 한두 가지가 아니련만, 젊은 부부는 손발 맞춰 일을 척척 해치운다.

---

14. 주소 : 강원도 정선군 남면 낙동리 제일농장, 특징 : 최고의 멀티플레이어 농사짓는 동기동창 커플

"요즘은 농사지으려면 멀티플레이어가 되어야 해요. 전기나 기계도 다룰 줄 알아야 하고, 용접도 알아야죠. 수의사처럼 전문적인 지식도 필요합니다."

철들기 전부터 영석 씨의 장래 희망은 농부였다. 농사 말고는 다른 일을 생각해본 적도 없다. 부모님이 농사짓는 것을 지켜보면서 자신도 커서 농부가 될 것이라고 자연스럽게 받아들였다. 그의 부모님인 전주영(56), 김현숙(54) 씨는 고랭지배추로 고수익을 창출한 성공한 농민으로, 아버지는 정선농협조합장, 어머니는 정선군의회 군의원을 지냈으며, 지역사회에서 활발한 활동을 펼쳐왔다.

자식에게 부모만큼 좋은 역할모델은 없다. 농사를 지어 성공한 산증인인 부모님이 계시기에 우루과이라운드(UR)협상으로 대한민국 농업이 충격과 비탄에 빠져도 영석 씨는 다른 길을 생각지 않았다.

부모님이 성공가도만을 달려온 것은 아니다. 돼지를 키우면 돼지 파동, 마늘 생산량을 늘리면 마늘 파동, 소를 키우자 소 파동. 10여 년 동안 실패를 거듭했다. 집안의 어른들은 부모님에게 도시로 나가 살 것을 당부하기도 했지만 그의 부모님은 파동이 일어나지 않을 작목, 남들이 하지 않는 방법을 찾아나서 고랭지 배추를 재배해 오늘의 기반을 마련했다. 부모님의 성공만이 아닌 실패도 지켜본 영석 씨다. 덕분에 농업 현실이 어렵다고 농사를 포기하고 진로를 수정한다는 생각조차 할 수 없었다.

농업사관생이 되다

1997년 천안에 있는 연암축산대학에서 착실히 학교생활을 하던 중이었

다. 가을 무렵 부모님이 평소 알고 지내시던 윤여창 어르신을 방문하는 자리
에 영석 씨도 함께 갔다. 그 자리에서 어르신은 영석 씨에게 한국농수산대학
에서 공부하기를 강하게 권했다.

"지금 자네가 다니고 있는 학교도 훌륭하지만 한국농수산대학은 농업사관
학교일세. 진정으로 농업에 뼈를 묻고자 한다면 이 학교를 선택해야 되네."

농업사관학교라는 말에 영석 씨는 그만 마음을 홀딱 빼앗겨 버렸다. 영석
씨는 한국농수산대학이라는 게 있는지도 모른 채 진학을 결정했다. 사관학
교는 군대를 이끌 장교를 양성하는 곳. 농업을 이끌려면 농업사관학교로 가
야 한다. 영석 씨는 그 자리에서 바로 결심을 했다. 6개월 뒤 영석 씨는 한국
농수산대학 축산학과에 입학했다.

염영주 씨의 고향은 경남 창원시 대산면으로 부모님은 논 2,800여 평 중
1,500평에 참외 농사를 짓고 있다. 중고등학교 시절 영주 씨는 공부할 만큼
하는데도 성적이 생각만치 나오지 않아 속 끓이는 평범한 여학생이었다. 대
학은 언니처럼 유아교육과로 갈 계획이었다.

한국농수산대학은 아버지를 통해 알게 되었다. 솔직히 말하면 3년 동안
돈 한 푼 들이지 않고 다닐 수 있다는 게 가장 큰 '유혹'이었다. 당시 영주 씨
가 대학에 진학을 하게 되면 집안의 대학생은 3명이 된다.

부모님 걱정을 하지 않을 수 없었다. 게다가 영주 씨 오빠는 전산통계학이
전공이라 농사를 물려받겠다는 생각이 없었다. 어차피 지어야 할 농사, 딸이
라고 물려받지 못할까. 영주 씨는 1998년 한국농수산대학 채소학과로 진학
했다.

실습은 필수 성공요건

영석 씨는 한국농수산대학의 큰 장점으로 1학년 때 배운 원리를 2학년 때 실습을 통해 총 정리할 수 있다는 점을 꼽았다. 그런데 학생들 대부분이 집에서 농사를 짓고 있는데 굳이 다른 농장에서 1년여 동안 실습을 할 필요가 있을까.

"어릴 때부터 소를 키웠지만 집에서는 스스로 처음부터 끝까지 체계적으로 키울 기회는 없었어요. 실습 나가 소가 새끼를 배게 하는 것부터 시작해 송아지를 직접 받고 1년 동안 꾸준히 키우면서……."

무엇보다 실습기간은 평생 농사를 지으면서 살아가겠다는 의지를 다시 한 번 다지는 시간이 되었다.

"나와 부모님, 우리나라 농업인만이 아니라 모든 세계의 많은 농민이 땅을 일구고 가축을 키우면서 살아가는 모습을 직접 보면서 농업인으로서 자부심과 긍지를 갖는 시간이었습니다."

영석 씨는 실습기간을 일본 북해도의 한 농장에서 소를 키우며 보냈다. 이때 보고 배운 것 중 하나는 일본 농부의 자존심이었다. 영석 씨가 있던 농장의 주인은 관청에서 아무리 높은 사람이 찾아와도 자신의 일을 다 마치고 만났다. 영석 씨는 그 모습에 고개를 주억거리면서 남 몰래 다짐을 했다. 영석 씨도 한국 4-H 강원도연합회 회장을 맡고 있어 정선을 찾는 정치인의 행사에 얼굴을 내밀지 않을 수 없는데, 실습 때 겪은 일본 농장 주인의 모습을 떠올리며 자세를 가다듬는다.

한국농수산대학에서 여학생들은 특별한 존재다. 요즘 세상에 농촌으로 시집가겠다는 여성도 흔치 않은데, 제 발로 농사짓겠다고 찾아온 젊은 처녀들을 이 학교는 '꽃방석'에 앉힌다. 신입생 선발 과정에서부터 여성 지원자는 우대를 한다. 영주 씨가 입학한 그해 신입생 240명 중 15명이 여학생이었다.

"동기나 선배들이 도와주어서 학교생활은 편하고 재미있게 했어요."

혹시 남학생들이 흑심을 품고 잘 대해주었던 것은 아닐까.

"농사지으면 장가가기 어려우니까 그런 마음이 없지는 않았겠지만 설마 배필로만 생각하고 잘해 주었겠어요? 다 같이 공부하는 처지인데……."

유아교육을 전공해서 아이들을 키우는 것 못지않게 농작물을 키우는 것도 중요한 일이라고 학교를 다니면서 깨닫게 된 영주 씨는 학업을 마치고 고향인 경남 창원으로 돌아가 근교 농업의 장점을 살릴 수 있는 작목을 선택해 언젠가는 아버지로부터 독립을 해 농사를 지을 계획이었다.

하지만 2001년 졸업한 그해 영석 씨와 영주 씨는 결혼했다. 그리고 영석 씨 농장에 영주 씨가 합류했다. 영석 씨 어머니는 영주 씨 앞으로 얼마간의 땅을 사주셨다. 농업을 선택해 공부까지 한 며느리가 독립적인 농부가 되기 전에 결혼을 하게 된 점을 안타깝게 여기신 조처였다. 자신의 땅을 가진 농부라는 것을 잊지 말라는 무언의 격려이기도 했다.

농사도 배우니 다르다

영석 씨와 영주 씨는 신혼 단꿈에 젖을 새도 없이 농장에서 분주한 시간을 보냈다. 영석 씨 아버지는 전적으로 농장을 맡길 뜻을 분명히 했기 때문이다. 아버지는 정선군새마을협의회 회장, 전국채소생산자연합회 부회장, 정선농협 선임이사 등 맡고 있는 일이 한두 가지가 아니었다. 그 때문에 아들이 학업을 마치고 돌아오기를 학수고대하고 있던 터였다.

1~2년은 농장 일을 같이 하겠다고 하신 아버지는 듬직한 아들이 농장 일을 하자 농장을 비우는 시간이 많아졌다. 알아서 잘하는데 당신이 군이 챙길 필요를 느끼지 못하였던 게다.

실은 영석 씨와 영주 씨는 처음에는 농장 운영에 대해 부담감을 꽤나 가졌다. 일이야 무섭지 않지만 결정하고 책임진다는 건 두려운 일이다. 이미 다 알고 몇 번이나 해본 일이지만 영주 씨는 고랭지 배추 육모를 하면서도 행여 잘못될까 조바심을 내야 했고, 영석 씨는 정식을 하고도 잘됐는지 싶어 지나온 밭을 되돌아가 몇 번이나 살폈다.

강원 여성 최초 인공수정사 시어머니

이 시절 영석 씨는 같이 농사 공부를 한 영주 씨가 '백만 명의 지원군'보다 고마운 동지였다. 영주 씨는 집안의 보조자나 농장을 이어받은 농부의 아내라는 역할에 머무르지 않았다. 이 점은 영석 씨 어머니가 좋은 역할 모델이었다. 영석 씨 어머니는 강원도 여성 최초 인공수정사다. 축산을 하면서 필요에 의해 자격증을 따 소 200두를 혼자서 관리했고, 이웃집 소까지 봐주어 '소 아줌마'라는 별명이 붙었을 정도로 주체적인 여성 농부였다. 이런 시어머니 덕분에 영주 씨는 새댁이랍시고 얌전하게 살림만 하겠다는 생각은 애당초 하지도 않았다.

부부는 새벽 5시면 일어나 함께 농장에서 일을 하며 사소한 것까지 함께 공유하고 농장을 운영해나갔다. 영주 씨가 억척을 부리며 일을 하는 바람에 기다리던 첫아이를 2006년에야 보았다.

영석 씨와 영주 씨는 적응기 1~2년 동안은 대체로 아버지가 하던 그대로 농장 운영을 했지만 농장 운영을 전적으로 맡게 된 2003년부터는 농장 운영에 약간의 변화를 주기 시작했다. 고랭지배추 농사를 자연 농사로 접목시키기 위해 결빙 전에 묘를 심어 어렸을 때는 추위를 잘 견딜 수 있는 재배방법을 택하는가 하면, 화학비료 사용을 줄이기 위해 소똥으로 만든 퇴비를 직접 생산해 밭에다 뿌렸다.

무엇보다 큰 변화는 기르던 소를 대폭 줄였다. 200두까지 있던 한우를 60두로 줄었다. 영석 씨의 부모님은 비육도 하고 번식도 해왔지만 소를 키워서는 그다지 큰 수입을 올리지 못했다. 농장의 입지 조건상 소를 키우기에는 적합하지 않은 몇 가지 문제점이 있었다.

축산을 전공한 영석 씨는 장단점을 면밀히 따져 당분간은 축산보다는 고랭지채소 농사나 산림 내 농업에 집중한다는 결론을 내렸다. 축산을 잘 알기 때문에 당분간은 중단한다는 판단도 과감하게 내렸다.

근래 영석 씨는 작목의 변화를 주기 위해 다방면으로 정보를 수집하고 있다. 부모님이 고랭지채소 농사를 시작했을 때는 인근에서는 '처음'이었지만, 지금은 남면의 농가 80%가 고랭지채소 농사를 짓고 있다. 아직 농협이나 김치생산업체와 미리 계약재배를 할 정도로 수요는 많지만 고랭지채소 외의 새로운 소득원이 될 작물을 개발할 시점이라는 판단이다.

부족한 인력, 외국인 연수생으로 풀었다

젊은 부부가 대농장을 운영하는 데 어찌 실패가 없었을까. 농장 운영을 온전히 맡은 첫해 고랭지 배추 생산량을 놓고 학교에서 배운 대로 1평당 심을 묘를 계산했다. 납품일자에 맞추기 위해서는 5일 간격으로 20차씩 파종을 하면 되는 것으로 정답이 나왔다.

부부는 모범생처럼 '5일 간격으로 20차씩'을 꼬박꼬박 파종을 했는데, 아니 웬걸 비가 오는 것이다. 하루 이틀 오고 그치는 것도 아니었다. 비가 오면 육모를 밭에 정식할 수가 없다. 정식 시기가 늦어지면 발육상태가 떨어진다든지 웃자라게 된다. 당연히 납품일자에 정해진 물량을 맞출 수가 없었다. 그때 발을 동동 굴렀던 것을 생각하면 지금도 아찔하다.

"기후나 시장 가격에 따라 파종 시기를 조절해야 되는데, 저희 계산에는 납품일자만 들어 있었던 거죠. 손해도 좀 봤습니다."

경험 부족으로 생기는 문제 말고도 농장을 운영하는 데 약간의 어려움이 있다. 배추 농사가 한창일 때는 인부 수십여 명을 지휘해야 한다. 품 팔러 오는 사람은 대부분 영석 씨보다 나이가 많다. 농장의 2세 운영자를 바라보는 시선이 마냥 따뜻하지만은 않다. 또 도시의 소비자나 중간상인도 젊은 생산자를 대등하게 대하기보다는 어리다는 이유로 한 수 접고 보기 일쑤다. "실제 농장 운영에 있어서 문제가 생기면 풀기 위해서 노력을 하라는 교수님들의 얘기를 들었기 때문에……. 이런 것이 스트레스라기보다는 저에게는 풀어야 할 과제로 다가오죠. 경영인의 입장에서 생각하고 어쨌든 그때그때 해결하기 위해 노력하는 편입니다."

농업에서 중요한 부분이 인력운용이다. 가족이 농사를 짓는 현재 조건에서 외부 인력의 활용은 생산비 절감의 문제만이 아니라 작목 선택에까지 영향을 미친다.

영석 씨는 농장을 한국농수산대학의 실습장으로 제공해 실습생을 받기도 하고, 외국인 연수생 제도를 활용한다. 외국인 연수생제도 활용은 부모님은 생각지도 않은 일이었는데 영석 씨가 판단해서 결정한 일이다.

영석 씨가 농장 운영을 전적으로 하고 있기 때문에 부모님과의 갈등은 거의 없는 편이다. 부모님이 실질적인 운영을 하는 경우에는 부모와 자식의 갈등이 많든 적든 일어나게 되는데 영석 씨 부모님은 나들이 삼아 주말에만 농장에 오신다.

"그래도 갈등이 아주 없는 건 아니죠. 굳이 설명하기 어려울 정도로 작은 차이인데 대화를 많이 나누는 것이 최선의 해결법입니다."

농업사관학교 생도 출신답게 웬만한 일로는 푸념이나 낙담을 하지 않고 앞을 보고 한 걸음 한 걸음씩 나아가는 영석 씨와 영주 씨다.

전국을 누빈다

영석 씨와 영주 씨는 "아직 성과로 내세울 만한 것은 없다"고 겸손해한다. 농장을 물려받아 터무니없는 작목을 시도하지 않고 두루두루 소득을 창출해 수성을 한 것이 큰 성공이지만 여기에 만족하지 않는다.

젊은 그들의 꿈은 크다. 농축산업을 둘러싼 환경 변화, 시장 개방이라는 악조건을 기회로 만들 생각이다. 시장이 개방되지 않는다면 두말할 필요도 없이 좋겠지만 어쩔 수 없이 개방해야 된다면 대책 마련에 중점을 두고 우리 농산물로 세계 시장에서 승부를 걸어볼 수 있다는 것이 이들의 판단이다.

오가피를 재배하는 이유도 여기에 있다. 근래 정선군은 양조업체 국순당과 합작법인을 설립해 오가피 와인인 '오가명작'을 출시했다. 아직은 대중적으로 널리 알려지지 않았지만 국내에서도 와인 수요가 꾸준히 늘고 있기 때문에 '오가명작'에 내심 기대를 걸고 있다. 물론 오가피 재배가 모든 것을 해결해줄 것으로 생각지는 않는다. 오가피는 시험작목 중의 하나일 뿐이다.

영석 씨가 민둥산의 60만 평 중 산림 내 농업으로 활용하고 있는 면적은 3만 평이다. 가을이면 억새로 유명한 민둥산을 찾아 관광객이 몰리는 점을 활용하는 방안을 찾고 있다. 장기적으로는 관광농업이 추세이기 때문에 차근차근히 준비를 해나가야 된다는 판단이다. 신중한 영석 씨는 섣불리 뛰어들 생각은 없다.

주관을 이기면 성공한다

"농사짓는 사람이 빠지기 쉬운 함정이 주관적인 판단입니다. 대부분 혼자 아니면 가족과 일을 하니까 일에 빠져서 다른 일에는 관심을 갖지 않을 때가 있습니다. 작목을 선택할 때 가장 중요한 것은 시장 조사와 정보 수집입니다. 그다음에 판단하고 밀고 나가야죠."

영석 씨는 농장 일을 하는 틈틈이 사람 만나는 일을 게을리하지 않는다. 농축산물은 결국 사람을 위한 것이다. 사람을 알아야, 사람들이 살고 있는 세상을 알아야, 그 답을 구할 수 있을 것이라는 생각에서다. 이런 취지에서 보면 한국농수산대학 동문 모임은 큰 도움이 된다.

전국적으로 퍼져 농사를 짓고 있기 때문에 동문들을 통해 웬만한 농축산업 정보와 시장의 변화와 흐름까지 다 알 수 있다. 영석 씨는 그때마다 한국농수산대학으로의 입학을 강력히 권유한 윤여창 교수님의 말이 틀리지 않았음은 물론 훌륭한 선택이었다는 결론을 가끔씩 떠올리게 되기도 한다고.

기반이 튼튼하다지만, 영석 씨와 영주 씨가 걸어가는 길이 탄탄대로만은 아니다. 농업은 남들이 가급적이면 피해가려는 길 아닌가. 영석 씨와 영주 씨, 이 젊은 부부는 자신을 믿고 서로를 의지하며, 농업에 청춘을 건 젊은 친구들과 함께 한국 농업의 앞날을 여는 중이다.

진영호[15]

해마다 4, 5월이면 연초록과 진초록이 적절하게 조화된 17만 평의 청보리밭이 물결을 이루며 젖무덤처럼 완만한 구릉은 청보리만큼이나 푸른 하늘과 조화를 이룬다. 전북 고창군 공음면 어귀에서 '학원농장'이란 팻말을 따라 들어서면 붉은 주단을 깔아놓은 것처럼 잘 일궈진 땅에 보리 수확을 앞두고 푸른 들판이 한 폭의 장관을 선보인다. 한 해면 이곳을 찾는 관광객은 70만 명.

---

15. 주소 : 전북 고창군 공음면 학원농장, 특징 : 논밭이 관광지로, 경관농업의 선두주자

청보리밭 축제기간에만 40만~50만 명이 찾아든다. 우리나라 최초의 경관 농업특구로 지정된 학원농장은 봄이면 청보리를, 가을이면 메밀을 재배해 수확하고 관광객을 유치해 벌어들인 수익이 3억 원 이상을 웃돌고 있다. 1차 산업의 농업에 3차 산업인 관광을 접목한 것이 경관농업으로 농촌의 새로운 관광 상품으로 급부상하고 있는 추세이다. 경관농업의 선두주자로 불리는 진 대표는 논밭을 아름다운 관광지로 변모시켜 지역발전을 앞당기고 있으며 진 대표의 꼬리표에는 경관농업의 선두주자라는 명칭이 함께한다.

회사 중역에서 농사꾼이 되기까지

진 대표는 진의종 전 국무총리의 2남 2녀 중 장남으로 화려한 집안 배경을 등에 업고 있지만 그를 만나보면 천생 농사꾼이라는 생각이 든다.

진영호 대표는 말쑥한 양복 차림의 넥타이를 맨 대기업체 중역이었다. 서울대 농업경제학과를 졸업한 후 1973년 (주)금호에 입사해 테헤란 – 일본 등 해외지사에서 7년간 근무했고, 수출관리부장, 기획실장, 회장부속실 이사 등을 지내다가 입사 만 20년을 앞둔 1992년, 사표를 내고 그다음 날 고창으로 귀농했다. 주로 해외에서 근무한 진 대표는 과중한 업무에 대한 스트레스와 어릴 적부터 꿈꿔왔던 농장 경영에 대한 꿈이 가장 절실한 원인이었다.

"원래 어려서부터 농사일이 적성에 맞아 농사짓는 게 꿈이기도 했고, 직급이 높아질수록 스트레스가 더 많아지는 조직생활에 점점 회의도 들었기 때문입니다. 회사가 결정할 때까지 기다리지 말고 나 스스로 그만둘 시기를 정하자는 생각이었지요. 물론 갈 곳이 있으니까 남들보다 사표쓰기는 덜 힘들었지만요.”

청보리밭은 원래 두루미가 많이 날아들던 곳으로 황새골이라고 불린 곳이다. 학원농장이라는 이름도 학이 많다는 뜻을 가지고 있다. 1960년대 잡초만 무성한 야산을 어머니가 처음 개간해 청보리밭을 일구었고 92년 이곳으로 들어와 농군이 되었다.

귀농한 그해 가진 돈을 전부 쏟아 부어 비닐하우스 1천 평을 짓고 굴착기를 운전하며 카네이션과 백합을 재배했다. 한여름에 찾아온 냉기류와 태풍, 폭우로 인해 농사를 망치기도 하며 30도를 웃도는 비닐하우스에서 생활했다. 그렇게 2년 반 동안 홀아비생활을 하면서 억척스러운 시골생활을 하니 3년째에는 농사꾼으로 인정해주더란다.

경작 쉬운 품목 고르다 보니 ‘보리’, 지금은 효자 노릇 ‘톡톡’

진영호 씨는 해외 근무시절 경관농업이 활성화된 모습을 보며 한국에서도 경관농업을 시작해보겠다는 의지를 다졌다. 하지만 이곳을 처음부터 보리를 심어 관광명소를 만들려고 했던 것은 아니고 시골에 내려와 농사를 짓는 데 비교적 경작이 쉬운 품종을 고르다 보니 보리가 되었다.

60년대 초반에 평당 2원씩 주고 산 그 땅은 잡목 무성한 황무지에 불과했고, 대학시절에 진 씨는 한 삽 한 삽 흙을 퍼내며 틈틈이 그 땅을 일구었다. 이 당시에는 뽕나무를 식재해 잠업을 하고 70년대에는 목초를 재배해 한우 비육사업을 실시했으며 80년대에는 보리, 수박, 땅콩 등을 재배해 땅을 일구었다. 이후 1992년에는 진 대표가 귀농해 정착하면서 보리와 콩을 재배했고 장미, 카네이션 등 화훼농업을 병행해 관광농업을 본격화했다.

2000년에도 보리농사는 계속 이어서 재배했으며 이후에는 콩을 심었던 그 자리를 메밀로 대체해 작목전환을 했다. 보리는 월동 전에는 제법 잎이 돋아 잔디밭을 연상시키지만 월동 후인 3월부터는 본격적으로 성장해 4월 중, 5월 초에 푸름이 절정을 이룬다. 5월 중순 이후에는 보리 이삭이 익기 시작해 6월 초에 수확을 하는 과정을 거친다.

한 달가량을 쉬고 7월 말에는 다시 메밀을 파종해 9월 한 달 동안은 소금을 뿌린 듯한 하얀 메밀꽃이 장관을 이루며 관광객을 맞이하고 10월 중순경에 수확에 들어간다.

청보리 수확과 메밀의 파종 사이에 한두 달의 터울이 있다. 이 짧은 기간을 활용해 해바라기를 심기도 했는데 모종을 미리 길렀다가 밭에 옮겨 심어야 하고 꽃을 즐긴 후에는 해바라기씨를 수확도 못 하고 바로 메밀로 재배해야 하기 때문에 경제성이 없어 포기했다.

이는 봄과 가을, 보리와 메밀이라는 테마를 주제로 자연을 벗 삼아 아름다운 농장을 조성하고 그 풍경을 보기 위해 찾아오는 관광객이 늘면서 관광지로 인정받는 계기가 되기도 했다.

처음 10만 평에서 시작한 학원농장 보리밭은 관광지로 입소문을 타면서 주변 농가들도 보리밭을 일구기 시작했다. 진 대표의 보리밭 17만 평에 수변 농가까지 합치면 전체 보리밭 면적은 30만 평에 이른다. 이곳에서 학원농장은 농약을 하지 않고 한 해 5,000가마의 보리쌀을 재배한다.

자연을 테마로 2004년 경관농업특구로 지정

봄이면 넓은 들판에 초록으로 수놓은 보리와 가을이면 하얀 소금을 뿌려 놓은 꽃 무덤이 입소문을 타면서 2004년 본격적으로 이곳은 전국 최초의 고창 경관농업특구로 지정되어 친환경 농촌관광지로 자리매김 되었다. 이는 주변 자연경관과 잘 어울리는 보리와 메밀을 대규모로 재배하여 많은 관광객의 애호를 받아왔고 이를 더욱 확대 발전시켜 지역발전을 이루어보자는 공감대가 형성되었기 때문이다.

경관농업특구란 '지역특화발전특구에 대한 규제특례법'에 의해 재경부가 지정하는 것으로 특정지역의 특수성을 살려 지역발전을 이루어보고자 하는 정책이다. 예컨대 전북 순창에 '고추장 특구', 대구에 '약령시 한방특구' 등을 지정하고 이 특정산업이 발전하는 데 저해가 되는 각종 행정규제들을 풀어주며 필요한 여러 가지 지원이 가능하도록 하는 특정 지역이다.

즉, 낙후된 지역경제를 발전시키기 위해 지역의 특색을 살려 지자체가 재경부에 심사 신청을 인정해주고 법적인 편리성 등을 지원해주기도 한다. 경관농업특구에서는 경관농업을 수행하는 데 있어 각종 혜택과 지원이 따르지만 경관을 해치는 행위 등 상당히 까다로운 규제를 받게 되는 어려운 점도 있다.

고창 청보리밭은 농식품부에서 경관농업특구지구로 인정하면서 2005년, 2006년, 2007년 3개년에 걸친 시범사업을 선보이고 있다. 진 대표는 학원농장만의 수익이 아닌 청보리밭 축제를 통해 지역의 농·특산물을 판매하고 보리음식점을 차려 지역의 수익을 높여나가며 이를 바탕으로 내년부터는 사업의 폭을 넓힐 계획을 가지고 있다.

봄·가을이면 장관을 이루는 청보리밭·메밀꽃 축제

청보리는 4월 초에는 이삭이 나오기 시작하는데 이때부터 보리가 누렇게 익기 시작하는 5월 중순까지가 제일 아름다운 시기이기 때문에 '청보리'라 부른다. '보릿고개' 추억을 찾는 중년들부터 이야기로만 듣던 보리밟기를 직접 체험하기 위한 어린 학생들까지 청보리의 모습을 보기 위해 줄을 이었다.

그래서 학원농장은 고창군과 함께 2004년부터 전국 규모의 보리밭 축제를 열었다. 해마다 50만 명의 관광객이 찾아오며 올해로 4회째를 맞을 예정이다. 축제 첫해에는 20여만 명이 다녀가는 대성공을 이루었고 2005년도에는 '지역문화의 재발견'이라는 주제로 내방객들이 고창지역의 전통문화와 놀이를 즐길 수 있도록 주제를 잡았다. 2006년도에는 '좋은 농산물과의 만남'으로 품질 좋고 저렴한 농산물을 많이 소개해 호평을 받기도 했다.

올해에는 4월 14일부터 5월 13일까지 한 달 동안 '경관농업과의 만남'이라는 주제로 열리며 전시행사로 보리 관련 학술자료 전시, 국제 경관농업사진 전시, 농경문화유산 전시 등이 상설로 진행되어 고창과 농업에 대한 관광객들의 이해를 도울 예정이다.

특히 짚풀공예, 다듬잇돌 두드리기, 소달구지 타고 사진 촬영하기 등 추억 만들기와 윷놀이, 연날리기, 제기차기 등의 전통놀이, 전통 농기구 전시, 도시 어린이를 위한 흙 놀이, 봄나물, 채소, 잡곡류를 싸게 구입할 수 있는 상설 시장도 마련되어 있다. 한 달 동안 열리는 축제에는 보는 즐거움 이외에도 지천으로 봄나물이 자라고 있어 약간의 소품만 준비하면 시골반찬을 준비할 수 있다.

청보리 축제에는 유명연예인이 없다. 화려하지는 못하지만 잔잔한 감동과 추억이 담겨 있다. 상설전시마당과 농악 공연, 널뛰기 등 소박한 문화행사들이 함께한다. 이곳이 경관농업으로 성공할 수 있었던 바탕에는 어릴 적 향수를 느껴볼 수 있는 다양한 테마가 마련되어 있기 때문이다.

"돈 많이 드는 행사보다는 어릴 적 즐겨 불던 보리피리도 불어보고 보리도 서리해 구워 먹던 동심을 살리는 게 청보리밭 축제의 의미입니다. 사람들은 일면 '촌티축제'라도 하는데 반응이 좋은 이유는 인위적인 축제가 아닌 자연의 품안에서 활발하게 하루를 즐길 수 있다는 데 작은 행복을 부여하지요."

봄에만 관광객이 물밀 듯이 쏟아지고 여름과 가을이면 텅 비어버린 모습을 보고 관광농원을 효과적으로 운영하기 위해서는 변화가 필요하다고 판단했다. 다년간 고민을 하고 국내외 여러 사례를 공부하며 각종 경관조성에 도움이 되는 작물들을 시험 재배한 끝에 메밀을 고르게 되었다.

2003년부터 내방객들이 체류를 제일 많이 하는 큰 밭에 메밀을 심고 작황이 좋은 메밀은 온 들판에 소금을 뿌린 듯한 꽃 천지를 만들었다. 청보리만큼 삽시간에 소문이 퍼져 경관농업의 계기를 만들기도 했다. 2004년에는 약 12만 평으로 확대해 재배면적을 늘렸으며 볼거리와 함께 수확에도 공을 들였다.

학원농장은 10일 간격으로 3회에 걸쳐 파종을 하는 것을 원칙으로 하는데 이렇게 해서 8월 말부터 10월 초까지 꽃을 보게 되고 이후에 수확을 하는 방법을 사용하고 있다.

축제 통해 지역 시너지 효과 창출

진 대표는 경관농업특구에 관련해서는 욕심을 부린다. 현재 30만 평의 규모에서 200만 평으로 확장하는 것이다. 전체 보리밭을 합치면 최대 70만 ~80만 평인데, 농지 100만 평 정도에 하천, 저수지 등을 합치면 200만 평이 된다. 농지 100만 평을 보리농사로 전환시켜 관광특구를 넓히는 게 앞으로의 계획이다.

물론 이렇게 보리농사를 확장하면 판로에서 어려움을 겪을 수도 있을 것이다. 정부에서 보리를 생산하면 사료로 사용하거나 소비처를 창출해야 하기 때문에 어려움이 있지만 보리를 이용한 부가가치를 높이는 쪽에도 관심을 가질 필요가 있다. 예를 들어 보리밥 음식점을 확대하고 보리쌀을 이용한 미숫가루, 보리차 등 다양한 용도로 확대 사용할 수 있도록 모색해야 한다. 물론 많은 양을 현지에서 특산물로 소비하면 더 바랄 것이 없다.

진 대표는 보리밭 축제와 메밀꽃 축제를 계기로 경관농업을 사계절 내내 즐길 수 있는 문화로 확대하고 싶다. 예전에 여름이면 해바라기를 심었는데 찾아오는 방문객이 많은 반면, 한여름이라 차에서 내리지 않고 차 안에서 사진만 찍고 돌아가는 경우가 많았다. 그래서 수확과 관광객을 유치하기 위한 시설확장에도 노력할 예정이다.

진 대표는 97년 한국농수산대학 현장교수 위촉, 2000년 농협중앙회 새농민상 종합상 수상, 대통령상 수상, 2003년 고창 청보리밭 축제 공동위원장, 2004년 전국 새농민회 부회장 선임, 2006년 (사)한국 관광농원협회 회장 등을 역임하는 등 농사꾼으로서 제2의 인생길에 들어섰다.

호남평야의 끝자락, 넓은 구릉지에 자리한 학원농장. 웰빙 축제로 대표되는 청보리밭 축제와 메밀꽃 축제를 바탕으로 진 대표는 우리나라 경관농업이 아름다운 자연과 함께 바람직한 여가문화 조성의 길잡이가 되기를 바란다. 더욱 연구하고 실천하는 진짜 친환경 농군이 되고 싶다.

진 대표는 고창의 청보리밭과 메밀꽃이 전국적인 명성을 떠나 세계적인 관광지로 발돋움할 수 있도록 관광객을 맞이하는 데 최선을 다할 방침이다.

도덕현[16]

희성농원(아들 이름을 따서 붙임)의 도덕현(48) 대표는 감나무의 불모지인 고창에서 집념과 끈기로 최상품의 대봉을 생산하고 있다. 재배한계선에 위치한 고창에서 조금이라도 이상기후가 찾아오면 적응을 못 하고 죽을 수도 있지만 씨를 직접 받아 체질개선을 한 후 묘목을 만들어 감을 수확한다. 도 대표는 수확철 이외에는 6,000평 규모의 감 농사를 혼자서 돌보며 '감나무 박사'라는 칭호를 얻고 있다. '고창황토배기감'으로 판매하는 희성농원은 감 농사만 6,000평, 포도밭 2,000평에서 한 해 매출액 1억 원을 올리며 1년 동안 발효 숙성시킨 감식초를 판매해 1,000여만 원의 수입을 올리고 있다. 고창군 고수면 황산리 온수골에 자리한 희성농장은 도 대표가 맡아서 일한 지

---

16. 주소 : 전북 고창군 고수면 황산리 온수골, 특징 : 선조들의 유기농법 기술로 차별화된 대봉감 생산

15년. 가지치기부터 접목, 수확까지를 혼자 힘으로 해내는 그는 옛 선조들의 유기농법을 이어오며 땅에 대한 애착이 누구보다도 남다르다. 지역의 명칭만큼 고창지역에서도 토양의 기온이 높아 농사짓기는 편하다. 땅은 언제나 그 이상만큼 보답한다고 땅에 대한 예찬도 잊지 않았다.

땅이 없던 시절에도 농사법 공부하며 기틀 다져

그의 고향은 정읍 신태인이지만 어렸을 때 연고가 없이 살다 보니 지금의 자리가 고향이 되었다. 원래 그의 꿈은 농부였다. 어릴 적 가난하게 자라며 꼭 자기만의 땅을 사서 과수원을 해야겠다는 일념으로 악착같이 돈을 벌었다.

고등학교를 졸업하고 10년 정도 청과장사를 하며 옛 선조들의 유기농법에 매달렸다. 땅은 없었지만 농사법에 관심이 많았다. 이곳을 지인을 통해 구입한 후 감 농사에 매달린 결과 지금은 6,000평의 감 농장과 2,000평의 포도밭을 조성해 한 해면 1억 원의 매출을 올리고 있다.

포도밭은 최상품의 이색포도를 재배하며 짭짤한 수입을 올리고 있지만 3년 전 하우스 한 동이 폭설로 무너지는 아픔을 겪기도 했다. 낮은 지대에 비교적 바람막이가 잘되는 곳이었는데 눈보라가 휘몰아치면서 인근의 눈들이 이곳으로 몰려들어 4m가량의 눈이 쌓이더니 이내 하우스가 무너지고 말았다. 2억 원을 투자해 조성한 그곳에서는 한 해 연소득 4,000여만 원의 매출을 올렸던 곳이었다. 그렇게 좋아하던 농사를 포기하고 싶어질 만큼 좌절이 컸다.

도 대표는 농사일을 하면서 힘들다는 생각을 해본 적이 없다. 물론 농사일이 힘들기는 하지만 생각의 차이라고 본다. 천성이 부지런하고 땅에 대한 애착이 강한 것도 힘든 부분에 있어 남보다 극복하는 데 훨씬 수월했다. 그의 일하는 방식은 좀 색다르다.

"새벽부터 일어나 일하러 나가지 않습니다. 공무원과 같이 출퇴근하는 형식으로 하지요. 아침밥 먹고 농장으로 나오고 절대 밭에서는 밥을 먹지 않습니다. 그리고는 하루 종일 과수원에서 생활합니다. 일을 하다가 힘들면 억지로 하지는 않습니다. 힘들면 무조건 밖으로 나갑니다. 버섯도 따고 고사리도 꺾으며 기분 전환을 하지요. 그런 날이 많지는 않지만 나름대로 저에게 맞는 규칙을 정해야 능률도 오르지 않을까 싶네요."

쉬는 것도 천생 농사꾼이다.

불리한 재배조건 극복하고 품종개발로 승부

지금은 성송면에 위치한 3년생 포도밭에서 연소득 3,000만 원의 소득을 올리고 있으며 감 농사는 지난해 7,000만 원의 매출을 기록했다. 감 농사는 매출액의 생산비가 10%이기 때문에 감 농사는 다른 작목에 비해 수익이 높은 편이다. 재투자 비율이 낮은 작목이라는 얘기이다. 돈을 벌어들일 수 있는 경제수명도 60~150년까지 무난하기 때문에 관리만 잘하면 경쟁력이 있는 작목이다. 떫은 감은 7년, 단감은 5년의 성장과정을 거쳐야 성목이 되지만 한번 정성을 쏟아놓으면 그 값어치를 톡톡히 해낸다.

20년생 단감나무에선 대체로 1그루당 600~800개의 감을 생산하고 9년생 된 떫은 감에서는 지난해 200개 정도를 수확했다. 마사통에 단감 씨앗을 파종해 실생 대목에 직접 접붙이기, 덕 설치, 친환경적인 병충해 및 잡초제거, 축적된 경험 등이 총동원된 결과이다.

고창지역의 감나무는 남쪽 지방에 비해 재배와 품질 등에서 불리한 여건을 가지고 있다. 하지만 도 대표는 감나무 재배에서 드러난 문제점들을 연구하고 실험을 거듭한 결과 품종과 기술개발에 성공했다.

이곳에서 재배되는 대봉감은 각종 미네랄 성분과 여러 유효 성분을 지니고 있는 황토토양에서 재배, 생산되어 당도가 월등히 높고 과일의 고유한 향을 지니고 있어 식미가 우수하다. 이곳 농장은 지역적으로 산기슭에 위치해 신선한 공기의 청정지역이며 밤낮의 기온차가 커서 당도가 높고 중량은 평균 400g으로 과실의 경도가 높아 저장성과 과일의 숙기를 엄수해 수확하므로 품질에서 앞서 간다.

또한 대봉감의 웃자람 방지, 대과생산, 당도 및 색택향상 등의 상품성 향상을 위해 6월경 그루별 별도관리로 생리생태비료를 사용한다. 착색기부터 유기칼슘과 죽순 정초액비를 직접 제조해 3회 정도 시비함으로써 나무개체의 내병성과 건전한 생육을 촉진함으로써 저장성을 강화하고 투명한 색을 만들어내고 있다. 이곳에서 생산되는 감은 '대봉'으로 품질에서 최상급으로 판매되고 있다. 부족한 영양분을 사전에 진단해 해당 결핍성분을 위주로 단제 살포를 실시, 1그루씩 개체별로 영양생리 관리에 들어간다.

농장 전체가 아닌 대봉감 그루 하나하나를 주기적으로 관리함으로써 계절적·기후적 나무의 생리생태를 각각 조사함으로써 각 그루의 생리생태에 적합한 시비 및 병충해 방제 등의 체계적인 관리를 실시하는 게 다른 농가와의 차별화다.

"개체별로 관리하며 정성을 쏟다 보니 보답을 해주더라고요. 나무도 사람과 같아서 다 똑같은 나무라고 생각하면 오산입니다. 정성이 필요하지요."

영양제·병충해 방제는 철저한 유기농법으로

도 대표의 농촌사랑은 철저한 유기농업에서 나타난다. 옛 선조들이 만들어 썼다는 석회유황합제를 비롯해 비싸다는 숯 중에서도 백탄을 사용하는 등 다양한 유기농법을 개발하며 화학비료를 일절 배제하고 있다. 이런 노력은 무농약 재배 농가로 선정되기도 했다.

석회유황합제는 생유황에 물을 넣고 끓여서 생석회를 조금씩 넣어 만든다. 생유황은 끓는 온도가 1,900도를 웃돌기 때문에 갑자기 많은 생석회를 넣게 되면 폭발위험까지 있다. 그래서 석회부터 넣고 끓이면 편하지만 유황이 녹지 않는 단점이 있어 선조들의 방식을 그대로 따른다.

또한 1,300도에서 구워낸 전복껍질에 효소를 녹여서 만든 현탁액을 칼슘영양제로 사용한다. 대나무톱밥의 경우는 합죽선 공장에서 톱밥을 직접 받아서 사용한다. 땅에 기운을 돋우는 대나무 톱밥은 도라지와 더덕 재배에 사용해보니 안 했을 때와 현격한 차이가 드러났다. 성장속도가 3년의 터울을 앞당기는 효과를 가져왔다.

특히 스스로 '환생수'라고 이름 붙여진 발효제는 톱밥과 깻묵, 영농부산물을 합해 발효시킨 후 퇴비에 넣어 천연비료로 사용했다. 1년에 한 번씩 만들어놓으면 그해 농사에는 어려움이 없었고 농작물의 생리활성을 위해서는 두

부비지가 제격이었다.

숯을 이용한 유기농법을 적용하고 있지만 포도밭에서만 숯을 사용하고 감나무는 잠정 중단상태이다. 일반 숯과 달리 비싸기 때문이다. 도 대표는 나무에서 15% 정도만이 생산되는 백탄을 고집한다. 숯도 다 같은 숯이 아니기 때문이다. 불을 가하지 않고 쪄내는 방식의 훈탄은 100% 숯을 만들지만 타르성분이 포함되어 있어 땅 농사에는 부적격이다.

병충해 방제를 위해서는 페르몬을 이용해 톱다리개미허리노린재를 유인하는 방법을 사용하고 있다. 톱다리개미허리노린재는 감의 즙을 흡수하는데 딱딱한 감을 부드럽게 만들기 위해 화학물질을 분비해 녹이기 때문에 감을 금방 상하게 한다. 이 농법은 고창 감 연구소에서 사용하는 방법이기도 하다.

순수자연 발효식품 감식초, 입소문에 고정단골 확보

1년 정도씩 발효시킨 이곳의 감식초는 미식가들이 찾을 만큼 인지도를 얻고 있다. 농장 입구에 굴을 파서 감식초를 저장 숙성시키고 있는데 1년 정도 발효시켜 지인들을 통해 판매한다. 순전히 입소문이다. 인위적인 감식초는 멸균식초이지만 이곳의 감식초는 순수 자연에서 만들어 한 사람이 100병 정도씩을 사갈 정도로 인기를 끌고 있다.

"해마다 서울에서 찾아오는 52세 된 여자 분이 계시는데 감식초 마니아입니다. 물처럼 꾸준히 마시는 사람인데 그래서 나이보다 훨씬 젊어 보이지요."

감식초에서 올리는 수익은 한 해 1,000여만 원 정도. 하지만 올해부터는 판매를 중단하기로 했다. 숨 쉬는 항아리에 오랜 기간 동안 저장해보고 그 숙성과정을 연구하기 위함이다.

"언젠가 일본에서 식초 카페가 인기를 끌고 있다는 기사를 본 적이 있어요. 웰빙문화가 확산되면서 우리나라도 언젠가는 식초문화로 전환되지 않을까 하는 생각을 했습니다. 그때를 대비해 양질의 고급식초를 만들어볼 계획입니다."

감식초는 처음 먹어본 사람은 방귀의 악취가 심할 만큼 숙변제거용으로 좋고 목욕을 하면 잡냄새가 없어진다고 한다. 또한 정기적으로 꾸준히 복용하면 피부가 좋아지는 효과가 있다.

직접 방문영업 "죽기 살기로 덤볐다"

도 대표는 영업 전략으로 광주신세계 백화점과 수원농협물류센터에서 특판 행사를 펼치기도 했으며 판매에 주력했다. 이곳저곳을 직접 방문한 결과 서울 양재동 물류센터에서는 '고창황토배기감'이 히트를 치기도 했다. 여느 감과 달리 빛깔과 당도에서 월등했기 때문이다. 이로 인해 올해에는 전량판매를 약속해놓은 상태이다.

처음 감을 수확했을 때는 지역 여건상 인근 광주와 정읍, 고창 청과시장에 출하하려고 했지만 소비 및 유통과정이 복잡해 서울의 신세계 백화점과 롯데 백화점, 이마트 물류팀을 직접 방문해 영업을 시작했다.

"모두가 미친 짓이라고 했습니다. 하지만 농산물 판매에 한계가 있고 제 정성이 담긴 우량 농산물을 정상가격에 팔고픈 마음에 죽기 살기로 덤볐죠. 지금은 수원농협물류센터를 통해 백화점에 납품하고 있는데 주위에서 부러움을 사기도 합니다.”

상품의 크기와 모양뿐만 아니라 세심한 포장기술까지 고루 갖춰 생산량의 60% 이상을 대형 유통업에 납품하고 나머지는 자체적으로 판매하고 있다.

현재 도 대표는 고창 감 연구회 회원들과 함께 명품 감을 만들기로 힘을 모았다.

중량, 빛깔, 맛, 색택에서 최고급을 생산해 특등 감 10~20%를 재배할 계획이다. 고창감연구회는 15농가가 참여하고 있으며 3년 정도의 역사를 가지고 있다. 도 대표는 이곳의 회장을 맡으며 정보와 기술을 교류, 상품성에서 균일성을 가질 수 있도록 주력할 예정이다.

'감나무 박사'로 통하며 다양한 품종개발 주력

요즘처럼 수입개방의 물결 속에서 농가가 살아남기 위해서는 적극적인 정부의 지원정책이 뒤따라야 하고 관리체계를 농민점수제로 바꿔서 누구에게나 공평한 기회를 마련해주어야 한다는 게 도 대표의 생각이다.

“우리나라에는 농산물을 검사하는 농산물 검사소가 있고 교육하는 농촌지도소가 있으며 판매를 담당하는 농협이 있습니다. 이 세 군데만이라도 잘 활용하면 농민들은 농사짓는 데 전념할 수 있지요. 하지만 농민이 유통으로 창업을 하게 되면 사업자등록소를 거치고 그러다 보면 연금, 의료보험, 부채이자 등을 감당하기가 어려워집니다. 농민들은 대부분 고령화로 농사만 잘 짓는 것도 힘든데 어떻게 유통판매까지 할 수가 있겠습니까.”

젊은 농사꾼은 나름대로 농업에 대한 가치관을 가지고 투자하다 보니 새로운 농작물을 재배해 성과를 거두기도 하지만 대체적으로 농업의 종사자가 고령인 만큼 그들의 생계도 다각도로 모색해주어야 한다는 것이다.

또한 1차 산업에 종사하는 농업인들에게 수입농산물과는 차별화된 농사법을 공급해 그들의 경쟁력을 키워주고 보장해줘야 한다고 목소리를 높였다. 다시 말해 친환경 인증을 받는 농산물과 일반 농산물의 가격 차이를 현격하게 만들고 모든 국민 건강에 우선이 되는 정책을 강구해야 한다는 주장이다.

묵묵히 한 길을 걷고 있는 도 대표는 환경농업단체 연합회와, 농협중앙회에서 공동주최한 제7회 전국 친환경 농산물 품평회, 김제시 친환경 농산물 품평회, (사)한국유기농 협회에서 주는 상을 받기도 하는 등 그의 성실성이 인정받고 있지만 항상 그 자리에서 만족하지는 않는다.

새로운 품종을 구입해 접목작업으로 다양한 품종을 연구하고 감나무 재배에 관심 있는 사람들이 찾아오면 친절한 설명과 전문상담도 실시, 농촌의 경쟁력을 한 단계 끌어올리는 데 발 벗고 나서고 있다.

장수봉[17]

볼록 나온 꼭지에 힘을 주고 반으로 쪼개면 과즙의 상큼함이 '톡톡' 튄다. 새콤한 향내가 입 안 가득 퍼지더니 침이 절로 고인다. 감귤의 신맛이 좀 덜

---

17. 주소 : 전북 고창군 태봉농장, 특징 : 서귀포서도 인정한 고창 한라봉

하고 적당히 섞인 달고 신맛의 어울림에 귤처럼 까먹기도 좋다. 바로 '한라봉' 얘기이다. 제주도에서 생산되는 줄로만 알고 있던 귀한 과일 한라봉을 전북 고창에서 생산해 확실한 차별화 선언에 나선 태봉농장의 장수봉(64) 대표. 그것도 우리나라 한라봉 재배한계선을 제주에서 고창으로 최북단까지 끌어올려 친환경 농법과 순환농법을 이용해 경쟁력을 신장시키고 있다. 태봉농장의 장수봉 대표는 30년의 농사 경험을 바탕으로 친환경 농법만이 국내산 농산물을 보호할 수 있는 방책이라고 목소리를 높인다.

30년 생산한 고창수박 접고 한라봉 재배에 도전

고창군 태봉농장에서 생산하는 한라봉은 당도 14bx(브릭스) 이상에 산도 1.0% 이하로 최고 수준 품질을 자랑한다. 친환경 농법과 순환농법을 이용해 한라봉의 본고장인 제주산보다 오히려 품질에서 앞서며 인정받고 있다. 특히 생명농업을 실현하기 위해 화학 비료나 제초제는 일체 사용하지 않고 토착미생물이나 발효거름, 죽초액, 액비 등을 만들어 사용하기 때문에 안정성에서 인정받고 있다.

장 대표는 젊은 시절 직장을 다니기도 하고 자가 사업을 하다가 30년 전에 고창으로 내려왔다. 아내에게는 2년 정도만 내려와서 농사짓고 올라가자고 설득하고 내려왔지만 농사라는 게 알게 모르게 도시생활과는 다른 마음의 여유를 안겨주는 직업이다. 물론 농사짓고 아이들 교육시키며 빚도 많이 졌다.

하지만 딸만 넷인 가정에 큰 탈 없이 무난하게 커주는 자녀들이 항상 고맙다. 지금은 큰딸과 사위가 내려와 영농후계자 과정을 밟고 있다. 공들인 농사

일을 물려주고 싶은데 아들이 없어 선택한 일이었다. 다행스럽게도 큰 사위는 묵묵하게 농사일을 배우며 천연비료도 곧잘 만든다.

"하우스 일이라는 게 잔손이 많이 가는 일입니다. 5~6m되는 하우스를 수리하기에는 노인이 벅찬 일이지요. 큰 사위가 그 몫을 해내고 있습니다. 도시에서 직장생활하고 이곳으로 온 후 2~3년 정도는 힘들어하는 것 같았는데 지금은 농사꾼이 다 되었지요."

장 대표는 90년대 우루과이라운드와 WTO통상압력으로 피폐화된 농촌에서 돌파구를 찾기 위해 30년 동안 고창의 명물인 수박 농사를 접었다. 작목전환을 고민하며 이곳저곳 전국을 돌아다니다 보니 남쪽 지역에 심어놓은 나무가 눈에 들어왔다. 여느 나무와 다른 게 시선이 그쪽으로 쏠렸다. 한라봉이었다.

귀농 후 수박, 참외, 메론 등 많은 과일농사를 지었으나 점차 수입농산물과 농산물의 가격하락으로 경쟁력을 잃어가는 현실에 고심하다가 색다른 과일이고 어느 정도 수입농산물에 경쟁력이 있다고 판단해 재배하기로 결심했다.

지금은 그 명성이 흐릿해졌지만 한창 잘나가던 시절에 수박하우스 재배를 고창지역에서 최초로 시도할 만큼 하우스 재배에 일가견이 있던 장 대표는 수박농사를 과감히 접고 한라봉에 매달렸다. 발품 팔아 재배법을 공부하고 수입개방에 밀리는 우리의 농산물을 첨단하우스를 이용해 경쟁력 있는 하우스 재배로 확고하게 굳혀보기로 했다. 일단 시도해보자. 그것이 17년 전 일이다.

서귀포, 닳도록 찾아가 기술 습득

"지금도 제주도 서귀포에 가면 저를 모르는 사람이 없을 정도로 그때는 많이 돌아다녔습니다. 실패를 하더라도 꼭 한 번 시도해보겠다는 오기가 생겼습니다. 고창 지역은 연중 기온이 온난한 제주도와는 달리 추워서 실패한다며 외면도 많이 받았지요."

농장에서 이용하던 트럭을 몰고 목포까지 가서 거기서 배를 타고 제주도에 들어가기를 수십 번. 서귀포를 제집 드나들 듯이 찾아가며 재배방법과 기술을 습득하는 데 노력했지만 제주도 지방과 다른 환경으로 수많은 시행착오를 겪었다.

그는 인터넷을 통해 정보를 수집한 후 무작정 제주도로 가서 묘목을 구해 99년에 3억 원을 들여 첨단 하우스 3,000평에 300주의 한라봉 묘목을 심었다. 이후 1만 2,000평으로 넓히고 하우스 6동, 600주를 심었으며 닭을 키우는 축사 1,500평과 우사 100평을 짓고 순환농법으로 전환했다.

위도상 고창지역은 한라봉 재배에 있어 가장 위쪽에 해당된다. 위성항별 장치가 가리킨 위치는 고창이 위도 35도 26분 03초, 제주도는 위도 33도 3분 03초. 제주도 서귀포시보다 북단으로 2도 위에 위치해 있다.

최고령지에서 손을 많이 타는 한라봉의 재배는 그리 만만치 않은 일이었다. 물이 부족하면 안 되고 많아도 안 되며 천연비료도 연구해야 좋은 제품을 생산하는데 중구난방으로 재배하다 보니 열매도 별로 안 나오고 적자를 면치 못했다.

여러 번의 실패 끝에 10년 전인 2003년 1월에 1,000박스를 출하하게 되며 눈에 보이는 수확을 얻어냈다. 아직도 성목이 되려면 시일이 걸리지만 2005년 매출은 5,000만 원, 2013년 현재는 한 해 평균 1억 원의 소득을 올리고 있다.

장 대표가 한라봉을 재배한다는 얘기를 듣고 인근의 5농가가 시도했지만 그중 한 농가만이 1,000평에서 재배를 하고 있으며 나머지는 농사를 접었다. 과수라는 게 바로 심어 수확하는 게 아닌 몇 년이고 정성을 들여 키워야 그 열매를 따 먹을 수 있는데 그 시기를 못 견딘다는 것이다.

한라봉 재배가 흔하지 않은 고창 지역에서의 판로는 큰 어려움이 없으며 통신판매와 전화주문, 유기농 협회 등을 통해 납품하고 있다. 오히려 물량이 없어서 못 팔 정도이며 유기농 인증을 받아 제주산보다 높은 가격에 판매할 수 있다.

무농약 재배로 품질서 앞서 간다

한라봉은 1972년 일본 농림성 과수시험장 감귤부에서 청견 품종과 중야 3호 폰깡을 교배해 육성 한교잡종으로 1990년 초반부터 제주지역에 도입되어 재배되고 있다. 한라봉 감귤 꼭지 부분이 뾰족하게 튀어나온 외형이 한라산을 닮았다고 해서 '한라봉'으로 통일된 명칭을 갖게 되었다. 외형은 계란형 또는 편구형으로 크기가 고르지 않고, 특히 꼭지 부분이 뾰족하게 돌출되는 것이 대부분이지만 편평하다고 상품성이 떨어지는 것은 아니다. 실제 일본에서도 과일 모양과는 관계없이 당도와 산도에 따라 품질이 결정되기 때문이다. 이 점에서 국내 소비자들은 꼭지 부분이 돌출되지 않을 경우 품질이 떨어지는 것으로 잘못 인식하고 있다.

한라봉은 하우스로만 재배된다. 무게가 350~500g이다 보니 비바람을 직접 맞으면 금세 떨어지고 만다. 특히 조금이라도 상처를 입게 되면 숙성되는 기간 동안 부패해버리기 때문에 정성들인 손길을 많이 필요로 한다. 또한 한 나무에 많은 열매가 맺으면 한라봉의 맛이 떨어진다. 적당하게 열매를 맺게 해줘야 이듬해에도 건강하게 잘 자란다.

원래 한라봉은 맛있는 과일인데 무작위로 대량생산을 하다 보니 신맛 때문에 대접을 못 받기도 했다. 한라봉 농가들이 대량으로 생산해 색깔만 얼추 맞으면 판매했던 게 화근이었다. 수확 철은 대개 2~3월임에도 명절 특수에 맞추어 익지도 않은 제품을 조기에 시장에 내놓아 소비자들에게 외면당하는 사례도 있었다.

한라봉은 다른 감귤에 비해 산도 조절이 까다로운 터여서 한 나무에서도 맛이 일정하지 않은 게 어려움이다. 그래서 한 나무에서 아래위로 나눠 수확하고, 그게 어려우면 수확 뒤 4주 이상 창고에서 숙성시켜 신맛을 줄여 출하하는 걸 원칙으로 삼고 있다.

"우리가 다른 나라와의 경쟁력에서 이기기 위해서는 인내로 기다릴 줄도 알아야 합니다. 무작정 많이만 생산하면 좋은 것인 양 앞을 바라보지 못하는 것에 아쉬움이 듭니다. 원래 농사는 끈기이고 기다림입니다. 기다릴 줄 알아야 자연도 보답하는 것입니다. 색깔만 비슷하다고 다 같은 한라봉이 아닙니다. 색깔부터 당도, 모양까지 다각도로 갖추어져야 경쟁력이 있지요."

직접 만든 죽초액 등 주위서 벤치마킹

장 대표가 친환경 유기농법을 선호하는 이유는 두 가지이다. 장 대표의 건강문제와 소비자에게 안전한 먹거리를 제공해야겠다는 생각에서였다. 농민들에게 있어 농약중독이 심각하다 보니 장 대표도 피해갈 수 없는 일이었다. 특히 하우스처럼 밀폐된 공간에서의 농약살포는 농사를 짓기 어려울 만큼 건강을 악화시켰다. 그래서 착안해낸 게 친환경 재배 농법이었다.

오렌지 등 농약을 많이 한 과일과의 차별화를 위해 농약을 가급적 사용하지 않고 키울 수 있는 방법을 연구, 담양에서 대나무를 사다가 죽초액을 만들어 재배한 것이 장 대표에게 있어 유기농법의 시초가 되었다. 장 대표는 화학비료와 농약을 사용하지 않은 고품질의 한라봉을 생산하려고 죽초액이나 액비 같은 친환경 농법을 사용하고 있다.

유기농산물을 재배하기 위해서는 가장 중요한 게 땅심이다. 처음 한라봉을 재배하기로 결정한 후 무엇보다도 가장 급선무가 땅의 힘을 가장 자연적인 조건으로 만드는 일이었다. 사람에게도 골고루 영양이 필요한 만큼 땅도 적절한 영양분과 병충해의 피해를 줄이는 게 중요하다. 땅심을 기르기 위해 이곳저곳에서 정보를 얻다 보니 웬만한 천연비료는 척척 만들어낸다.

태봉농장의 캐릭터도 죽초액을 먹고 자란 한라봉의 이미지를 살려 대나무를 먹고 있는 한라봉으로 하게 된 만큼 대나무 목초액으로 키운 태봉한라봉은 농약을 쓰지 않고 미생물농법으로 병충해 예방을 하고 있다. 조카의 도움을 받아 죽초액을 생산하는 기기를 만들었고 이것은 대나무를 태워서 나오는 액을 모으고 대나무 숯도 만들게 되었다. 나오는 죽초액은 물과 비율을 조정하여 나무에 주고, 나오는 대나무 숯은 빻아서 나무에 뿌리니 병충해 및 나무발육에 많은 효과를 보였다.

화학비료 대용으로 토착미생물을 배양하고 쌀겨나 골분, 어분, 깻묵 등 기타 자재 등을 섞어 발효시켜 쌓아놨다가 수시로 뿌려주며 땅에 영양분을 보충해줬다. 병충해 방지를 위해서는 술을 만드는 원료인 주정과 식초에 천남성, 멀구슬 등 독초 등을 넣어 3개월 이상 우려내 나무에 직접 뿌렸다.

농약을 뿌리면 벌레들이 죽지만 이것은 벌레를 죽이는 효과보다는 벌레가 독한 냄새 때문에 기피하며 도망가는 효과가 있다. 사람이 직접 먹어도 해롭지 않을 만큼 안정적인 이 농법은 장 대표가 만들며 인근에 보급하는 천연 비료이기도 하다.

이와 함께 마늘을 현미식초에 3개월 이상 발효시킨 유기농법도 영양보충과 해충기피용으로 유용하게 사용한다. 이뿐만이 아니다. 우사에서 나오는 우분을 발효시켜 사용하기도 하고 농사지은 볏짚은 소에게 먹이며 순환농법을 추구하고 있다.

화학비료 대신 퇴비를 주로 사용하면 우선은 건강이 좋아지고 유기농법으로 재배하다 보니 소비자들이 선호하기 때문에 수확량에서는 다소 떨어지지만 성목이 되면 수확량에서도 앞설 것이라는 게 장대표의 생각이다.

실패까지도 성공으로 이끌어내는 힘

"지금도 제주도에서 전문가들이 직접 찾아와 맛을 보며 긍정적인 반응을 보였을 때 가장 보람을 느낍니다. 어찌 보면 제주도의 토양보다도 고창 지역의 토양이 인정받고 있지요. 제주도는 화산토이기 때문에 황토인 고창 토질을 절대 따라갈 수가 없습니다.”

지금은 제주도의 농민들이 장 대표의 재배온실에 들러 기술을 배우고 갈 정도로 상황이 역전됐으며 오히려 품질 면에서 더욱 높은 평가를 받기에 이르렀다. 유기농법만을 고집하다 보니 3년 전에는 무농약 인증을 받고 지난해에는 친환경유기인증을 받았다. 무농약은 훨씬 이전부터 실시하고 있었지만 인증받는 절차를 잘 몰라서 늦어졌다.

친환경 농산물로 인증받기 위해서는 화학비료와 우기합성농약을 일체 사용하지 않고 2년 이상 비료, 농약 등 영농자재사용 내용을 기록한 영농 관련 자료 및 농산물 생산량에 대한 자료를 제시해야 한다.

장 대표는 죽초액제조기 연구 개발 및 대나무 숯 개발을 통해 지자체별 인증서가 있을 뿐 아니라 1997년 7월에는 ‘이달의 새농민’상까지 수상하기도 했다.

수입개방의 파고 속에서 우리 농산물이 인정받기 위해서는 남들과 똑같은 방법으로 재배해서는 이길 수 없는 게 현실인 만큼 가장 안전한 먹거리와 환경까지도 생각하는 농법이 개발되고 발전되어야 한다는 게 장 대표의 확고한 의지이다.

남들이 다 말리는 일을 뚝심 하나로 밀어붙이며 고창 한라봉의 명성을 쌓아가는 장 대표는 아직까지도 성공했다는 생각이 들지 않는다. 누가 보더라도 불가능한 일을 신념과 노력으로 이끌어냈고 실패는 하더라도 그 실패까지도 성공으로 이끌어내고 싶다.

김병귀[18]

유기농 재배 농산물은 3년 이상 농약과 화학비료를 사용하지 않고 재배해야 하기 때문에 친환경농법은 많은 어려움과 인내를 요구한다. 비닐하우스 2만 평, 노지 2만 평에서 41가지의 유기농 잎채소류와 특수채소를 재배, 유기농 채소만으로 한 해 25억 원의 매출을 올리고 있는 천지원농장의 김병귀 대표. 친환경 농산물에 대한 일반인의 인식이 없었던 1990년부터 철저히 소비자의 입장에서 유기농·친환경 농산물을 재배하며 수많은 시행착오를 겪고 농업신화를 창출했다. 유기농 재배를 통해 농촌도 살리고 사람들이 건강해졌으면 좋겠다는 작은 희망에서 비롯한 천지원 농장은 수입개방에 맞서 21세기 농업의 새로운 패러다임을 다시 쓰고 있다.

친환경 유기농산물 41가지 재배

김제시 백산면에 위치한 농장 사무실 근처에는 곳곳에 유기농 재배를 위한 하우스가 있다. 두 겹, 세 겹으로 씌운 하우스는 사시사철 싱싱한 유기농 채소를 자라게 하는 원동력이다. 현재 그가 재배하는 친환경 유기농산물은 41가지. 우리나라 사람들이 즐겨 찾는 배추와 무에서부터 케일, 상추, 신선초, 쑥갓, 양배추, 비타민채, 청경채, 열무, 근대, 아욱, 당근, 고구마 등 온갖 채소는 다 모여 있다.

화학비료와 화학 합성농약 등을 일절 사용하지 않고 유기물과 자연 광석, 미

---

18. 주소 : 전북 김제시 영농조합법인 천지원, 특징 : 친환경 농산물로 21세기 농업의 패러다임 다시 씀

생물 등 자연적 자재만을 사용해 누가 먹어도 안전성에서 제일가는 먹거리를 생산한다. 1995년 10월에 상추와 신선초, 케일에 대하여 유기재배 품질 인증을 받고 자연스럽게 모든 품목에 친환경 유기농산물 인증이 붙여졌다.

이들 농산물은 전남북지역 대형 유통업체 14곳에 전속 매장을 갖고 있다. 친환경 인증 협력농가 10곳과도 계약을 추진해 혹시 발생할지 모를 공급부분의 차질에 대비하고 있다.

농장 운영도 매우 조직적이고 체계적이다. 대표이사 아래에 교수 및 각계 전문가로 구성된 3명의 자문위원과 5명의 이사회도 구성하고 있다. 제품판매 및 홍보를 담당하는 기획실에는 2명의 직원이 근무하고 있으며, 작물생산 관리부 10명, 유통관리부 4명, 매장관리부 2명 등 18명의 종사원이 일사불란하게 움직인다.

건강 때문에 찾게 된 유기농 채소

도시에서 직장생활을 하던 평범한 회사원이었던 김 대표가 농사에 관심을 가지게 된 계기는 건강 때문이었다. 열한 남매의 막내로 태어나 어린 시절부터 임파선 종양 등 병치레로 늘 약을 먹고 살았고 직장생활을 하면서 간경화에 혈압도 240을 웃돌았다.

특히 1982년 원광보건전문대 위생학과를 졸업하고 잠시의 직장생활을 접은 후 북태평양에서 명태잡이 원양어선을 탔던 4년간의 세계 항해는 건강을 급속도록 악화시켰고 사람들을 만나는 것도 귀찮아졌다. 그것이 계기가 되었다. 그 당시 귀했던 유기농 채소로 만든 녹즙과 생식 위주의 식이요법이석 달 만에 건강을 찾게 도와주었다.

운동도 하고 혈압도 정상으로 돌아왔다. 유기농 채소에 대한 효능을 체험한 그는 그것으로 인해 '참 먹을거리를 생산하는 농부가 되어야 겠다'고 결심, 귀농을 반대하는 아내를 설득했다. 그리고 원양어선을 타며 모았던 5,000만 원을 고스란히 유기농 사업에 투자하기로 결심했다. 전라북도 전주가 고향이지만 김제에서 자란 그는 1990년 1,500평의 농지에 하우스 시설을 짓고 유기농 채소 재배를 시작했다. 5년 동안은 실패의 연속이었다. 5,000만 원도 모자라 2억의 빚을 졌다. 당연한 결과였다. 농사라고는 어렸을 때 어깨너머로 본 것이 전부인 상태에서 유기농법 관련 서적 몇 권으로 해결될 일이 아니었다.

"5년 동안 건강도 못 챙기며 막연히 시작한 유기농 사업이 번번이 빚더미를 만들었지요. 기본 지식 없이 책 몇 권에 의지해 성공하기를 바라면 도둑놈 심보지요. 그때의 실패가 지금의 블루오션을 만들었다고 생각합니다. 값비싼 공부를 톡톡히 했습니다. 특히 사람은 그런 고난 속에서 이겨낼 수 있다는 겸허한 자세를 배운 것은 지금의 천지원농원이 있었던 원동력이기도 합니다."

태양열이 땅의 생명력 키운다

처음 실패의 원인은 규격화와 영양분의 문제였다. 초창기에 상추를 재배하면서 퇴비가 모자라 잎이 얇고 장다리(추대)가 올라와 농사를 망친 적이 있었는데 그것 때문에 고품질 퇴비 생산에 노력을 기울였다. 그때부터 직접 퇴비를 개발해보기로 마음먹었다. 제값을 받기 위해서는 무엇보다도 균일하고 싱싱한 상품이 필요했다. 우선, 크기가 제각각이면 상품성에서 떨어진다. 육모 때부터 크기를 균일하게 맞추며 직접 퇴비 개발에 나섰다. 동물의 부산물과 깻묵, 쌀겨 등을 섞은 퇴비를 3개월 정도 발효시켜 썼더니 효과가 나타났다.

지금은 동물의 부산물과 피, 골분 등의 잔재물과 왕겨, 쌀겨, 생석회 등을 혼합해 2년간 발효시킨 후 300평당 5톤 정도로 넉넉하게 주고 독한 기운은 태양열로 소독해 퇴비로 사용하고 있다. 다소 생소한 태양열 소독은 땅의 생명력을 키워주는 힘이다.

다른 농업인이 직접 찾아와 배워갈 만큼 태양열 소독은 김 대표만의 노하우이다. 직접 발효해 만든 퇴비를 땅에 골고루 뿌려주고 비닐 두둑을 성형하고 물을 뿌려준 후 수분이 60%까지 되도록 맞춰 2~3주간 밀폐해주는 것이 포인트. 이렇게 하고 나서 하우스를 이중, 삼중으로 밀폐하면 하우스 내부는 80도에 가까울 정도로 뜨거워지고 웬만한 선충은 다 죽는다. 또한 토양이 40~50도가 되어 농산물에 유익한 미생물이 왕성하게 번식하게 된다.

땅에 영양분을 주다 보면 복병이 나타나기 마련이다. 농민들에게 제초작업은 손도 많이 가고 골치 아픈 일거리이다. 제초작업은 지금도 손으로 하고 있지만 물과 토양을 정화하고 깨끗하게 해주는 맥반석 가루와 숯가루, 제올라이트 등을 살포하고 물의 양을 조절하는 방식을 적용해 효과를 보았다.

특히 물을 흡수하는 성질을 가진 제올라이트는 축사에 살포하면 탈취효과가 있고 농토에 살포하면 토지의 산성화를 막고 힘을 북돋워주는 기능이 있다. 이 덕분에 항암과 혈압 조절, 골다공증, 중금속 해독 등의 다양한 약리 작용이 있다고 알려진 게르마늄을 많이 함유한 기능성 고칼슘 게르마늄 신선초를 재배하는 데 성공했다.

1998년 원광대에서 실험 분석한 결과 천지원에서 재배한 신선초는 게르마늄 성분이 일반 재배된 신선초의 2~4배, 5년생 백삼이나 불로초보다 2~3배가량 높은 것으로 확인되었다. 여기에 맥반석 돌가루와 각종 광물을 혼합해 천지원 게르마늄 농법을 개발해 주목을 끌기도 했다.

신선도 유지는 콜드체인시스템으로

또한 채취된 채소의 품질 관리는 선도 관리가 최우선이다. 김 대표는 곳곳에 떨어져 있는 직영점까지 최대한 신선한 상태로 보내기 위해 농장 내의 저온 저장고, 냉동 탑차, 매장의 저온 저장고, 냉장 벌크로 이어지는 저온 관리 시스템인 콜드체인시스템을 도입했다. 채소들은 매장에서 3일 이상 진열되지 않고 재고가 있으면 바로 폐기했다. 정성과 신뢰감을 뒷받침하는 콜드체인시스템과 진열 기한제는 천지원농장의 자부심이기도 하다.

고품질 농산물을 생산한 뒤의 문제는 판로개척에 있었다. 남보다 앞서 유기농산물을 재배했지만 문제는 유통이었다. 처음에는 백화점 납품을 시작했지만 판로 확장은 쉽지 않은 일이었다. 고가 유지 정책을 고집한 그의 정책이 다수의 대중에게 쏠리기에는 친환경 먹거리에 대한 인식이 적은 시기이기도 했다.

우연한 기회에 전북농민교육원에서 실시한 유기농법 교육을 받게 되고 덕분에 규격화된 소포장 판매 방식을 알게 되었다. 보기에 좋은 떡이 먹기도 좋다고 새롭게 디자인한 소포장을 개발해 1996년 3월부터 판로 확장에 나섰다. 하지만 그때가지만 해도 유기농산물에 대한 관심이 저조했던 시기라 소비자에게 평가받는 게 쉬운 일은 아니었다. 우선은 가격이 비싸다 보니 그다지 환영받지 못하는 입장이었다.

처음 300만 원이었던 빛이 5년 후에는 2억이 되었다. 하지만 쉽게 접기에는 공들인 게 너무도 컸다. 그렇게 4년을 재배 기술에 투자하고 나니 서서히 주위에서 인정해주기 시작했다. 웰빙 바람이 확산되면서 백화점이나 마트에서 유행했던 게 수경재배 채소였다. 그 덕분에 사람들의 인식이 차츰 식품안전성과 기능성 채소에 관심을 가지기 시작하며 판로개척이 한결 수월해졌다. 지금은 전국의 롯데마트와 농협에 납품하고 있으며 학교급식과 직영으로 운영하며 나날이 높은 성장률을 보이고 있다.

천지원이라는 브랜드에는 '유기재배 품질인증 차별화 매장'이 뒤따른다. 이어 국립 농산물 품질 관리원에서 친환경 농업육성법 기준에 따라 유기농 인증, 친환경 인증을 해주는 우수농산물 관리제도인 GAP를 운영하고 농산물의 파종 및 재배 관리 방식에서부터 유통까지 데이터화해서 추적할 수 있는 농산물 생산이력제의 시범 농장으로 채택되기도 했다.

그의 판매 전략은 소비자의 입장에서 생각하는 것이다. 단순히 채소만 파는 것이 아니다. 싱싱한지, 맛있는지, 여기에 보기에는 좋은지 등을 고루 생각한다. 쌈 채소도 한 가지보다는 다양한 묶음으로 포장했고 지금도 유기농 쌈 야채 종합세트는 삼겹살 문화를 즐기는 시민들에게 건강한 먹거리로 통하며 인정받고 있다.

성공의 바탕에는 끊임없는 연구와 자신감 있어

귀농한 지 17년, 그 사이 실패와 좌절이 있었고 그것을 딛고 일어서는 힘은 공부였다. 대학에서 환경공학을 전공해 미생물학이나 수질, 환경 등 생태계 분야에 도움이 되기도 했지만 1998년에 전북대 농업개발대학원에 입학해 보다 체계적인 교육을 받았다. 친환경농산물유통관리사 자격증과 국제유기조사자격증을 취득하며 각종 영농교육에 참석해 신기술을 익히는 데 주력했다. 지금은 천지원 농장의 대표와 한국농수산대학 채소과 현장교수로 활동하며 환경농업의 중요성을 생산자나 소비자에게 적극 알리기 위해 노력하고 있다.

열심히 한 길만 바라보고 살아온 덕분에 수상경력도 화려하다. 김제 시장 표창, 농협중앙회장상, 국립농산물품질관리원 전북지원장 표창, 김제시민의 장(산업장), 농림부 선정 우리 미래를 여는 천인(千人) 선정, 신지식농업인 선정, 농촌진흥청장상, 국무총리 표창 등도 수상했다.

그가 이 분야에서 최고가 될 수 있었던 바탕은 시장이 원하는 작물과 유통, 판매에 적합한 작물을 키워낼 수 있는 마인드가 필요했고 자신이 있다면 밀어붙이는 자신감이었다.

2002년에는 소규모 주변 농가와 함께 영농조합법인 천지원농장을 설립했다. 스스로를 '소심한 A형'이라고 부르는 그가 세심함과 꼼꼼함으로 17년 만에 4만 평의 규모에 판매사원까지 합하면 50여 명이 넘는 부농이 되었다. 현재의 유통도 롯데마트 전 지점과 천지원농장에서 직접 운영하는 직영점 14곳이 있다. 또한 전라북도의 대표적인 친환경 농업 성공 조합과 함께 친환경 체험학습장으로 유명하다.

귀농을 준비하는 가족, 아이들에게 노동의 진정한 가치를 느끼게 하고 싶은 가족, 먹거리를 직접 재배해보고자 하는 가족을 위해 주말농장 체험행사를 실시하며 농장에서는 농약이나 화학비료를 사용하지 않는 친환경 재배기술을 지도하고 있다. 특히 내농포행사, 청소년을 대상으로 하는 농사 봉사활동, 가족 농사체험, 유기농산물재배 강연회, 김장축제 등을 해마다 펼쳐 지역민들의 발걸음을 붙잡고 있다

최고의 유기농업 전문가 되는 게 꿈

그의 꿈은 최고의 유기농업 전문가가 되는 것이다. 김 대표는 적은 양의 농약이라도 농약의 사용 여부에 따라 생태계에 미치는 영향이 큰 만큼 정직한 먹거리를 위해서 생산하는 사람들이 앞장서고 이와 함께 정부의 지원이 함께해야만 자연이 인간을 외면하지 않을 것이라고 역설한다.

"갈수록 환경은 오염되고 우리의 먹거리는 위협받고 있습니다. 유럽이나 미국은 이미 친환경 농산물이 대세인 만큼 식품 안정성에 대한 관심이 갈수록 증가하고 있지요. 물론 손이 많이 가는 유기농법이 쉬운 일은 아닙니다. 다행히도 환경을 생각하고 먹거리에 대한 중요성을 인식하는 많은 농민이 이 길을 걷고 있습니다."

최근 수입농산물 개방, 가격 경쟁력 약화, 경작지 감소, 농업인구 고령화 등 우리의 농업이 위기를 맞고 있다. 이럴 때일수록 사람을 생각하는 마음이 중요하다. 단순히 농산물을 팔아 이득을 남긴다는 생각보다 인간 삶의 근원

이 되는 생태환경을 지속적으로 보존하고 화학합성물질 등으로부터 안전한 먹거리를 생산하는 데 주력해야 한다.

수입농산물에 대응하기 위한 우수한 친환경 농산물의 생산 등 유기농업에 대한 철학을 바탕으로 우리나라 친환경농산물이 일상이 되는 데 앞으로도 김 대표는 힘을 실어나갈 것이다.

2012년 11월에는 유기농채소를 재배하며 친환경 국민 먹거리를 생산한 공로가 인정되어 김병귀 대표(53)가 철탑산업훈장을 수상했다.

이정민[19]

정직한 땅 앞에서 농사가 천직이 되었습니다

친환경적으로 재배된 배는 다른 배와는 달리 향이 독특하고 처음 맛과 끝 맛을 그대로 유지해 소비자들로부터 각광을 받고 있다. 10년 전부터 친환경 재배에 공을 들여온 이정민 대표. 김제시 백산면 하정리 백산제 옆에 자리한 한아름농원은 8,500여 평의 땅에 과수농사를 짓는다. 맛있고 안전한 먹거리 생산과 농부의 소박한 꿈을 만들어가며 이 속에서 희망을 찾고 있다. 저수지 옆의 배 과수원에서 만난 이 대표는 농사짓기 10여 년 만에 그 맛을 알았다고 한다. 이 대표는 첫인상부터 순박한 인심이 물씬 묻어났다. 첫눈에 보기에

---

19. 주소 : 전북 김제시 한아름농원, 특징 : 투명한 생산물 이력 추적제 실천

도 맑은 햇살에 보기 좋게 그을린 인상이 순박한 농심이다. 처음에는 농산물 유통업을 하기 위해 내려왔지만 이제 그는 땅을 믿는다.

유통업의 관심서 직접 생산이 계기가 되어

이정민 대표는 17년 전 서울생활을 청산하고 아버지의 사과밭이었던 이 곳으로 내려왔다. 대학을 졸업하고 3년간의 직장생활을 그만두면서 농사짓기를 결심했다. 딱히 농촌에 대한 동경이나 땅에 대한 애착이 있어서 이곳을 찾아온 것은 아니다. 농산물을 거래처에 납품하는 등 유통 일을 3년 정도 하고 나니 우리나라 농업현실이 얼핏 엿보였다. 농산물의 유통이 이루어지기 위해서는 직접 생산하는 게 도움이 크며 서울에서 시간에 쫓기는 생활이 피곤하기도 했다.

"귀농을 결심한 이유는 땅이 좋아서라기보다 직장을 다니면서 사업 쪽으로 방향을 전환하다 보니 자기만의 생산라인이 있어야 농산물 유통이 수월하겠다는 생각이 들었습니다. 그 당시에는 솔직히 농사보다는 유통 쪽에 관심이 많았었습니다. 농산물 유통에 접근하는 방법으로 생산기반이 있어야 탄력을 받을 수가 있지요"

그래서 서울생활을 과감히 정리하고 김제로 내려왔다. 1년 365일 판매가 가능하고 기업체와 소비자가 쉽게 구입하는 채소 재배를 위해 준비를 서둘렀다. 하지만 그리 만만찮은 게 농사일이라고 했던가. 계절적으로, 지역적으로 이리저리 재다 보니 안정적인 공급처가 없었다. 1년 열두 달 소비자가 찾는 품목이지만 이 바닥에서 초자인 이 대표에게 유통망을 줄 거래처는 없었다. 그래서 채소에서 과수로 급선회를 하며 배와의 인연을 쌓게 되었다.

서울을 떠난 지 1년 6개월 동안 일어난 일이다. 채소 농사를 포기하고 서울로 갈 것인지, 아니면 농사일을 계속할 것인지의 기로에서 고민을 하다가 내린 결론이 농사를 계속 짓겠다는 의지였다. 물론 여기에는 가족의 영향도 있었다. 아내인 김희숙 씨가 건강이 안 좋아지고 아이까지 생겨서 고민이 많이 되기도 했지만 결국은 아버지가 가꾸어놓은 과수원을 다시 일구고 싶어졌다. 부친인 이상하 씨는 서울농대를 나와 농촌진흥청 등 농업분야에서 한 평생을 살아온 만큼 땅에 대한 애착이 강한 분이었다.

"이곳은 아버님이 땅을 사서 사과나무를 심으며 지켜온 농장인데 오래되어서 폐원한 곳이었습니다. 제가 농사일을 결심하고 어릴 적부터 해왔던 사과 농사를 할 것인지를 고민했는데 그 당시에는 사과보다는 배가 경쟁력이 있을 것이라는 막연한 생각이 들었지요."

두 번의 태풍 피해로 좌절하기도

올해로 농사일만 10년째이다. 1년 6개월간의 고민 끝에 배 농사로 바꾼 후 본격적으로 재배에 들어갔다. 과수재배의 경우 나무가 커야 하기 때문에 대체적으로 5년 정도는 소득이 없다. 적자상태로 머물다가 제대로 수확을 해보자던 기대도 2002년 태풍 루사와 그다음 해 태풍 매미로 한 해 매출 1천만 원도 건져내지 못했다.

"태풍 루사를 맞고 난 후 낙과된 배를 아는 사람들에게 택배비만 내고 가져가라고 팔고 나니 그해 통장에 입금된 금액이 980만 원이더라고요. 2년 연속 태풍 때문에 나무도 스트레스를 받아서 원래는 봄에 꽃이 개화해야 하는데 10월에 30% 정도가 개화하고 그 이듬해 봄에 나머지가 개화했습니다. 그렇게 되면 열매가 적게 열리지요."

그렇게 3~4년을 보내고 2005년과 2006년에 처음 제대로 배를 따보았다. 각각 6,500만 원과, 5,000만 원이라는 매출액을 올렸다. 다른 과수원의 경우 10년 정도면 조수익이 좋은 편이지만 태풍으로 2년 동안 타격을 입은 게 배나무가 성목되는 것을 더디게 했다.

배를 선택작목으로 결정한 후 배에 대한 경쟁력을 높이기 위해 다른 배와는 무언가 다르다는 차별화가 필요했다. 그래서 아무 지식도 없는 이 대표는 땅 살리기에 힘쓰며 저농약 배를 재배하는 데 앞장섰다. 특히 먹는 것인 만큼 소비자들에게 맛있고 안전한 먹거리를 제공해야겠다는 원칙을 세우고 식품안정성에 주력했다.

우선, 농약사용을 대폭 줄이고 화학비료를 사용하지 않는 대신 손수 제조한 자재로 땅과 농작물을 관리했다. 퇴비는 가지치기로 발생한 나뭇가지를 목재 파쇄기로 분쇄한 뒤 RPC에서 나온 부산물을 물과 발효재를 섞어 활용하고 토양유기물 함량을 높이기 위해 호밀과 자운영을 이용한 초생재배농법을 활용했다. 수목관리는 각종 유기질과 토착미생물 등 자연농업자재를 과수의 영양주기론을 바탕으로 살포해 자생력을 키워주고 상품성이 높은 열매를 맺도록 신경 썼다.

무농약으로 재배하면 좋겠지만 과수에는 어려운 게 현실이다. "무농약으로 재배하다 보면 상품과율을 40% 정도밖에 수확할 수 없습니다. 나머지는 흠집이 나거나 하는데 이것을 상품으로 인정해주는 곳이 없다는 것이지요. 예를 들어 친환경으로 재배한 배를 높은 가격에 사겠다고 백화점 같은 데에서 직접 찾아오지는 않습니다. 시장 접근성도 어려우며 판매망이 없으면 현실적으로 힘들고 그것은 도박일 수도 있습니다.”

하지만 이 대표는 저농약 재배기준을 철저히 지키며 최대한 친환경으로 재배하는 데 주력했다. 수확 며칠 전까지 안전하다는 표기보다 그 기준을 배수로 정해 사용했다. 토양에는 제초제나 화학비료를 일체 사용하지 않으며 고온이나 저온이 계속되면서 과수가 스트레스를 받게 되면 천연비료를 만들기도 하며 최대한의 자연농법을 선호해나갔다.

다품종 재배로 경쟁력 강화

한아름 농원의 배는 다른 배와 달리 유독 맛있다. 품종이 다양하기 때문이다. 배 재배농가 70%가 ‘신고’품종을 선택한 것과는 달리 이 대표는 다품종화해야만 소비자가 원하는 시기에 맞춰 제대로 맛이 든 배를 공급할 수 있을 것이라는 생각을 했다.

우리가 많이 먹고 있는 ‘신고’배는 여러 가지 재배조건에 따라 맛에 차이가 심한 품종이어서 잘못 구입할 경우 본래의 맛을 보기가 힘들다. 특히 배를 많이 찾는 ‘추석’ 명절이 9월에 있는 해에는 특별한 경우를 제외하면 대부분이 미숙과 상태로 출하되기 때문에 보기에는 색깔이 좋아 보여도 당도가 낮은 배를 맛볼 수밖에 없다.

이 대표는 원래 배는 맛있는 과일이지만 ‘추석’ 명절로 인해 일찍 출하하게 되면 그 본래의 맛을 맛볼 수 없다고 설명한다. 제 숙기 이전에 출하된 과실은 제 맛을 내기 어렵다. 모든 과실은 자연적으로 성숙되어 수확·출하된 것이 가장 맛이 좋다.

"과일은 일조량에 맞춰 크고 우리나라 일조량은 양력과 깊은 관계가 있지요. 일조량과 일교차에 따라 맛과 색깔, 숙기가 결정됩니다. 이는 대체적으로 9월 초순에서 10월 3일 정도까지가 적기로 결정되는데 9월 25일 이전에 '추석' 명절이 있다 보면 일찍 출하하게 되어 맛이 없습니다. 당연한 일이지요."

소비자가 '신고'배만 찾다 보니 농가는 여기에 맞춰서 색깔만 노란색을 띠면 곧장 따서 출하해버리고 덜 익은 배를 먹은 소비자는 '무' 맛만도 못하다고 말하는 경우가 많다. 이 대표는 그래서 8,500여 평에 신고 재배면적을 50%로 잡고 일찍 따도 당도가 높은 조생종을 50% 정도로 분배해 재배하고 있다. 또한 추석에 '신고'배를 출하한 적이 없다. 제대로 익혀 소비자에게 제공한다는 게 이 대표의 원칙이다.

이렇게 15년을 한결같이 고집하다 보니 자연스럽게 단골고객이 증가했다. 수확한 배는 50% 정도는 주문을 받아 택배로 배송하고 50% 정도는 한국유기농협회 유통본부에 납품해 판매하고 있다.

투명한 생산물 이력 추적제 실천

2년 전부터 이 대표는 생산물 이력 추적제를 실천하고 있다. 생산물 이력 추적제란 소비자가 가장 신뢰할 수 있는 농산물을 생산하자는 취지를 담고 있으며 유기농을 하는 데 있어서 언제 어떠한 방법으로 농사를 지었는지를 유리알처럼 아주 투명하게 일지를 작성하는 것이다.

하다못해 논과 밭둑의 풀을 깎은 시기와 방법을 상세하게 남이 아닌 자신이 직접 기록으로 남겨야 한다. 생산된 농산물은 어떤 건조 과정을 거치고 어떻게 포장했으며 어느 곳을 거쳐서 판매되는지도 농산물품질관리원에서 직접 조사를 하게 된다. 쉽게 설명해 생산된 농산물에 대한 주민등록증이라고 이해하면 쉽다.

이미 축산업 쪽에서는 제법 활발하게 실시되고 있지만 농산물 쪽에서는 시작 단계이다. 육류의 경우에는 광우병 파동 등 파급효과가 큰 만큼 어디에서 도축되고 사육됐는지, 그래서 역학조사를 빠르고 손쉽게 할 수 있도록 제법 활발하게 이력 추적제를 실시하고 있다.

이 대표는 올해로 3년째 공개하고 있지만 기록하는 데 의미를 두기보다는 스스로에 대한 진실에 더 큰 의미를 두었다. 일단 생산자가 기록하고 공개하면 소비자는 그것만으로도 안심하고 먹을 수 있어야 하기 때문에 더 솔직하고 진실하게 작성하려고 노력한다.

가족회원 모집하며 여가문화 활성화

배 농사가 제법 자리를 잡아가면서 2년 전부터 한아름농원 가족이라는 이름으로 회원을 모집하고 있다. 자연과 함께 숨 쉬며 수확의 기쁨을 함께할 가족회원을 모집해 1년간 배나무를 분양, 분양받은 과수의 주인으로 그 나무의 생산물이 회원의 몫이 된다.

과수 1주당 1년간 회비가 12만 원. 1주의 수확량이 60kg 미만인 경우에는 부족한 부분을 농장에서 보전해주고 과수원의 평균 판매가가 지난해 10kg당 2만 5,000원이었고 1주당 평균 생산량이 75kg 정도이기 때문에 가족회원이 손해 볼 일은 없다.

분양받은 회원은 나무에 대해 연중 열매솎기와 봉지 씌우기, 수확작업 등 3회의 작업을 의무적으로 하며 작업의 시기와 방법은 농장에서 알려주고 있다. 그 외의 가지치기, 거름주기, 제초작업 등은 농장에서 하기 때문에 부담 없이 맛있는 과일을 직접 수확할 수 있다.

과수원 옆에는 백산저수지가 함께 있어서 경관이 좋고 특히 수확철에는 저수지에 철새가 날아와 하루 정도 가족과 함께 수확의 기쁨과 휴식을 가질 수 있기 때문에 인근의 도시민에게 각광을 받고 있다.

이 대표는 농식품부에서 만들어준 홈페이지를 운영하고 있지만 농사일에 쫓기다 보니 매일처럼 관리하기가 쉽지 않은 일이다. 특히 만들어놓았다고 고객들이 찾아오는 것이 아니기 때문에 홈페이지를 홍보하는 게 관건이다. 그런데 그것이 그리 만만치 않은 일이다. 큰 회사에서 홍보해준다고 연락도 왔지만 한 달 홍보비가 몇백만 원씩 들어가기 때문에 선뜻 하기에는 망설여진다.

이와 함께 어려운 부분으로 젊은 사람들이 농촌을 지키기 위해서 복지문제 개선과 인력문제를 꼽았다. 큰아이가 교육 때문에 전주에 있는 할머니 댁에서 학교에 다니고 있어 내내 마음이 안타깝다. 학교버스가 시골까지 들어오지 않기 때문에 어쩔 수 없는 결정이었다. 교육과 복지, 의료문제만 해결되면 살기 좋은 곳이 농촌이라고 강조한다. 예전에는 '못 먹고 살면 농사나 짓고 살지'라는 생각을 많이 했지만 땅은 노력한 만큼 정직하게 보답한다.

"늘 소비자의 입장에서 정직하고 믿을 수 있는 농산물을 재배하기 위해 최선을 다하고 있습니다. 수입 농산물이 판을 치는 이 시대에 우리 농산물을 더욱 사랑해주고 앞으로도 소비자의 기대에 부흥하기 위해 더욱 노력하겠습니다."

당장 그만두라고 해도 이제는 농사일을 그만둘 수 없다며 정직한 농사 속에서 농업에 대한 희망을 찾는다.

조충웅[20]

'소비자도 건강할 권리가 있다'라는 의식에서 출발한 친환경 사업. 살아 숨 쉬는 땅의 중요성을 강조하는 전북 고창군 대산면 매산리의 '쌀사랑 작목반' 조충웅 대표는 생산자로서 국민건강과 경제 성장을 위해 올해부터는 친환경적 우렁이농법에 온 힘을 쏟고 있다. 이미 스테비아 쌀과 키토산 쌀을 생산해 친환경 농법을 고수해온 조 대표는 현재 쌀사랑 작목반을 이끌어가고 있다. 이득보다는 손해를 보더라도 내 가족과 소비자 그리고 미래의 환경까지도 보호할 수 있다는 일념으로 친환경 사업에 매진하고 있다. 그동안 써온 영농일지만도 수두룩한 조 대표는 직접 책자를 만들어 농가에 전할 만큼 열의에 찬 모습을 보이며 친환경 사업의 전도사로 발 벗고 나서고 있다.

20.주소 : 전북 고창군 대산면 매산리, 특징 : 스테비아 농법에 이어 키토산 농법 활성화

친환경 농법의 필요성 절감

농업을 천직으로 여기는 부친을 따라 열두 살 때부터 농사일을 배운 조 대표는 장년기를 넘어선 지난 79년부터 3,300평의 쌀농사와 더불어 200평의 담배 농사를 시작했다. 그 후 농협과 농업기술센터 등 각종 영농교육에 참여하면서 친환경 농업의 필요성을 절실히 느끼고 95년에 마침내 한국유기농업협회에 가입, 친환경 농법을 적용한 1,000평의 포도비가림 재배를 시작하기에 이르렀다.

"그 당시만 해도 사실 친환경 농업에 대한 열망은 절실했으나 과연 어떤 작목을 재배해야 할지를 몰라 고심했었지요. 우연한 기회에 포도는 세계적으로 재배가 가능하고 또 우리 조상이 물려준 품목이라는 사실을 알게 되면서 포도재배를 결심했습니다."

당시 이 지역에서는 포도를 전혀 재배하지 않았기 때문에 모든 것이 생소했고 그만큼 어려움도 많았다. 하지만 다행스럽게도 뜻을 같이하는 농민 25명이 모여 '한국유기농협회 대산연구회'를 만든 뒤 '우리는 농사꾼'이라는 일념 하나로 뭉쳐 친환경 농업을 실천하기에 이르렀다.

95년부터 본격적으로 친환경 사업 마을 선도 농가로 시작해 91년에는 한국유기농협회에 가입했다. 처음에는 정부에서 알아주지도 않았다. 오기가 생겼다. 25명의 회원들이 모여 열성적으로 활동하다 보니 저농약 인증을 받게 되고 전환기 유기재배로 방향을 바꾸었다.

잘나가던 포도 농사를 전환기 유기농법으로 바꿀 수밖에 없었던 이유는 폭설로 인해 포도밭이 피해를 입으며 폐원하는 아픔을 겪었기 때문이다. 물론 쌀농사는 그들의 본업이었지만 친환경 쪽에 관심을 가진 계기는 황토가 들어오면서부터였다.

친환경 농업에 대한 그의 일념은 동네 살리기에서부터 시작해 '쌀사랑 작목반'으로 거듭났다.

2003년 1월 모래로 뒤덮인 대산면 일원의 땅을 건축업자가 파 가면서 메워놓은 게 황토. 황토로 조성된 땅에 화학비료와 제초제를 쓰면 다시는 좋은 땅을 가질 수 없겠다는 생각에 면장에게 친환경단지조성사업지구로 조성해 달라고 건의했다.

스테비아 농법에 이어 키토산 농법 활성화

쌀사랑 작목반은 전국에 있는 친환경단지 조성사업 교육을 받으러 다니며 대산 쌀사랑 작목반을 만들고 2003년 3월에 25명의 회원들이 본격적인 창립행사를 가졌다. 이때부터 스테비아 농법이 본격화되었다.

스테비아 농법은 스테비아 식물을 재배하여 채취한 뒤 분말화한 것을 퇴비와 섞어서 토양에 뿌려주면 며칠 후에 하얀색 곰팡이가 토양에 생기게 된다. 곰팡이가 핀 이 작물을 토양에 이식한 후 시기에 맞춰 스테비아 액비를 뿌려주면 된다. 스테비아 농산물은 아주 맛있는 농작물이 재배되고 스테비아 식물의 항산화 작용이 녹차의 5배에 이르므로 전반적인 농산물의 신선도가 오래가는 특징이 있다.

"감자나 사과, 배 등을 깎아두면 갈색으로 변하잖아요. 그런데 스테비아 농법으로 재배된 것은 갈변 속도가 현저하게 더디게 되거나 아예 갈변현상이 일어나지 않는 경우도 있습니다. 그만큼 신선도가 오래간다는 얘기이지요. 특히 스테비아 농법으로 재배한 농산물은 그렇지 않은 농산물에 비해 비타민 A 등 유익한 성분이 늘어나는 것을 관찰할 수가 있습니다."

실제로 스테비아는 유해 화학성분 분해 작용을 비롯해서 여러 가지 기능성을 가지고 있으며 식품으로도 쓰이고, 축산에는 천연 항생제 역할을 하기도 한다. 스테비아 쌀은 풍부한 미네랄이 함유되어 있어 색택, 찰기 등이 좋지만 2003년과 2004년에 30ha에서 2년 동안에 걸쳐 재배한 결과 수도작보다는 과수 쪽에서 더 효과를 보는 농법이었다.

그다음 해부터는 4개 단지 200ha에 키토산 농법을 시행하고 지난해 15ha에서 우렁이농법을 시범사업으로 선정해 실시했다. 원래 키토산은 키틴에서 탈아세틸화한 천연고분자로서 이 천연자원인 키틴은 게, 새우 및 곤충 등의 갑각류와 균류 등의 외벽에서 단백질 및 칼슘의 복합체로 존재하며 식물의 셀룰로스와 같이 생물체의 골격을 형성하고 외부로부터 생물을 방어하는 역할을 한다. 키토산은 향균력(유해균 억제 유익균 증식), 염류장해 억제, 흡비력 향상, 토양물성 개량, 면역기능 강화, 세포 합성 촉진 등의 능력이 탁월하다. 키토산을 시비한다는 것은 농약으로 깨져버린 균형을 되찾아주는 효과가 있다. 즉, 곤충 대신 키틴을 보충하는 것으로 곤충의 효과보다 훨씬 속효성이므로 식물에 유용한 물질로 작용한다.

여기에 장어양식장에서 실패한 장어를 구해다가 액비로 만들어 미생물제로 사용하며 화학비료와 농약은 일절 사용하지 않고 있어 친환경단지로 조성할 수 있는 발판이 되었다.

우렁이농법, 시범사업에 이어 지금은 본격 도입

처음엔 15ha에서 우렁이농법을 시행한 결과 제초작업이나 일손부분에서 효과적이라는 의견이 모아졌다. 그다음 해에는 50ha로 넓혀 시행하였다. 당시 우렁이는 회원들이 3톤 정도를 1,300여만 원 들여 주문해놓은 상태에서 5월 30일과 6월 6일 두 차례에 걸쳐 넣어주었다. 우렁이농법에 관심을 가진 20여 농가들이 인증을 받았다. 건강상태가 양호한 양질의 우렁이를 공급받아야 하기 때문에 무리한 금액이지만 제대로 시행해보기 위함이었다.

쌀농사에서 제초제 대신 이용하는 우렁이농법은 농약을 사용하지 않는다는 측면에서 농가들이 선호하는 입장이다. 우렁이가 각종 채소·연한 풀·수초 등은 물론 사료나 물고기 시체까지도 먹어 치우는 잡식성으로 제초효과가 뛰어난 데다 오리보다 다루기가 쉽고, 관리가 편리하다는 장점이 있다. 논 잡초의 대부분을 먹어 치울 정도로 제초효과가 좋아 일손이 많이 가지 않으며 올방개나 올미 등 다년생 잡초는 물론 물달개비 등의 1년생 잡초에 대해서도 제초효과가 뛰어나다.

"우렁이농법을 선택한 이유는 우렁이의 먹이습성을 이용하는 것 이외에도 토양 및 수질 오염을 방지하는 등 친환경 농업 육성에 기여한다는 점에서 긍정적인 평가를 받았습니다. 특히 생산된 쌀도 친환경 인증을 통해 여러 단체와 대부분 연계되어 소비가 되고 있기 때문에 판매에는 어려움이 없을 것 같습니다."

조 대표는 친환경 우렁이농법에 생소한 회원들에게 책자를 제작해 배포, 방향을 제시하며 우렁이 예찬에 나섰다.

"우렁이농법은 벼 종자 구입에서부터가 중요합니다. 우선, 친환경 무농약이 인증된 벼 종자를 구입해야 하고 이것을 침봉, 냉탕, 온탕, 소독냉탕법, 소한, 대한치에 흐르는 냇물 5도에서 10일 정도 침종해야 합니다. 온탕이나 소금물에 침종 정선해 60도 물에 7~10분간 침종하는 게 중요하지요."

이것을 못자리로 만들어 본격적인 우렁이농법에 돌입하게 된다. 못자리는 35일 모로 물못자리를 해야 하는데 이는 모가 짱짱하게 되어야 하고 우렁이가 먹지 못하게 하기 위함이다. 또한 하우스 물가 등을 이용해 파종 20일경에 키토산을 짬짬이 옆면에 살포하며 물은 4~5일 간격으로 갈아주고 회원들의 편리성을 도모하기 위해 공동 못자리 설치는 교통이 편리한 곳에 잡았다.

우렁이는 수면과 수면 아래에 있는 식물들을 먹기 때문에 논바닥을 고르게 만들어야 하고 초기에 물은 되도록 얕게 만들어 물속에 모가 잠기지 않을 정도가 되어야 피해가 없다. 우렁이의 양과 투입 시기는 보통 모낸 뒤 7일 후에 넣는 것이 효과적. 모낸 직후엔 어린모를 갉아먹을 수 있고 너무 늦어지면 싹튼 잡초가 지나치게 많이 자라 수면 위로 올라오므로 우렁이가 잡초를 먹을 수 없어 제초효과가 떨어진다. 투입량은 10ha(300평)에 5kg이 가장 좋다.

우렁이농법을 시도하기 이전에는 쌀겨농법만을 고민도 했는데 쌀겨농법의 경우에는 제초작업이 가장 큰 문제였다. 그래서 우렁이가 쌀겨를 먹는다는 것에 착안해 쌀겨와 우렁이를 동시에 할 수 있도록 해결책을 내놓았다. 쌀겨는 봄과 가을에 걸쳐 두 번을 뿌려주는데 쌀겨는 유기물 함량이 높고 단백질이 풍부해 영양분으로 좋다. 우렁이와 쌀겨를 이용하면 일반 쌀보다 20~30% 높게 책정되어 받을 수 있기 때문에 경쟁력에서 손해 볼 게 없다.

특히 모내기 50일 경이 되면 우렁이 알이 대 장관을 이루는데 우렁이 알을 채취해 미생물 영양제 등 사용가치 등을 연구할 예정이다.

앞으로 우렁이농법을 시행하는 목표농가는 지금의 25농가에 40농가가 합세해 친환경단지를 조성할 예정이다. 단지가 조성되면 깃발을 꽂아놓은 형식과 친환경 인증 표지판을 세워 누구나 동참할 수 있는 분위기를 조성할 예정이다.

조 대표는 우렁이농법을 시작하면서 품질관리원에 제출하기 위한 영농일지를 만들었다. 농가들이 통일해서 제출해보자는 취지로 사비를 들여 30권을 75만 원에 제작해 집집마다 배포했다. 친환경 우렁이농법이라는 책자는 알찬 내용들과 함께 영농일지 형식으로 빼곡히 담겨 있고 누구나 쉽게 이해할 수 있도록 조 대표가 직접 내용을 정리해놓았다.

친환경 농법 전도사로 발 벗고 나서

'살아 숨 쉬는 땅'의 중요성을 유난히 강조하는 조 대표는 굳이 그럴 필요까지 있을까 싶은 담배 농사까지도 친환경농법으로 재배하고 있을 정도로 '땅심'을 중요시 여겼던 사람이다. 지금은 쌀사랑 작목반의 대표를 맡으며 친환경 농업의 전도사로 나서고 있다.

쌀사랑 연구회는 해마다 2월이면 정기총회를 개최하며 발전 정도를 살펴보는 시간을 가지고 있다. 특히 정기총회에서는 1년 동안 모범적으로 친환경 재배에 노력했던 농가를 선발해 시상식을 실시하고 운영자금은 1,000만 원 정도가 있으며 회비는 1년에 3만 원 정도를 책정해 걷고 있다.

“회비의 경우는 우선 물품을 구입하는 데 많이 사용합니다. 예를 들어 농협에서 보조사업으로 영양제를 40%가량 보조해준다고 하면 일단 회비로 물품을 구입하고 다시 채워 넣지요. 농사꾼은 목돈이 없기 때문에 단체로 하다 보면 도움이 많이 됩니다.”

화학비료와 농약을 일절 사용하지 않고도 고품질의 안전한 키토산 쌀을 생산하는 조 대표는 넓은 들판을 볼 때마다 ‘내 땅은 살아 있다’는 자부심으로 친환경 농법에 대한 의지를 키워가고 있다.

“현재 우리나라의 30세에서 40세까지의 젊은 기혼 남성은 정자부족으로 아이를 가질 수 없는 가장이 20%에 이르고 전국에 불임부부가 만 쌍에 달한다고 합니다. 그런데 그보다 더 심각한 일은 22세의 새파란 청년들 중 43.8%가 이미 불임 판정을 받았으며 14세 이하 간난아이까지의 어린이들 중 62%가 아토피 피부염이나 천식 등 환경성 질환으로 고생하고 있어 심각한 실정이지요.”

우리나라는 지난 45년 동안 화학영농으로 고성장을 키우기도 했지만 각종 화학물질이 서서히 국민의 건강을 해치는 주범으로 떠오른다고 토로했다. 조 대표는 친환경 농업의 중요성을 인식하고 친환경농산물을 확대 재배, 유통을 통해 강한 경제, 풍요로운 전북 건설에 기여하는 게 작은 바람이다.

그의 이런 노력은 1989년 신장 마을 선도농가 위촉장에서부터 2000년 농협전북지역본부장상, 한국유기농협회장상, 2002년 전북도지사상, 2004년 유기농 우수지회상, 협의회장상을 수상하는 등 두툼한 앨범 한 권이 부족할 정도이다.

참/고/문/헌/

오덕화·전성군, 『3분 스피치 100선』, 농민신문사, 2009. 8.

전성군, 『최신협동조합론』, 한국학술정보, 2008. 8.

전성군, 『초원의 유혹』, 한국학술정보, 2007. 11.

농촌정보문화센터, 『세상에서 가장 젊은 농부들』, 2009. 8.

마이클폴란(저), 조윤정(역), 『마이클폴란의 행복한 밥상』, 다른세상, 2009. 8.

김종덕, 『먹을거리 위기와 로컬푸드』, 이후, 2009. 5.

김영한·이영석, 『총각네 야채가게』, 쌤앤파커스, 2012. 1.

브루스터닌(저), 안진환(역), 『누가 우리의 밥상을 지배하는가』, 시대의 창, 2008. 5.

장피에르 카르티에(저), 길잡이 늑대(역), 『농부 철학자의 피에르 라비』, 조화로운 삶, 2007. 1.

김선미, 『살림의 밥상』, 동녘, 2010. 9.

김화년, 『식량쇼크』, 씨앤아이북스, 2012. 4.

민승규, 『부자농부』, 쌤앤파커스, 2007. 12.

마빈조니스·댄레포코비츠·샘(저), 김덕중 옮김, 『빅맨이냐 김치냐』, 지식의 날개, 2004. 6.

김환표, 『아주 낯선 쌀의 역사: 쌀밥전쟁』, 인물과 사상사, 2006. 7.

김석중, 『포도시 포도를 사랑하고』, 향지사, 2002. 8.

현의송, 『21세기 신사유람단의 밥싱 경제학』, 이가서, 2006. 8.

서경석, 『위기의 밥상 농업』, 미래아이, 2010. 9.

장재우, 『쌀과 육식문화의 재발견』, 청록, 2011. 12.

전성군, 『농업 농촌 농협 논리 및 논술론』, 한국학술정보, 2012. 3.

전성군

전북대학교 대학원(경제학박사)과 캐나다 빅토리아대학교 및 미국 ASTD를 연수했다. 현재 농협안성교육원 교수, 전북대학교 겸임교수, 농촌진흥청 녹색기술자문단 자문위원, 마을디자인 자문위원, 한국귀농귀촌진흥원 자문위원, 시인(자유문예작가협회 회원) 등으로 활동 중이다.

주요 저서로 『초원의 유혹』, 『초록마을사람들』, 『최신 협동조합론』, 『그린세담』(공저), 『천년의 비밀, 정읍별곡』, 『농업 농협 논리 및 논술론』(공저), 『협동조합 지역경제론』(공저) 등 다수가 있다.